设计手绘教学课堂

# iPad+Procreate 景观设计手绘表现技法

范梓一◎编著

清华大学出版社
北京

## 内 容 简 介

本书是以Procreate软件为基础的景观设计手绘技法教程，书中全面、系统地讲解了Procreate软件的用法，也是景观设计手绘技法从零基础到提高的专业教程。

本书共分9章，内容包括iPad景观设计手绘概况，Procreate软件操作技巧，景观设计手绘透视概述，景观平面图草图、手绘、进阶表现，景观效果图手绘、进阶表现，以及景观规划分析图制作点拨等。

本书不仅适合景观规划设计领域的相关从业者学习使用，也可作为国内各高校环境艺术、园林规划等相关专业的教材，还可以为零基础的景观设计爱好者提供景观知识学习以及iPad手绘表现的帮助。



**图书在版编目(CIP)数据**

iPad+Procreate景观设计手绘表现技法 / 范梓一编著.
北京 : 清华大学出版社, 2025. 5. -- (设计手绘教学课堂).
ISBN 978-7-302-68829-7

Ⅰ. TU983-39

中国国家版本馆CIP数据核字第202529NT65号

责任编辑：韩宜波
封面设计：李　坤
责任校对：孙艺雯
责任印制：杨　艳

出版发行：清华大学出版社
网　　址：https://www.tup.com.cn，https://www.wqxuetang.com
地　　址：北京清华大学学研大厦A座　　邮　　编：100084
社 总 机：010-83470000　　邮　　购：010-62786544
投稿与读者服务：010-62776969，c-service@tup.tsinghua.edu.cn
质量反馈：010-62772015，zhiliang@tup.tsinghua.edu.cn
印 装 者：三河市君旺印务有限公司
经　　销：全国新华书店
开　　本：185mm×260mm　　印　　张：16.25　　字　　数：390千字
版　　次：2025年6月第1版　　印　　次：2025年6月第1次印刷
定　　价：88.00 元

---

产品编号：100976-01

# 前　言

无数次的清醒沉沦，幡然醒悟总是姗姗来迟；在无数次陷入迷茫无措的泥潭后，不久便是拨开云雾重见天日时；在无数次困在妄自菲薄的痛苦循环里无法自拔时，终会自愈，颤颤巍巍点燃隐隐之火，步履蹒跚但稳步向前。

我是个乐观的悲观主义者，尽管有时会感到内心的忧郁，但我依然选择积极向上。我感到自己是幸运的，因为目前从事的工作和研究，与我小时候的梦想有着某种程度的相似之处。

怀着感恩的心，认真完成这本书的编写，是对信任我的出版社的一份交代，是对我年少梦想的浇灌，是对我过去无数个画图的日日夜夜的纪念，也是我对景观设计这一领域的赤诚热爱。

生于理想，花自向阳开，人终往前走。

“古之学者为己，今之学者为人”，学习的目的归根结底在于“学以成己”。我们应将学习与人生的目的，安放在对自我完善的不断追求之上，让学习真正成为生活与工作的底色。

本书具体内容安排如下。

第 1 章是 iPad 景观设计手绘概况，讲解景观设计手绘表现的主要用途、传统纸面手绘和计算机效果绘制、iPad 手绘的优势，以及 iPad 手绘工具入门介绍。

第 2 章是 Procreate 软件操作技巧，讲解软件的界面布局、手势控制操作、基本操作，帮助零基础读者快速入门。

第 3 章是景观设计手绘透视概述，讲解透视的基础知识、景观效果图透视要素，以及 Procreate 透视辅助工具的用法。

第 4 章是景观平面图草图表现，讲解笔刷的选择与应用、设计景观场地草稿、景观平面图草图确定、景观平面图渲染草图表达，以及景观平面图草图表现出图展示。

第 5 章是景观平面图手绘表现，讲解景观平面图线稿画法、景观平面图大色块表达、景观平面图笔刷制作方法、景观平面图阴影画法，以及景观平面图手绘表现出图展示。

第 6 章是景观平面图进阶表现，讲解景观平面图素材贴图、景观平面图调色方法，以及景观平面图进阶表现出图展示。

第 7 章是景观效果图手绘表现，讲解景观效果图手绘基础、景观效果图手绘表现，以及景观效果图手绘表现出图展示。

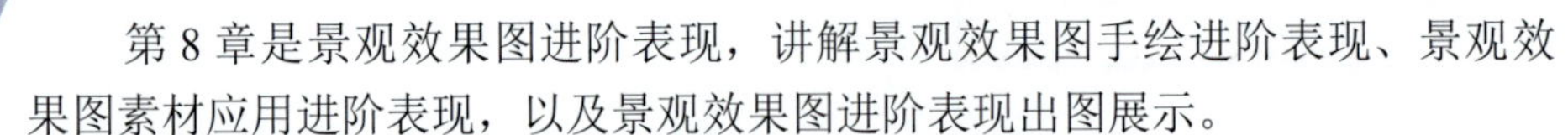

第 8 章是景观效果图进阶表现，讲解景观效果图手绘进阶表现、景观效果图素材应用进阶表现，以及景观效果图进阶表现出图展示。

第 9 章是景观规划分析图制作点拨，讲解景观规划分析图制作技巧、景观剖立面分析图手绘表现，以及景观规划分析图参考。

本书所讲解的内容以景观设计的专业知识和 iPad Procreate 手绘技法为主，语言通俗易懂，风格生动有趣，以达到寓教于乐的目的。无论是通过 iPad Procreate 软件绘制图纸，还是通过其他手绘方法来表现，只要能够准确地传达设计意图，这些方法都应受到推崇。我们鼓励读者提出自己的创意技巧，并期待与大家共同交流和探讨。

## 读前点拨

笔者在正文中设计了 4 个小版块，旨在突出核心内容、明确结构布局，以便读者更好地学习景观设计的手绘技巧。

### 1. 景观知识充电

本书主要讲解景观设计的 iPad 绘画操作。

考虑到本书的读者群体可能包括景观设计相关专业的学生和喜爱景观设计的非专业人士，所以本书推出了“景观知识充电”板块。

在搭建本书的结构框架和编写 iPad 手绘操作步骤的同时，采用了实例演示和图示说明的方法，详细阐释了相关的景观设计知识，帮助读者更好地理解操作的目的和步骤，以加深印象。

### 2. 操作步骤

为了确保读者与笔者的思路和手法能够保持一致，采取了分阶段教学的方法，针对每个操作步骤，都提供了 iPad 屏幕截图或者实际操作图例。

为保证教学内容的逻辑性和思维引导性，本书推出了“操作步骤”板块，逐一列出了在 Procreate 中的直接操作，以提高读者的学习效率。

### 3. 提示

在景观知识的普及和 Procreate 操作步骤的演示中，特别增设“提示”板块，专门分享笔者关于景观设计思维以及 iPad 绘图操作及手法上的个人经验和技巧。

4. 视频教学

为保证每一位读者能够透彻地、全方位地学习到本书的内容，笔者录制了主要操作步骤和主要案例示范等视频，同时还赠送笔者自制的景观设计笔刷大礼包、景观设计贴图素材大礼包以及示范案例的景观图纸 PSD 文件和 Procreate 文件，通过扫描下面的二维码，推送到自己的邮箱后下载获取。

本书是一本用于提升操作技能的工具书，内容以实际操作示范为主，以 iPad Procreate 软件的操作为基础展开景观设计绘画的教学。

古人言“纸上得来终觉浅，绝知此事要躬行”，跟随笔者学习理论的同时，也要自己练习摸索，充分发挥 iPad 工具的功效，在不断的练习中提升自己的专业素养，提高专业技能。

# 笔者寄语

对于操作技术的学习，必须要多看、多练，正如古语所言：“旦旦而学之，久而不怠焉，迄乎成，而亦不知其昏与庸也”。

本书的内容不仅包括案例操作方法的讲解，而且还包括风景园林景观设计专业知识的讲解，以及笔者自绘或者临摹的设计图纸，汇集了专注于风景园林景观设计的智慧和经验。

我国的景观设计行业在探索与传承中寻找新的机遇，在不断的交流与碰撞、探索与突破中逐渐走向成熟，景观设计正从单一的景观环境设计转向整体环境的改造。尽管景观设计行业面临变革和转型的双重挑战，但设计出美丽的风景园林景观的梦想永不褪色。只要我们持续提升自我，就能在任何环境中找到自己的位置。再者而言，我国的景观设计行业还处于快速发展期，市场需求和发展潜力都非常大，设计者需要不断提高自己的设计水平和服务质量，以在市场中获得更多的机会和发展空间。无论面对何种挑战，我们都要保持积极态度，脚踏实地，勇敢实践，实现个人梦想！

需要说明的是，每个人都是完整独立的个体，每个人的审美、喜好皆是艺术，皆为合理。笔者在书中展示的样图不是为了禁锢他人的思想，驳回他人的审美，只是提供思路。所以，各位读者在学习了操作技法之后，可以大胆地、不断地去尝试不同风格类型的创作。这是一个不断探索的过程，也是审美提升的过程。

本书由西安建筑科技大学的范梓一编著。感谢姚义琴等人在稿件编写过程中给予的支持和帮助。由于笔者水平有限，书中疏漏之处在所难免，望广大读者批评、指正。

编　者

# 目录 CONTENTS

## 第1章 iPad 景观设计手绘概况



## 第2章 Procreate 软件操作技巧

## 第 3 章 景观设计手绘透视概述



## 第 4 章 景观平面图草图表现



## 第 5 章 景观平面图手绘表现

## 第6章 景观平面图进阶表现



## 第7章 景观效果图手绘表现

## 第 8 章 景观效果图进阶表现



## 第 9 章 景观规划分析图制作点拨

# 第1章 iPad景观设计手绘概况

环境艺术设计离不开手绘，景观设计的表现效果图是由手绘的形式表达出来的。运用手绘的方式不仅可以快速地体现设计师初期的创作灵感，而且设计师可以随时随地完成设计思路的表达，因此手绘效果图一直以来受到设计师的青睐和重视。

本章主要介绍景观设计手绘表现的主要用途、传统纸面手绘和计算机效果绘制、iPad 手绘的优势，以及 iPad 手绘工具入门等，为后期绘制景观设计效果图奠定坚实的基础。

## 1.1 景观设计手绘表现的主要用途

### 1. 作为考核升级的必要考试科目

很多高等院校的风景园林类研究生入学考试将园林规划设计作为考试科目，不少设计公司在选聘设计人员时也会将快速设计能力作为考查的重点。随着研究生扩招和风景园林从业人员的增多，提高快速设计能力对于风景园林学生以及景观设计者是非常有必要的。

如果身为风景园林、景观设计专业的在校学生，学习锻炼景观手绘表现技法是十分必要和重要的，不管是升学考试还是平时的校内课程考核，大多数会涉及景观设计与表现。然而，目前我国大部分相关院校没有将景观手绘设计纳入风景园林教学体系中，更没有专门的快速设计课程。要想真正提高学生的快速设计水平，需要深入挖掘快速设计的特点和规律，有针对性地传授给学生，并根据反馈进行教学调整，从而逐步形成比较科学的教学方法。

所以风景园林学生在平时的学习过程中更要关注自己的薄弱点，去学习或者巩固自己的专业技能。在平时设计练习时便可以优先选择 iPad 工具，不管是在抄绘平面图学习和吸收优秀经典设计平面图的设计思想及表达方式时、在完成课程作业反复推敲细化设计内容时，还是在临摹优秀手绘效果图或者写生效果图时，选用 iPad 都更加方便快捷。

景观设计手绘表现作为设计人员必备的专业技能，掌握这项技能不仅需要夯实景观专业知识储备，还需要锻炼提升自己的审美标准。掌握景观设计手绘表现的必要技法，才能成长为一个能切切实实参与项目设计的景观设计师或风景园林设计师。

### 2. 完成设计任务的工作方式

景观手绘设计是每个风景园林景观设计者必备的技能，因为这是完成设计任务时的必要工作方式。已经参加工作的景观设计者除了运用计算机制图软件以及传统的纸质手绘方式，选择 iPad 进行设计内容的完成也是很高效和便捷的。

### 3. 作为设计者交流的媒介

设计方案的想法在脑海中萌发，并通过手绘表现在图纸上逐渐清晰，就可以对其充分审视并加以评价、比较和调整。有了具体而明确的阶段性成果有助于设计师自我审视和与他人交流。设计师与他人充分地思维碰撞才能获得意见和建议。设计师如在每个阶段都能较快地提出改进方案作为回应并与他人再次交流，无疑会大大提高效率。碰撞交流越多，越有利于思维的活化，有利于方案的深化，也有利于各方的理解。例如，在职景观设计师与上级或者甲方通过设计图纸交流设计意见；在读景观专业的学生通过设计图纸和老师沟通激发自己的设计灵感，提升自己的设计技巧，梳理自己的设计思路，和同学交流交换设计想法，打开设计思维等。

近年来，随着 iPad 的普及，以及软件技术的更新优化，iPad 手绘对于大部分读者来说已经不再陌生。“好风凭借力”，iPad 凭借简单便捷的操作手法、方便携带、合适的尺寸，以及各种技术软件支持等多项优势，迅速成为各个行业领域基础且高效的工具之一，如图 1-1 所示。

图 1-1

综上所述，无论是景观设计领域中的专业人员、基层小白职员，还是初出茅庐的学生，熟练掌握 iPad 景观设计手绘逐渐成为一项必备的技能。正所谓“登高而招，臂非加长也，而见者远；顺风而呼，声非加疾也，而闻者彰”。合适的工具，能够使景观设计专业人员和热爱景观设计的伙伴们，在学习工作中尽情释放心中的兴趣与热爱。

## 1.2 传统纸面手绘和计算机效果绘制

在学习新知识之前，为了更好地理清其与现有知识的联系，提高学习效率，我们首先要了解传统手绘的优劣，扬长避短，更具针对性地去学习。

景观设计手绘主要的设计图有平面图、剖立面图、分析图（包括区位分析、功能区分析、道路系统分析、景观轴线分析等）、鸟瞰图、效果图（又称透视图）等，主要的手绘类型有传统纸面手绘、计算机效果绘制（包括数位板或者数位屏绘画，这两种属于板绘）、iPad Procreate 手绘。

### 1.2.1 传统纸面手绘

传统纸面手绘是最传统的景观设计手绘方式，使用一支笔、一张纸便可以创造出艺术。发展到今天，纸面手绘需要颜料、画笔、纸张、模板尺、圆规、橡皮、调色盘等更多样的绘制工具，如图 1-2 和图 1-3 所示。

图 1-2

图 1-3

最初的设计师为了便于区分元素和追求艺术效果的表达，会使用不同的色彩工具。主要色彩工具有色粉、水粉、水彩等，如图 1-4 所示。

图 1-4

常见的水彩上色纸面表达，如图 1-5 ～图 1-7 所示。

图 1-5

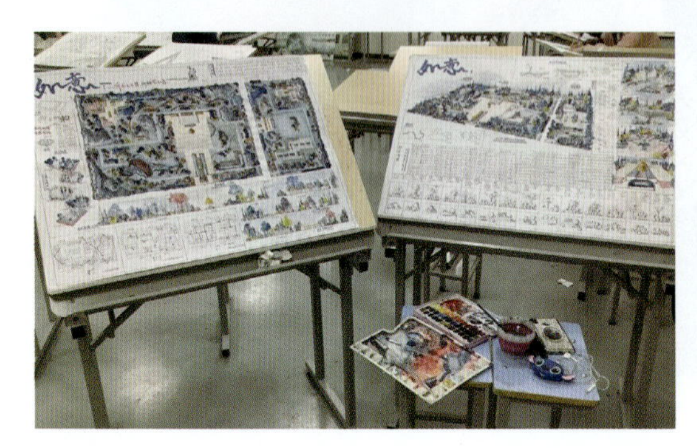

图 1-6

图 1-7

除了作画工具，还需要画室、桌子等外部设施。另外，在用纸方面，为了便于修改，经常使用硫酸纸或者拷贝纸来绘制草图，如图 1-8 所示。

用硫酸纸绘制的效果如图 1-9 ～图 1-11 所示。

图 1-8

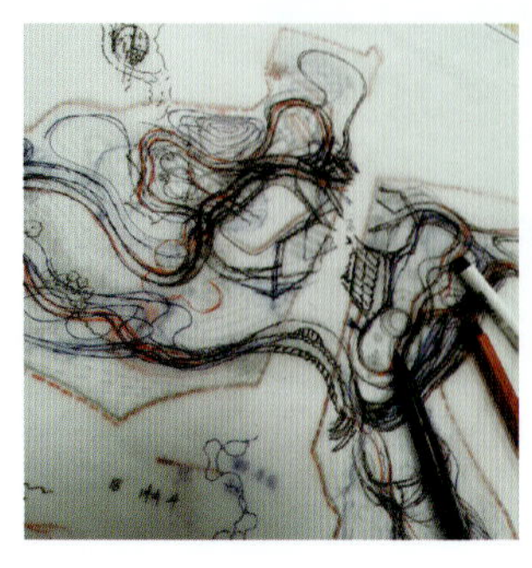

图 1-9

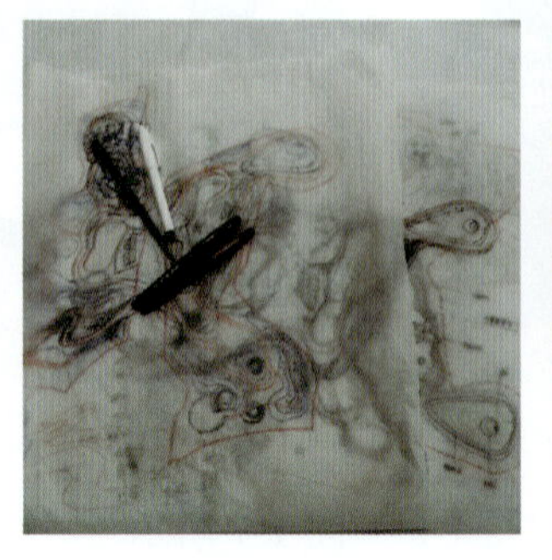

图 1-10

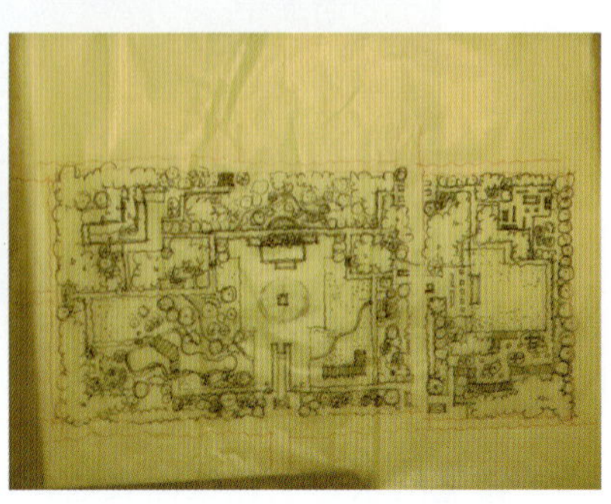

图 1-11

传统纸面手绘的特点是生动、概括性强、绘制速度较快。现在的设计师和学习景观设计的学生常用色彩工具（如马克笔）进行创作，如图 1-12 所示。但是马克笔等色彩工具相对来说不够轻便，笔迹也不宜反复修改，所以传统纸面手绘更适合于记录和表达创意。

图 1-12

景观设计马克笔上色效果如图 1-13 ～图 1-16 所示。

图 1-13

图 1-14

图 1-15

图 1-16

## 1.2.2 计算机效果绘制

计算机效果绘制是一种进阶的、更为高级的景观设计绘制方式。需要的工具是计算机，有时须配置数位板或者数位屏以到达更好的制图效果，如图 1-17 ～图 1-19 所示。计算机效果绘制软件有 Adobe Photoshop、Lumion、SketchUp、Adobe Illustrator 等。为了达到软件流畅运行、制图快捷高效的效果，计算机效果绘制对计算机的配置提出了较高要求，同时对制图者的软件操作技术要求也很高。

图 1-17

图 1-18

图 1-19

计算机效果绘制的特点是真实、高级、细致、准确和易于反复修改，但是对于工具和制图者的技能水平要求普遍较高，同时存在着制图速度相对缓慢、不方便携带和不能当即修改等问题。总地来说，计算机效果绘制更适合最终的渲染出图和展板图纸绘制。计算机绘制的效果图如图 1-20 ～图 1-24 所示。

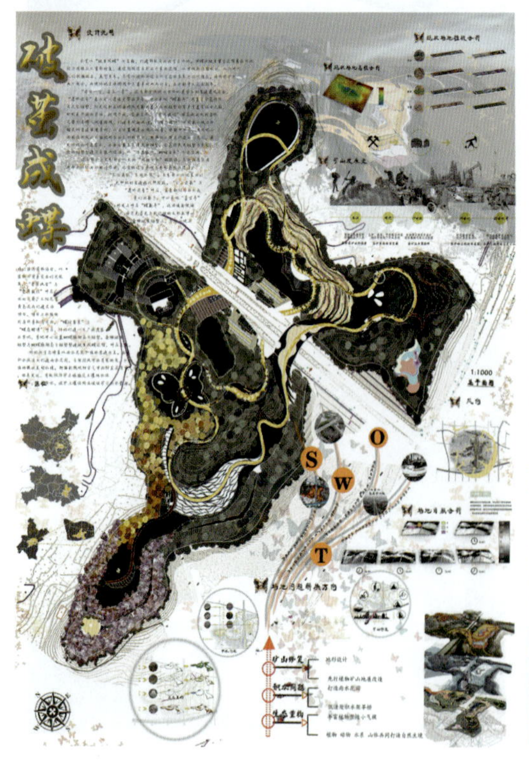


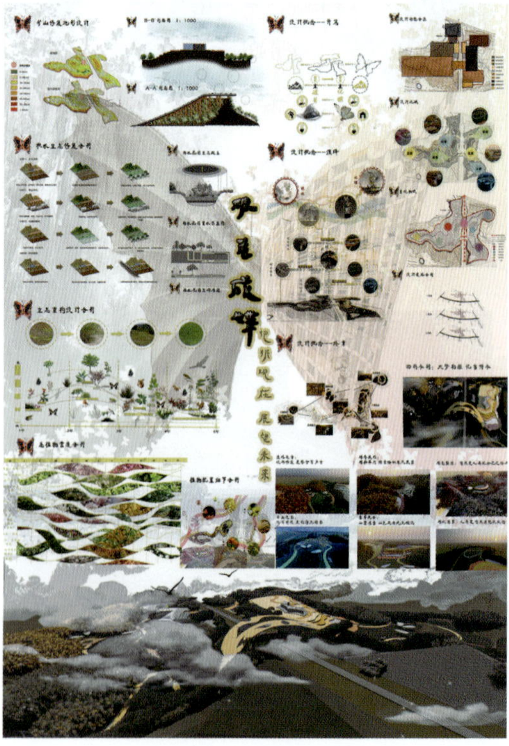

图 1-20

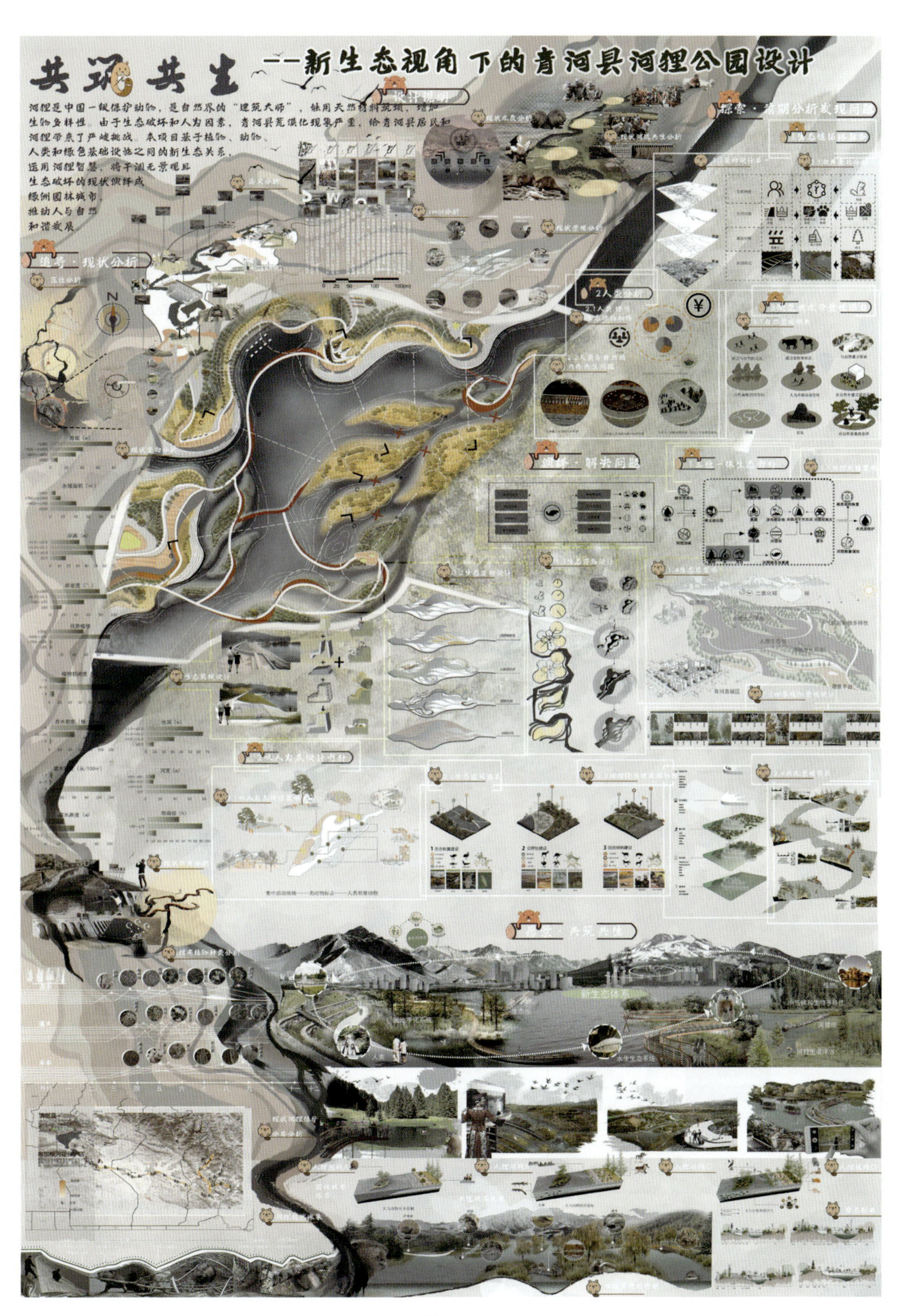
共环共生
——新生态视角下的青河县河狸公园设计
设计说明
河狸是中国一级保护动物，是自然界的“建筑大师”，能用天然材料筑坝，增加生物多样性。由于生态破坏和人为因素，青河县荒漠化现象严重，给青河县居民和河狸带来了严峻挑战。本项目基于植物、动物、人类和绿色基础设施之间的新生态关系，运用河狸智慧，将干涸无景观且生态破坏的现状演绎成绿洲园林城市，推动人与自然和谐发展。
追寻·现状分析
区位分析
历史分析
swot分析
现状景观分析
现状水质分析
现状河流共生分析
探索·前期分析发现问题
2人类分析
新生态体系
水生生态系统
0 25 50 100 150(m)

图 1-21

设计说明
区位分析
SWOT分析
S
W
O
T
历史分析
国情分析
三农问题
工农问题分析
社会-经济-生态
说实话
常棣
自天降康，丰年穰穰。
来假来飨，降福无疆。
总平面图
N
规划策略方针
可持续发展
农业经济提升
大力发展农业
综合经济提升
休闲产业发展
生态环境可持续发展
规划定位理念
农业生产圈
定位
定位理念
现代生态廊道设计

图 1-22

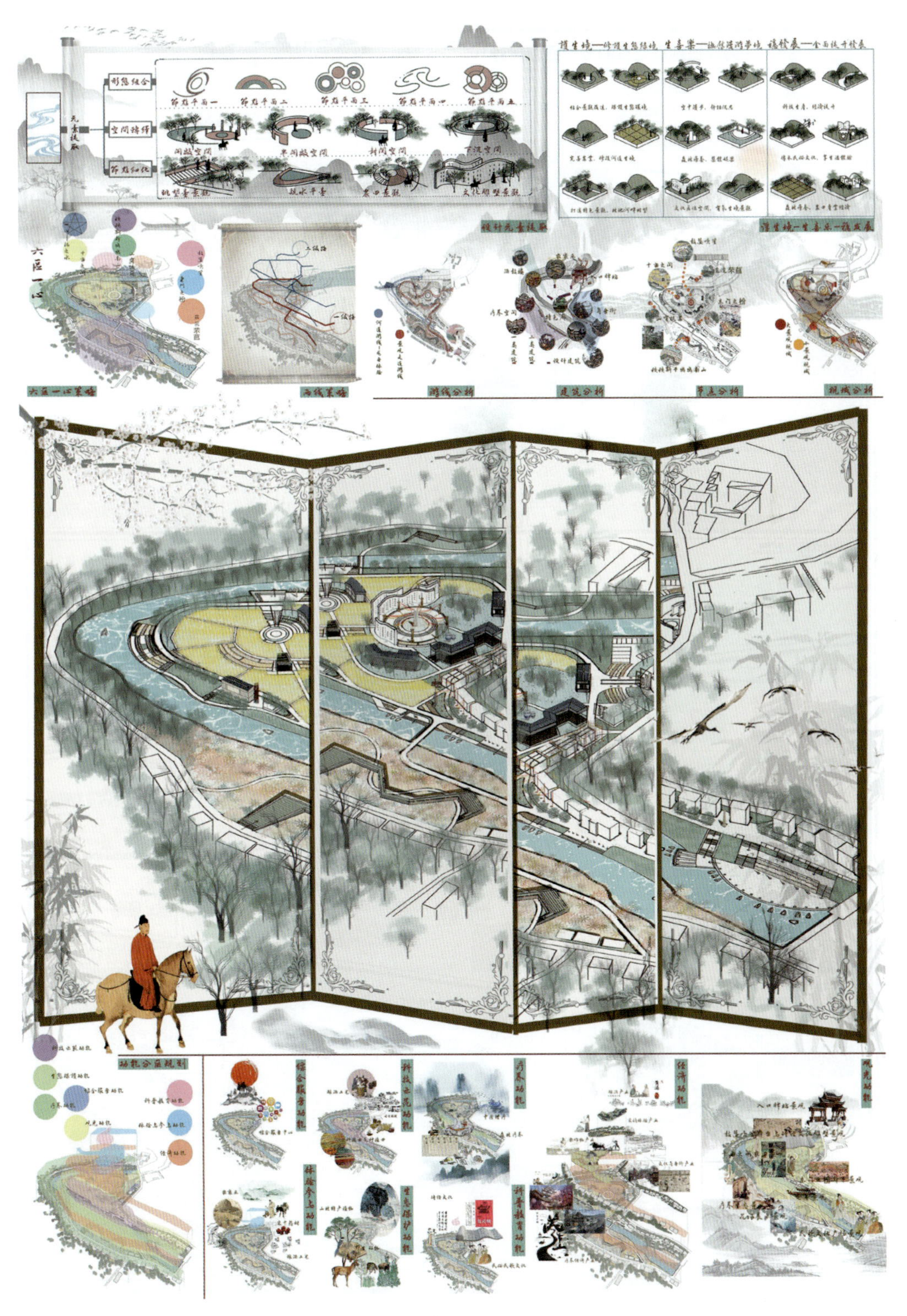

图 1-23

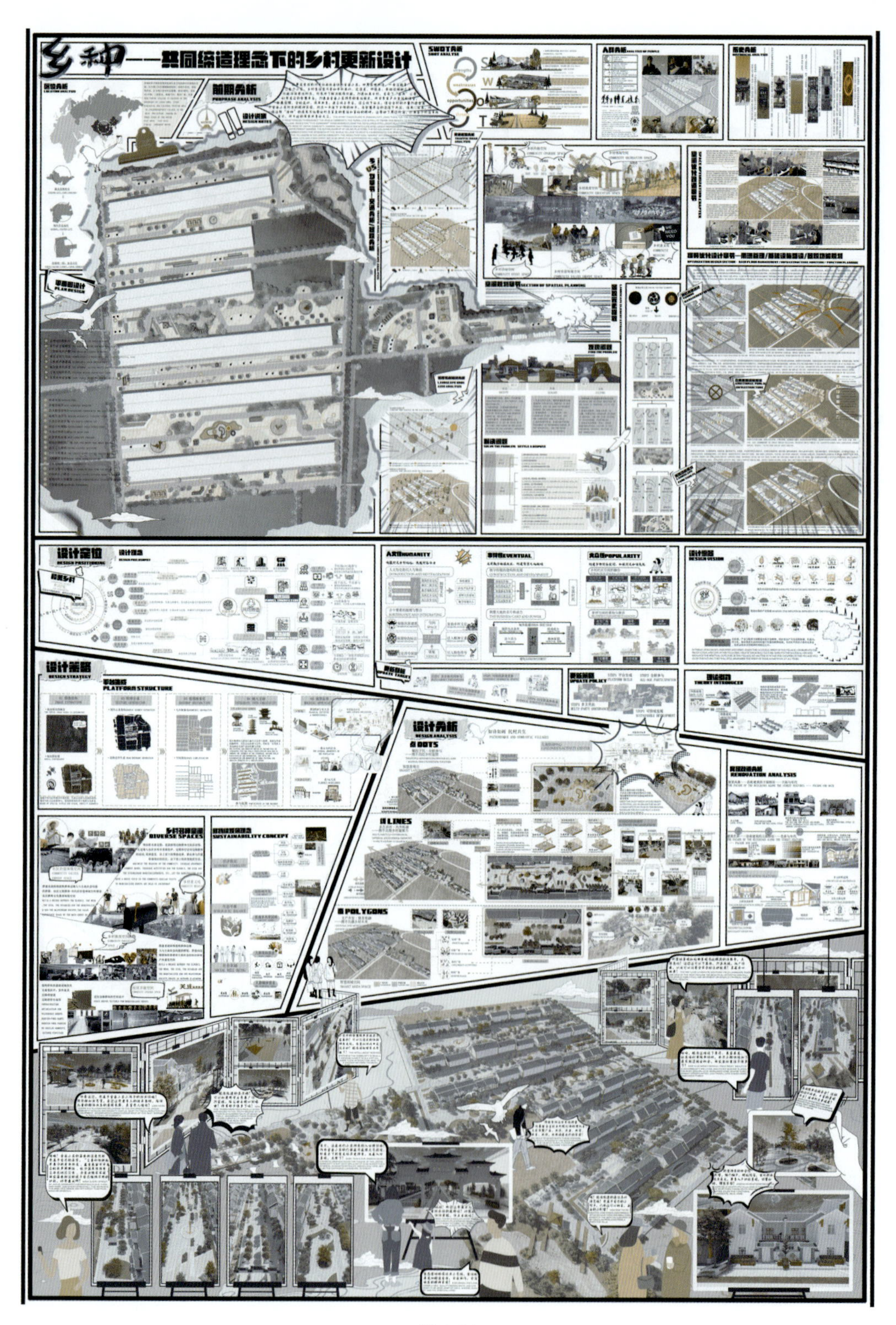
乡种——共同缔造理念下的乡村更新设计
前期分析
PURPHASE ANALYSES
设计说明
DESIGN NOTES
SWOT分析
人群分析
设计定位
设计策略
设计分析
DESIGN ANALYSIS
点 DOTS
线 LINES
面 POLYGONS

图 1-24

## 1.3 iPad 手绘的优势

iPad 作为一种新型电子产品，迅速成长为各行各业工作、学习的辅助工具，对景观设计行业也不例外。iPad 以其舒适的观感尺寸和轻便的重量，加之简单的操作和无需高深技术水平即可满足基础设计需求的特性，逐渐赢得了设计行业专家和学者的广泛喜爱。

iPad 手绘的优势如下。

（1）绘画条件简单。传统纸面手绘不仅需要多种作画工具，还需要如画室、桌子等必备的外部设施。计算机效果绘制则需要能够带动高级绘画软件运行的高性能计算机，还需要相应的工作空间和设施，即电脑桌、插线板、电源等，此外还常配有数位板或者数位屏等辅助工具，总成本相对较高，如图 1-25 所示。

图 1-25

而 iPad 手绘只需要一台电量充足的 iPad 和一支 Apple Pencil，不需要专门的画室、画桌，随时随地就可以进行创作，如图 1-26 所示。

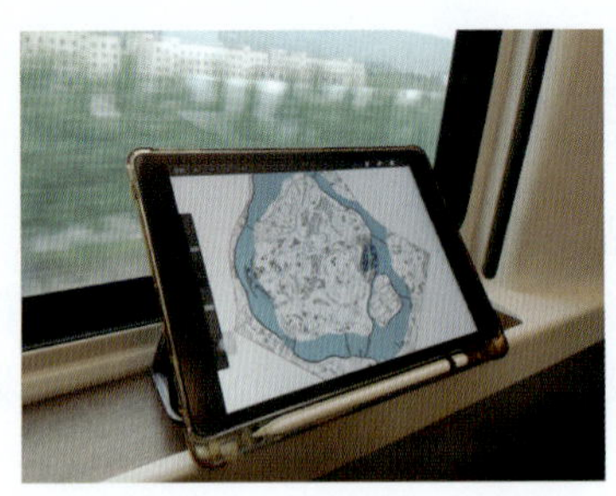

图 1-26

（2）绘画效率高。传统纸面手绘需要很多工具，而且需要具备高水准的绘画技能才能够画出丰富出彩的图纸，如图 1-27 所示。计算机效果绘制需要强大的软件技能水平，对计算机配置和性能的要求也很高，如图 1-28 所示。

图 1-27

图 1-28

iPad 手绘的常用软件 Procreate 的功能十分强大，使用 Procreate 可同时快速画出多角度、对称的画面，也可以任意复制粘贴图中的元素，精准快捷，同时可运用大量的画图素材和配色技巧，能够节省大量时间，如图 1-29 所示。在功能方面，iPad 手绘可以与计算机效果绘制相媲美。iPad 手绘相较于计算机效果绘制简单易操作并且功能更加人性化，例如，当 iPad 卡机或者死机时可以自动保存绘制进度这一功能，深受制图者的喜爱。

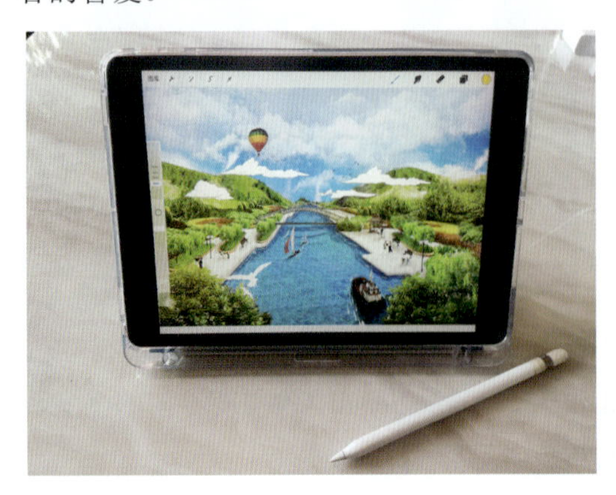

图 1-29

（3）成本更低。用于传统纸面手绘的材料需要不断购买，而且专业的绘画材料价格并不便宜，长期来看，传统纸面手绘的材料耗资还是很高的。计算机效果绘制和 iPad 手绘都属于一次投入、无限次使用的设备，但由于计算机配置、性能的高要求，所以相对于 iPad 手绘而言计算机效果绘制的采购耗资是相对较高的。

## 1.4 iPad 手绘工具入门介绍

常言道："工欲善其事，必先利其器。"要想学习和应用好 iPad 这一工具，首先必须选择一款得心应手的产品。选择 iPad 手绘工具的原则是，只选合适的，不选贵的。

### 1.4.1 iPad 的选购

iPad 是苹果公司的平板电脑品牌，它基于 IOS 系统的开发而诞生，与手机最大的区别是支持手写。

#### 1. iPad 的两种选购需求

在选购 iPad 时，主要的使用需求有以下两个方面。

（1）大屏幕。主要用于更方便地娱乐、看网课等，如图 1-30 所示。

（2）生产力工具。主要用于办公、学习、手绘和设计等方面。

图 1-30

当然，对于想要用 iPad 来进行景观设计的用户，iPad 的选购需求主要是满足第二个方面，即生产力工具。iPad 作为生产力工具主要的选择依据有型号、存储空间、屏幕尺寸。

自 2021 年苹果公司发布第一代 iPad 开始，每年都会至少发布一款新型号的 iPad，至今为止苹果公司已经发布了 30 多款不同的型号。但并不是所有型号的 iPad 都适合购买，而是要根据 iPad 的性能、系列、尺寸和存储空间去选择。

#### 2. iPad 型号选择

（1）iPad 数字系列。标准化 iPad，在市面上现存的有 iPad 9 和 iPad 10。

其性能普通，续航时间长，价格 2499 元起，价格优势明显，是 iPad 的入门款，适合将 iPad 作为辅助学习工具并且预算较低的学生群体。

（2）iPad mini 系列。性能适中，屏幕小，便于携带，适合用来看电子书、玩游戏、速记速写等，是一款偏向于娱乐的电子产品。价格 3799 元起，不太适合用来将 iPad 作为生产力工具的买家。

（3）iPad Air 系列。性能较高，可作为生产力工具，办公、绘画、学习等多种需求都可满足。价格 4399 元起，比较适合有预算的学生群体、上班族和设计师。

（4）iPad Pro 系列。性能最佳，基本满足所有专业人士的工作需求，绘画、剪辑、建模、设计等都能驾驭。价格 5799 元起。

**• 提示 •**

总体来说，用于景观设计的 iPad 推荐指数排序：iPad Pro 系列 > iPad Air 系列 > iPad 数字系列 > iPad mini 系列。

### 3. iPad 存储空间选择

对于专门用于景观设计学习或制图的 iPad，其足够的存储空间是 iPad 流畅运行的关键，所以笔者建议选择较大内存的 iPad。

（1）64 GB。目前只有 iPad Pro 系列没有 64 GB 的存储空间选项，其他系列都有，就使用程度及下载资料等方面来说，用于景观设计时，64 GB 内存肯定是不够的。

（2）128 GB。目前只有 iPad Pro 系列有 128 GB 的存储空间选项，128 GB 是中等存储空间，一般来说选择 128 GB 的内存是足够的，如图 1-31 所示。

（3）256 GB。4 个系列都有 256 GB 的存储空间选项。

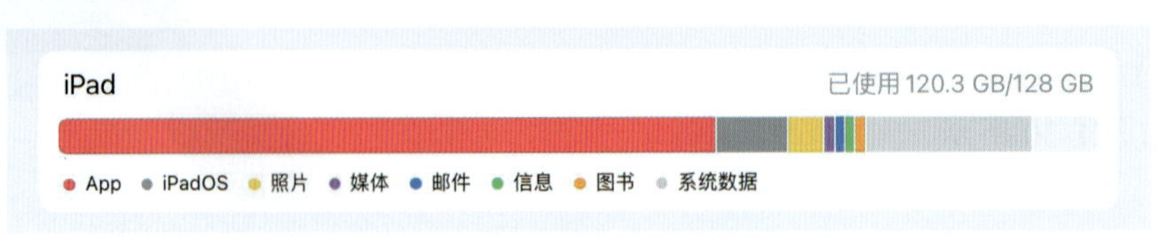


图 1-31

### 4. iPad 屏幕尺寸选择

（1）8.3 英寸。比一般的手机略大一些，目前只有 iPad mini 系列有 8.3 英寸的屏幕尺寸，便于携带。

（2）10.2 ～ 11 英寸。用于办公、学习、娱乐都可以，比较方便携带。

（3）12.9 英寸。不太方便携带，相对较重。

**• 提示 •**

对于屏幕尺寸，按照自己的使用需求以及喜好选择即可。景观设计专业的学生以及设计师，推荐选择 10.2 ～ 11 英寸，方便学习和日后工作携带。

## 1.4.2 Apple Pencil 的选购

选择配件笔时，建议选择质量比较好的平替笔或原装笔，如图 1-32 所示。平替笔和原装笔的最大区别是原装笔有压感。

图 1-32

Apple Pencil 目前有两种：一种是 Apple Pencil一代；一种是 Apple Pencil 二代。不同代的 Apple Pencil 适用于不同型号的 iPad，在购买时需要注意。

**• 提示 •**

压感会使得在使用 Apple Pencil 设计绘画时比较丝滑，在 iPad 屏幕上使用平替笔时有玻璃之间撞击的感觉，而在 iPad 屏幕上使用原装笔时比较有顿感，是柔性的感觉。平替笔的价格在 50 ～ 300 元，而原装笔的价格则在 699 元以上，用户可根据自己的预算和使用喜好选择。

## 1.4.3 iPad 保护膜的选购

iPad 保护膜主要分为钢化膜和类纸膜。

（1）钢化膜。使用时屏幕比较清晰光滑，对于笔尖的磨损程度较小，但在绘画设计时缺少顿感，如图 1-33 所示。

（2）类纸膜。使用时屏幕不是很清晰，绘画设计时比较舒服，但是容易磨损笔尖，如图 1-34 所示。

图 1-33

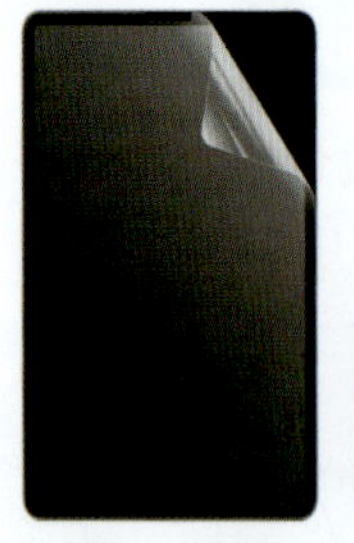

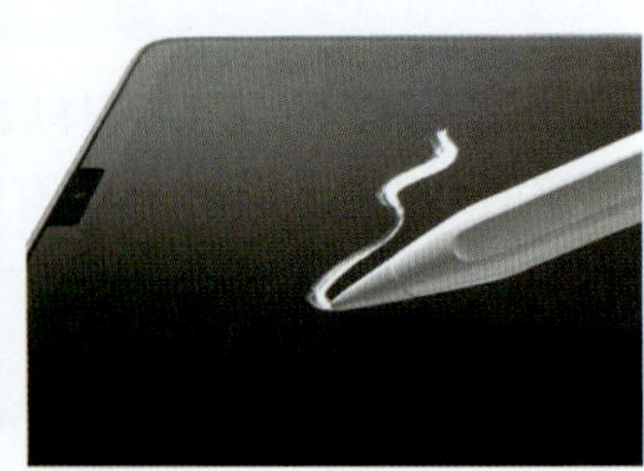

图 1-34

**• 提示 •**

iPad 保护膜的选购也可按照自己的预算以及使用喜好选择。擅长纸上作画设计的用户可选择类纸膜作为 iPad 的保护膜；擅长在数位板上绘画设计的用户可以选择钢化膜作为 iPad 的保护膜。建议新手选择类纸膜或者钢化类纸膜，以更好地保护 iPad 屏幕并且带来舒服的设计手感。

### 1.4.4 iPad 手绘软件 Procreate

Procreate 是每个 iPad 用户的必备软件，但是仅适用于苹果系统。Procreate 软件的图标如图 1-35 所示。

Procreate 是一款对新手特别友好的软件，是 iPad 中最强大的绘画设计软件之一。其界面简约、功能丰富，具备各种隐藏工具，如图层、笔刷、图像编辑、滤镜等，相当于简约版的 Photoshop，用起来方便快捷，Procreate 的价格为 68 元。

本书主要讲述使用 iPad Procreate 进行景观设计手绘表现的技法。

图 1-35

**• 提示 •**

在选购合适的工具后，锻炼自己使用 iPad Procreate 进行景观设计手绘表现的技法才是重中之重。技术的熟练并非一朝一夕之事，而在于不懈地练习与探索，坚持下去，才会看到希望的曙光。

# 第 2 章 Procreate 软件操作技巧

通过本章的学习，探索 Procreate 的强大功能及其使用方法。

读者可以从头到尾逐节阅读，发掘、学习每个板块的功能，或深入了解不熟悉的区块，找到需要的解答。

## 2.1 Procreate 的界面布局

本节将从启动 iPad，打开 Procreate 软件开始，再到软件的界面功能和操作步骤，逐一进行讲解，方便大家更清楚地认识和了解 iPad Procreate。

### 2.1.1 开始界面

点击 Procreate 软件的图标，进入开始界面。初始化的 Procreate 会有几张自带的图片，如图 2-1 所示。

点击右上角的“选择”工具，如图 2-2 所示。

图 2-1

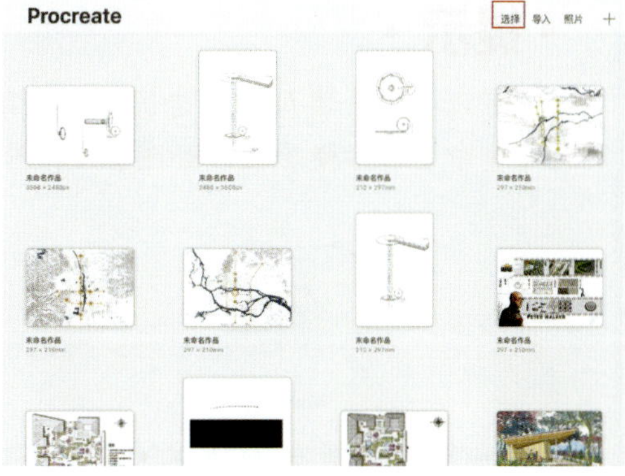


图 2-2

选择所示文件，可单个或批量进行“堆”“预览”“分享”“复制”“删除”操作，如图 2-3 和图 2-4 所示。

- 堆：可以选择多个文件，将它们分到一个“堆”里，相当于成组，如图 2-5 所示。

图 2-3

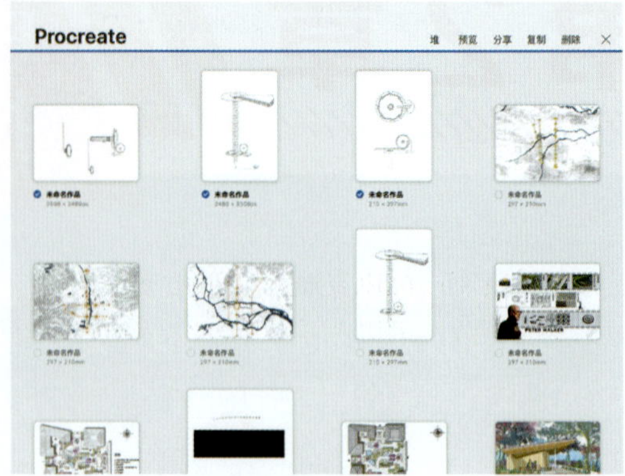


图 2-4

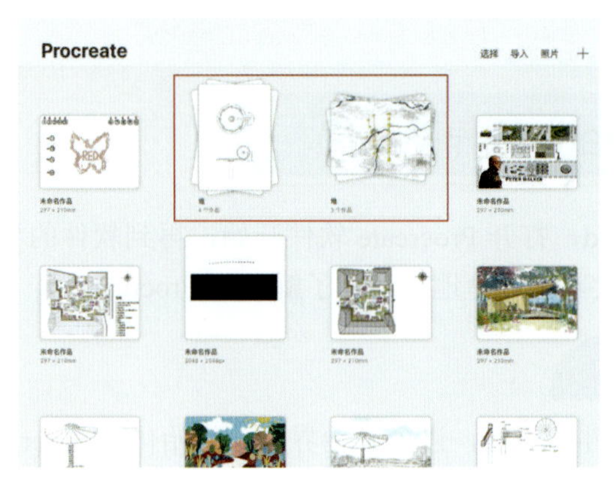


图 2-5

**• 提示 •**

可以将同一类型的或者同一系列的图片组合成堆，使画面整洁清晰。也可以对堆重命名，方便管理，如图 2-6 和图 2-7 所示。

图 2-6

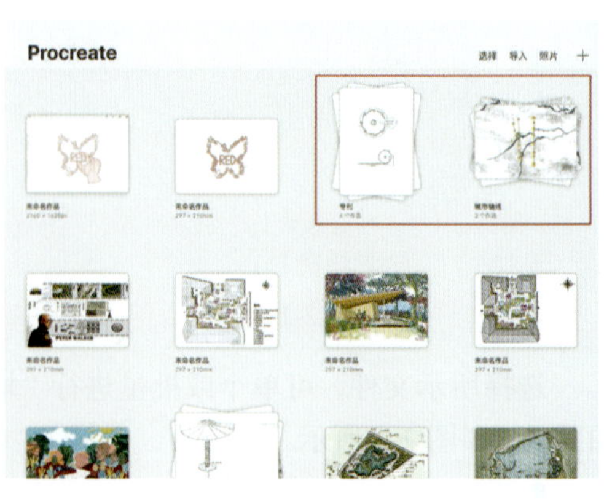


图 2-7

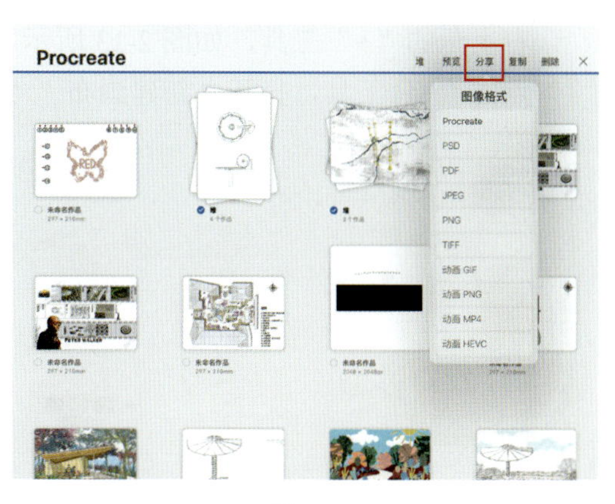


图 2-8

- 预览：可选择一个或者多个文件进入幻灯片预览模式。
- 分享：可选择一个或者多个文件，选择好文件格式后，将文件分享到其他应用或者文件中，如图 2-8 所示。
- 复制：可以复制一个或者多个文件。
- 删除：可以删除一个或者多个文件。

点击右上角“×”工具，退出选择界面。

右上角的“导入”工具，如图 2-9 所示。

- 导入：可以将 iPad、云盘等存储的文件导入 Procreate 中。

右上角的“照片”工具，如图 2-10 所示。

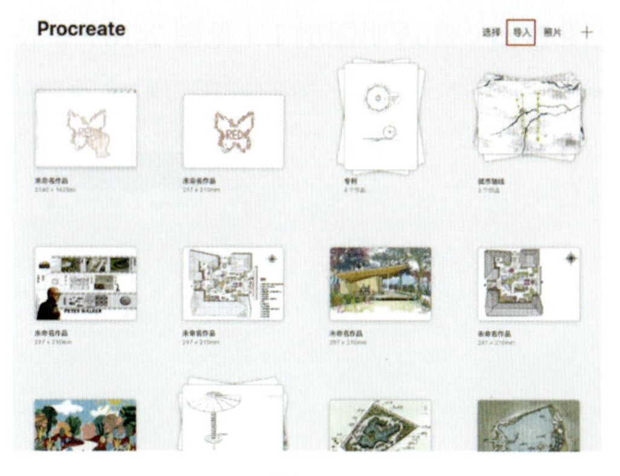


图 2-9

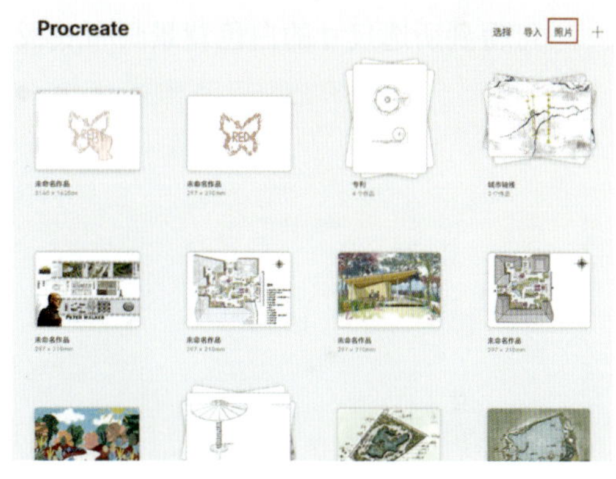


图 2-10

- 照片：可以将相薄中的照片导入 Procreate 中，如图 2-11 所示。同时自动生成与照片尺寸相同的白色背景画布底板和以照片为图层的“图层 1”，如图 2-12 所示。

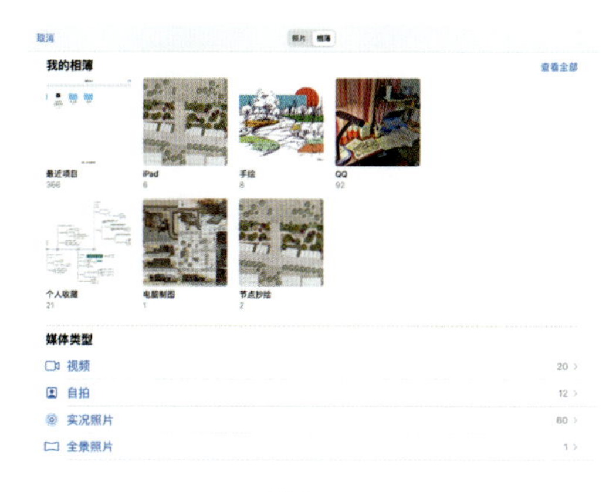


图 2-11

图 2-12

右上角的“+”工具，如图 2-13 所示。

点击“+”工具，打开“新建画布 ”界面，选择合适的画布尺寸，如图 2-14 所示。

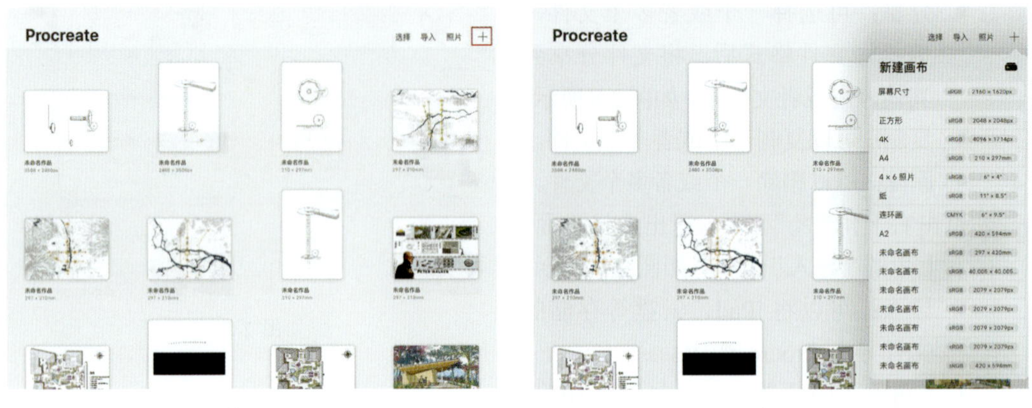


图 2-13　　　　图 2-14

可得到所选尺寸的白色背景画布底板（见图 2-15）和透明图层 1（见图 2-16）。

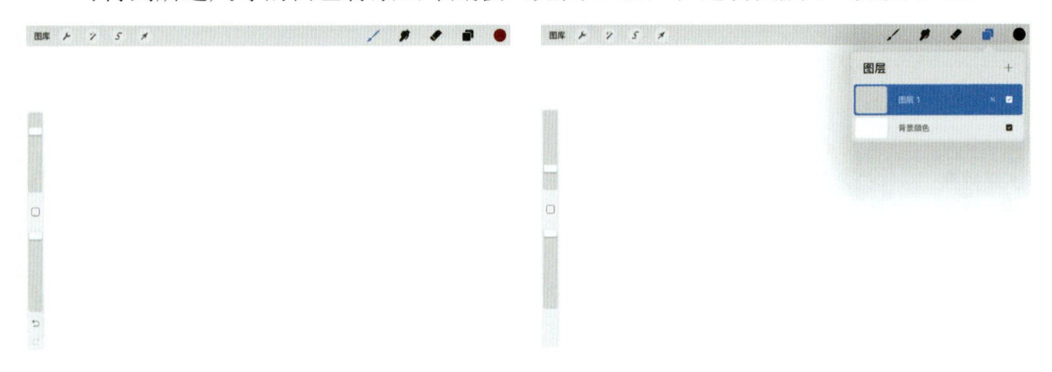


图 2-15　　　　图 2-16

## 2.1.2 画布界面

新建画布后，便可进入 Procreate 的画布界面，如图 2-17 所示。本文按照图 2-17 中阿拉伯数字所对应的工具顺序，依次介绍其功能。

- 图库：返回到开始界面，可以组织和管理自己的作品。
- 操作：打开“操作”界面，该界面中有“添加”“画布”“分享”“视频”“偏好设置”“帮助”等工具，如图 2-18 所示。用户可以在该界面添加内容、调整画布、导出录制的视频、调整界面和触摸设置等。
- 调整：用于调整图层内容以展示出专业的图像效果，或者改变 Apple Pencil 的笔触。“调整”界面中有“颜色平衡”“渐变映射”“透视模糊”等多种功能选项，如图 2-19 所示。
- 选取：包含 4 种多用途的选取工具，使用这些工具可以精准地选取图纸内容，以便对所选取的内容进行其他操作，如图 2-20 所示。

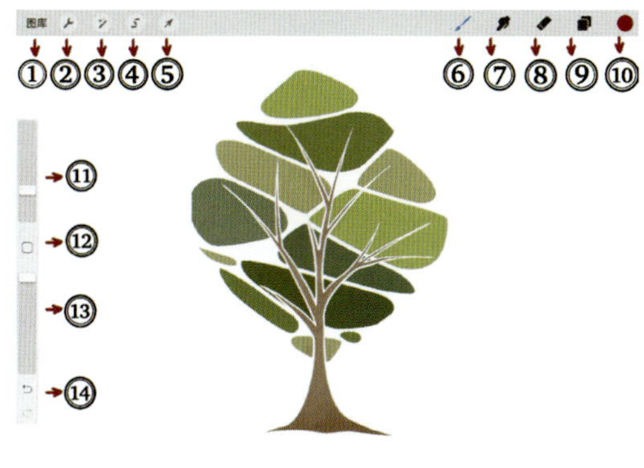


图 2-17

图 2-18

图 2-19

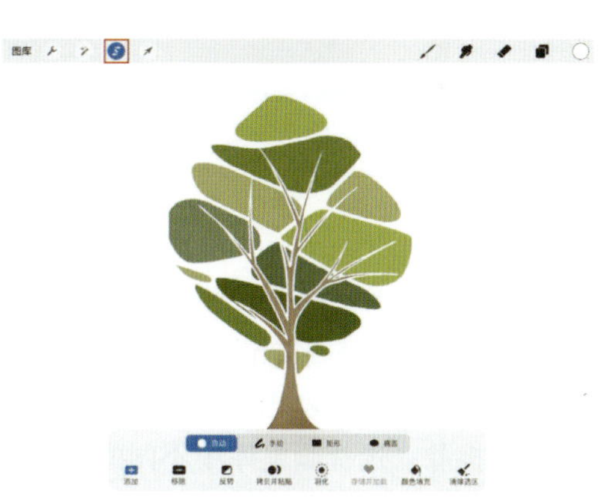


图 2-20

- 变换变形：可以将所选取的内容或者图层中的内容进行不同程度的变换，包含延展、移动、缩放、翻转和扭曲等，如图 2-21 所示。
- 绘图：Procreate 画笔库内含有丰富的画笔笔刷，如图 2-22 所示。用户可以选择不同的笔刷进行创作，也可以管理画笔库，导入自己制作的笔刷等。

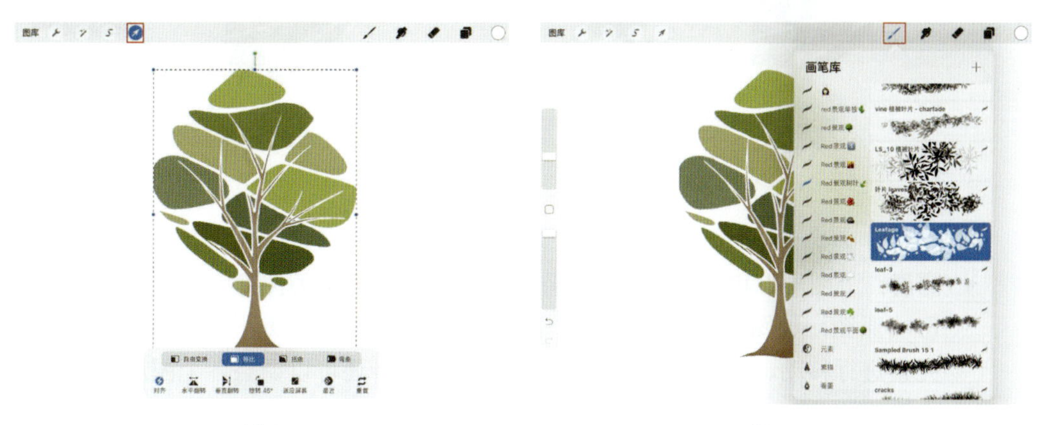


图 2-21

图 2-22

**• 提示 •**

笔者自制的500多款景观设计笔刷素材，用户可自行导入，丰富自己的画笔库，如图2-23所示。

图 2-23

- 涂抹：选择画笔库中不同的笔刷，利用不同用途的笔刷来创造一系列不同的效果，相当于用此效果的笔刷来渲染图层内容，如图2-24所示。
- 擦除：选择画笔库中不同的笔刷，擦除图层的错误内容，对内容进行修改和渲染，如图2-25所示。

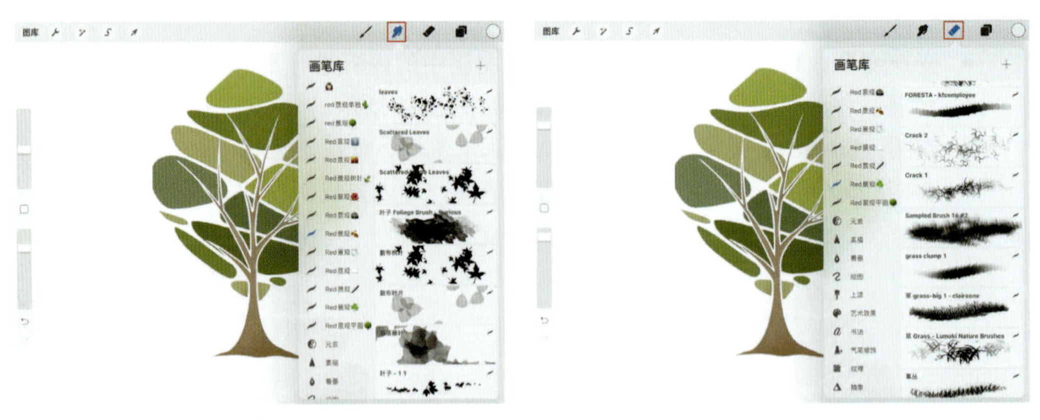


图 2-24　　图 2-25

- 图层：“图层”相当于硫酸纸的作用，可以在已完成的图像上添加图层，而不影响原图，如图2-26所示。每个图层都是独立的，可以分别对每个图层上的元素进行移动、编辑、重新上色或删除等操作，还可以调整各个图层之间的混合模式。

- 颜色：用于选取、调整并调和色彩，还可以存储、导入和分享调色板，如图 2-27 所示。

图 2-26　　　　图 2-27

- 画笔尺寸：可以调整绘图、橡皮、涂抹画笔的尺寸，如图 2-28 所示。往上拖动滑块可增大画笔尺寸，得到较粗的笔触；往下拖动滑块则会缩小画笔尺寸，进而得到较细的笔触。
- 修改钮：可以将它设置成任何工具或选项的快捷方式，可以在“操作”界面的“偏好设置”中选择“手势控制”来调整。默认的“修改钮”是选色吸管，可以即时从作品上选取颜色，如图 2-29 所示。

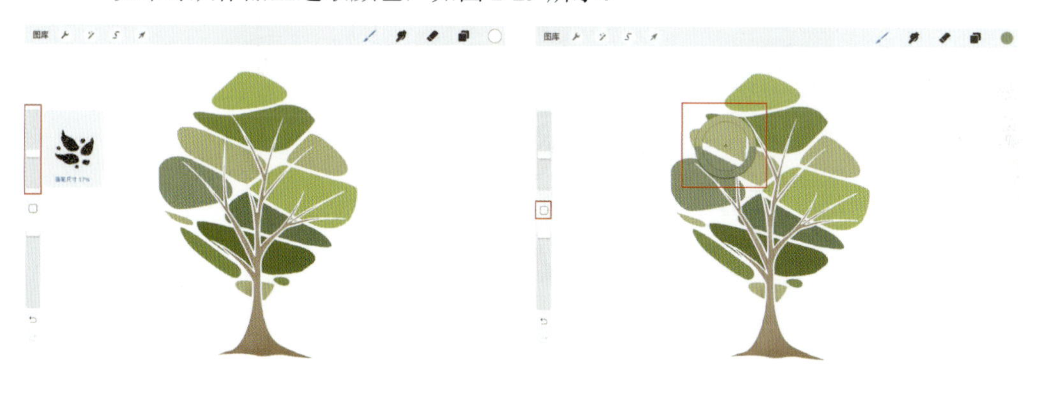

图 2-28　　　　图 2-29

- 画笔不透明度：可以调整绘图、橡皮、涂抹画笔的不透明度。往上或往下拖动滑块来降低或增加笔刷的可见度，从而创建透明或完全不透明的笔触效果，如图 2-30 所示。
- “撤销 / 重做”箭头：如图 2-31 所示，点击上方的“撤销”箭头可取消上一步操作；点击下方的“重做”箭头可复原，且界面上方会出现提示信息，显示重做或撤销的步骤内容，最多可以撤销 250 步操作。轻点并长按“撤销”箭头可以快速“撤销”多个操作步骤。

图 2-30　　　　图 2-31

### 2.1.3 自定义界面

打开“操作”界面的“偏好设置”选项，如图 2-32 所示，可以调整界面颜色、编辑压力曲线等，自定义自己喜欢的、合适的界面。

图 2-32

## 2.2 Procreate 软件手势控制操作

掌握 Procreate 软件的手势控制操作，利用指尖的碰触完成快速操作，可使创作过程如虎添翼。Procreate 不仅可以配合 Apple Pencil 使用，而且可以直接用指尖操作输出创作内容。依次点击“操作”→“偏好设置”→“手势控制”，如图 2-33 所示。

在“常规”界面中，打开“启用手指绘画”选项，如图 2-34 所示，即可使用手指进行创作。

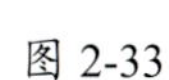

图 2-33

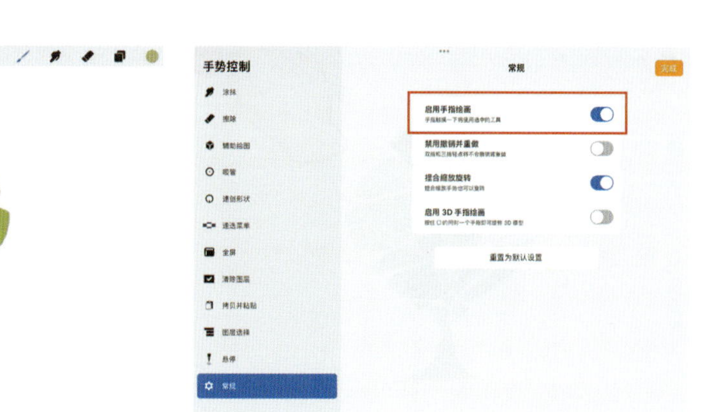

图 2-34

**• 提示 •**

如果习惯配合触控笔来使用，则建议打开“禁用触摸操作”选项，防止手指误触。

## 2.2.1 画布常用手势快捷操作

（1）单指长按。单指长按，可吸取画布中的颜色，如图 2-35 所示。

（2）单指拖曳“颜色”工具。单指拖曳“颜色”工具到画布中的闭合空间中，可自动填充该闭合内容的颜色；单指拖曳“颜色”工具到画布空白处，可自动填充图层的颜色，如图 2-36 所示。

图 2-35

图 2-36

（3）单指长按“颜色”工具。单指长按“颜色”工具调整到上一个颜色（指尖和触控笔都适用），如图 2-37 所示。

（4）画线停顿。绘制一条线或形状，画线后停顿，笔划会快速完成一条直线或相关形状的绘制（指尖和触控笔都适用），如图 2-38 所示。

图 2-37　　　　图 2-38

（5）画圆停顿。绘制一个圆弧，画线后停顿，笔划会快速完成一个圆或椭圆的绘制（指尖和触控笔都适用），如图 2-39 所示。

（6）画圆停顿 + 单指长按。手指长按时用另一根手指轻点画布，就能快速切换到正圆形状，适用于指尖和触控笔相互配合或者两根手指配合，如图 2-40 所示。

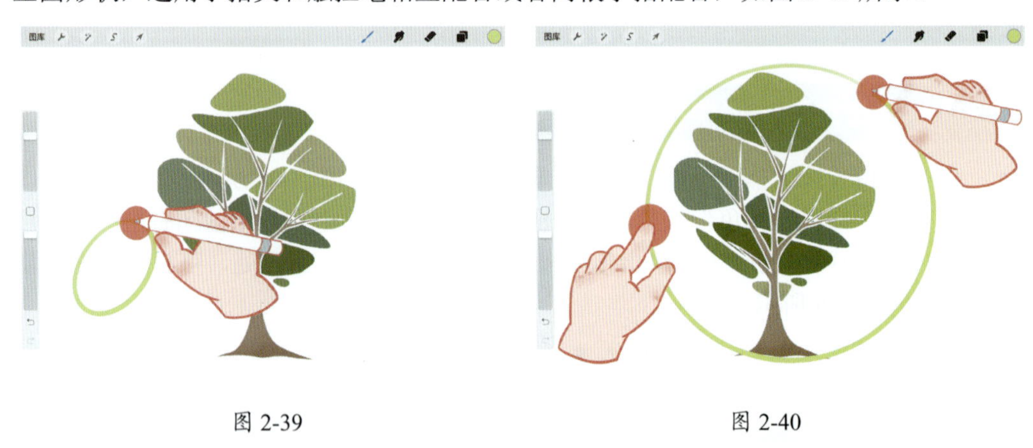

图 2-39　　　　图 2-40

（7）双指点击。双指点击画布，可撤回操作，如图 2-41 所示。

（8）双指快速捏合再放开。双指快速捏合再放开，可使画布自适应调整以匹配画面大小，如图 2-42 所示。

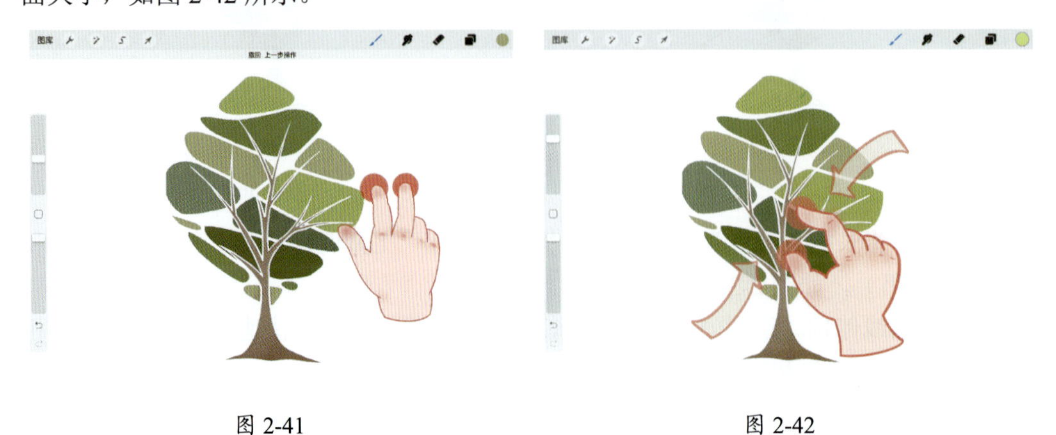

图 2-41　　　　图 2-42

（9）双指捏合旋转。双指捏合，可缩小或放大画布以便检查细节和全图。捏住画布时，转动手指即能旋转画布，从而找到最合适的角度，如图 2-43 所示。

（10）三指点击。三指点击画布，可重复上一操作，如图 2-44 所示。

图 2-43　　图 2-44

（11）三指下滑。三指下滑可打开“拷贝并粘贴”界面，如图 2-45 所示。

（12）三指左右滑动。三指左右滑动可清除图层中的所有内容，如图 2-46 所示。

图 2-45　　图 2-46

（13）四指点击。四指轻点，可隐藏工具栏，展示全屏画面内容。四指再次轻点，可显示工具栏，如图 2-47 所示。

图 2-47

## 2.2.2 图库常用手势快捷操作

（1）单指左滑。在开始界面，单指按住图库中的作品并轻轻向左滑动，会调出该作品的“分享、复制、删除”界面，如图 2-48 所示。

图 2-48

（2）双指缩放。在开始界面，双指放大图库中的作品，会进入该作品的预览模式。双指捏合，退出作品的预览模式，如图 2-49 所示。

图 2-49

## 2.2.3 图层常用手势快捷操作

（1）双指捏合。将需要合并的图层双指按住捏合，可合并双指之间捏合的所有图层，如图 2-50 所示。

（2）单指右滑。单指右滑图层，可选择该图层，如图 2-51 所示。

（3）单指左滑。单指左滑图层，可以调出该图层的“锁定、复制、删除”界面，如图 2-52 所示。

（4）双指右滑。双指右滑图层，可以开启该图层的“阿尔法锁定”功能，如图 2-53 所示。

图 2-50

图 2-51

图 2-52

图 2-53

**· 提示 ·**

开启“阿尔法锁定”功能相当于只选中了该图层中已有的内容，只能在该图层已有内容上进行修改和创作。

（5）双指长按。双指长按图层，可以选中图层中的内容，如图 2-54 和图 2-55 所示。

图 2-54

图 2-55

（6）单指点击。单指点击图层，可以调出该图层的菜单栏，如图 2-56所示。

（7）单指拖动。单指拖动图层，可以改变该图层的位置，对图层进行排序，如图 2-57 所示。

图 2-56　　图 2-57

## 2.3 Procreate 软件的基本操作

本节中 2.3.2 ～ 2.3.10 小节的内容与 2.1.2 小节图 2-17 中的工具相对应，将继续对这些工具进行详细介绍。

### 2.3.1 新建画布

【操作步骤】

01 打开 Procreate 绘画软件，如图 2-58 所示。

02 点击右上角的“+”工具，如图 2-59 所示。

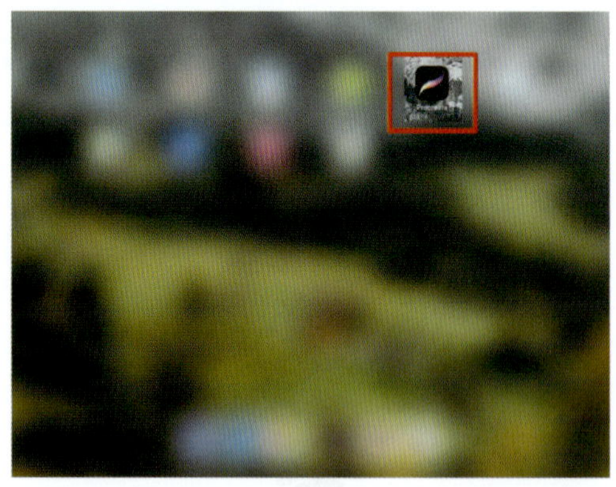

图 2-58

图 2-59

03 打开“新建画布”界面，选择合适的画布尺寸（如屏幕尺寸、正方形、4K、A4 等），如图 2-60 所示。

04 操作完成后，得到透明图层 1，以及所选尺寸的白色背景画布底板，如图 2-61 所示。

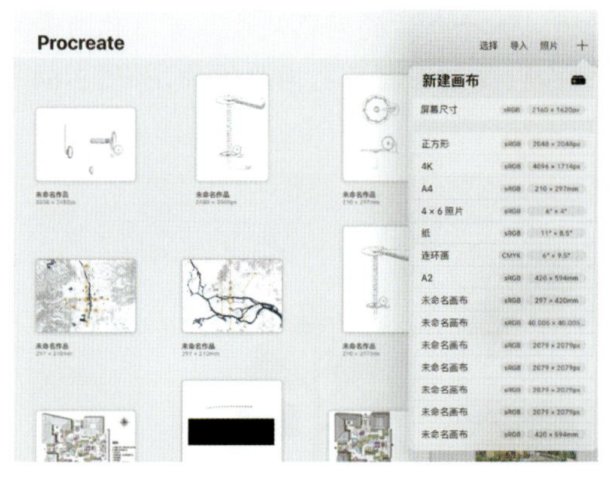


图 2-60

图 2-61

## 2.3.2 操作

新建画布之后，点击画布界面中的“操作”工具，打开“操作”界面。该界面中有“添加”“画布”“分享”“视频”“偏好设置”“帮助”等工具，用于添加内容、调整画布、导出录制的视频、调整界面和触摸设置等。

- 添加：包括“插入文件”“插入照片”“拍照”和“添加文本”，可以插入 iPad 中的文件、照片，也可以即时拍照和添加文本，还可以剪切、复制该作品的内容，粘贴之前复制的内容，如图 2-62 所示。
- 画布：可剪裁并调整画布的大小。其中，“动画协助”用于绘制简单的动画；“绘画指引”用于打开对称、透视、2D 网格等工具辅助作图；“参考”用于调出画布全视图或者 iPad 中的文件作为参考视图，方便把控整体；“水平翻转画布”和“垂直翻转画布”用于水平或垂直翻转画布，如图 2-63 所示。

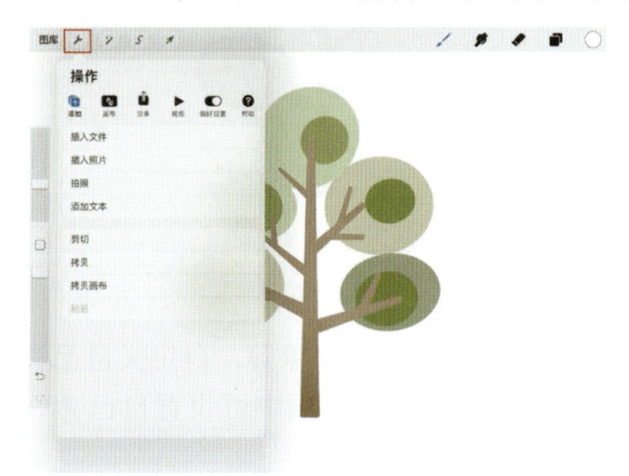


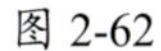

图 2-62

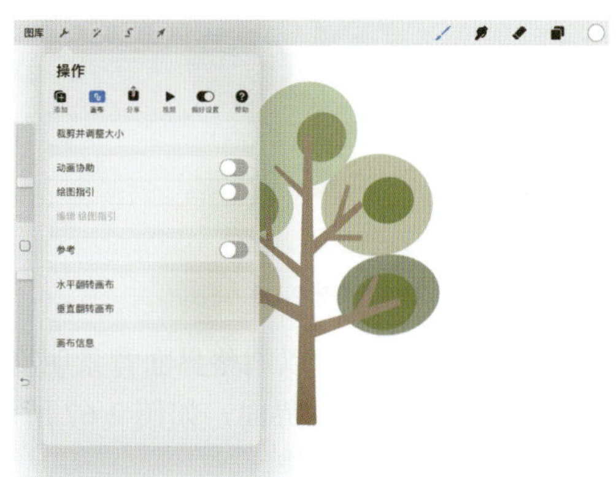


图 2-63

**• 提示 •**

点击“绘画指引”中的“2D网格”选项，选择合适的网格尺寸，可以作为景观设计作图中的比例尺辅助创作，相当于画快题、复制图时的打网格操作，如图2-64所示。

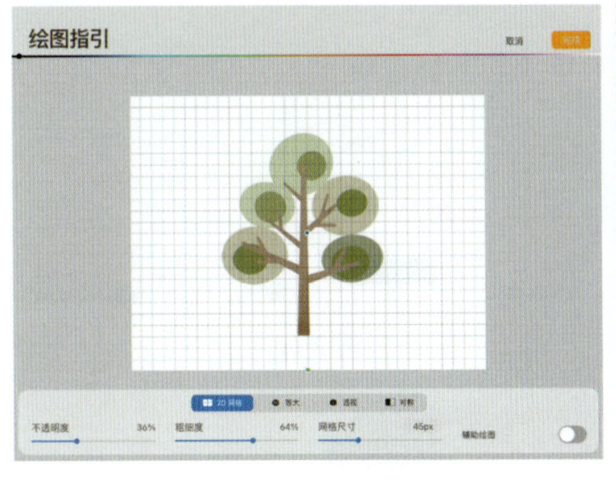


图 2-64

- 分享：为图像或者选中的图层选择相应的格式，保存到 iPad 或者分享到其他应用软件中，如图 2-65 所示。
- 视频：包含录制缩时视频和导出缩时视频，可观看作品绘制过程，如图 2-66 所示。

图 2-65

图 2-66

- 偏好设置：可以调整界面背景明度、工具栏位置、笔触印象等，自定义自己喜欢的、合适的界面，如图 2-67 所示。在“手势控制”选项中可设置自己喜好的快捷手势操作。
- 帮助：“帮助”界面提供了关于 Procreate 应用软件设备的一些信息，如图 2-68 所示。

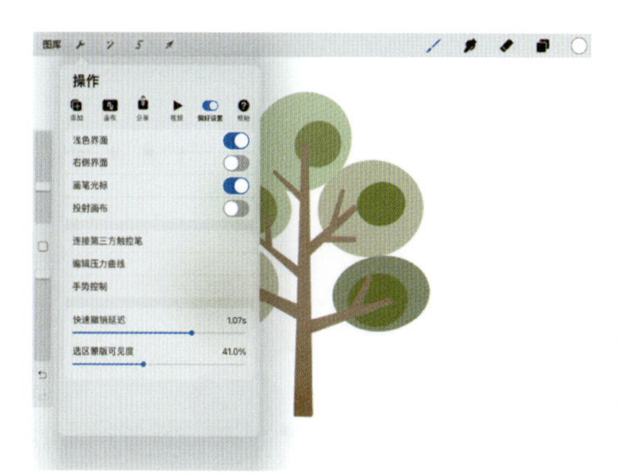


图 2-67

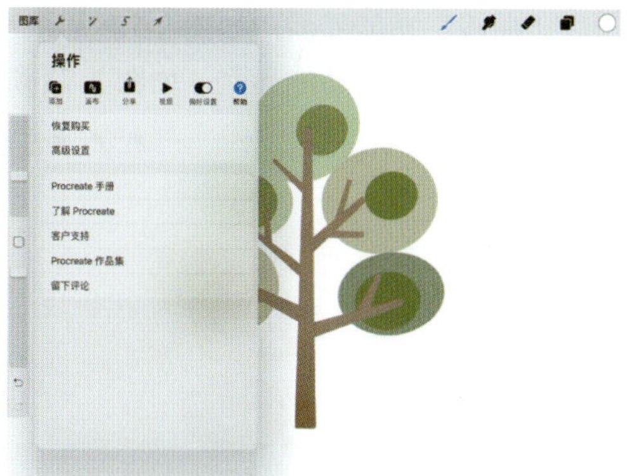


图 2-68

## 2.3.3 调整

新建画布之后，点击画布界面中的“调整”工具，打开“调整”界面。

“调整”界面中有“颜色平衡”“渐变映射”“透视模糊”等多种功能选项，可以用专业的图像效果调整图层内容，或者改变 Apple Pencil 笔触。

### 1. 色彩调节

使用“调整”界面中的“色相、饱和度、亮度”“颜色平衡”“曲线”和“渐变映射”功能，可以调整图层或者笔触的色调，如图 2-69 所示。

图 2-69

“色相、饱和度、亮度”功能界面，如图 2-70 所示。

“颜色平衡”功能界面，如图 2-71 所示。

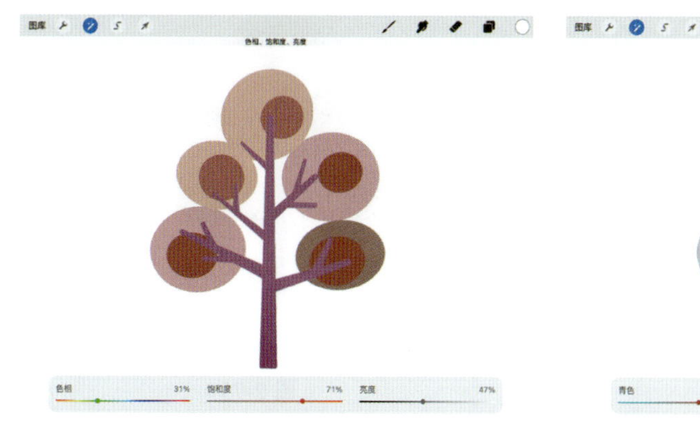


图 2-70

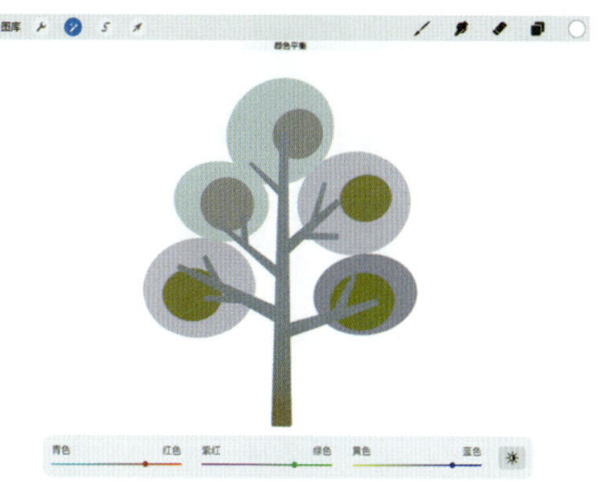


图 2-71

“曲线”功能界面，如图 2-72 所示。

“渐变映射”功能界面，如图 2-73 所示。

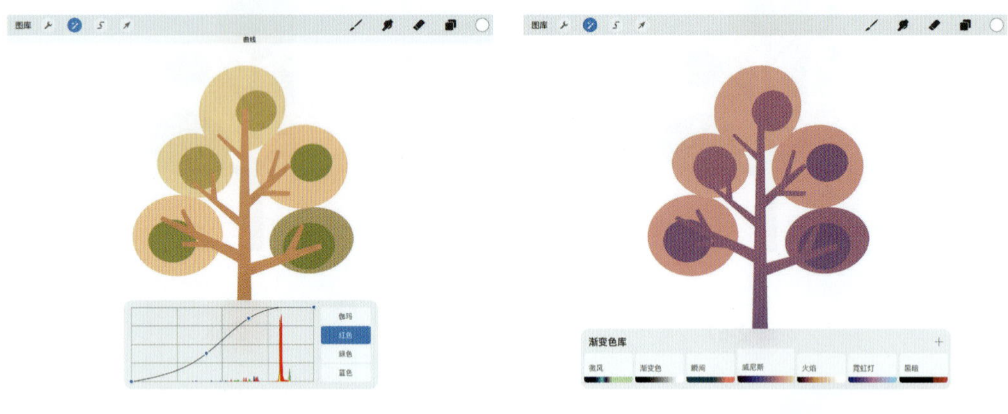


图 2-72　　　　图 2-73

**• 提示 •**

在制作完景观设计的图纸之后，可以通过调整以上 4 个功能选项，对图纸进行色彩调节，达到统一色调、升华美感的效果。

### 2. 模糊方式

使用“调整”界面中的“高斯模糊”“动态模糊”和“透视模糊”功能，可以调节图层或者笔触的模糊状态，达到朦胧、动态的或者是透视方向的模糊效果，如图 2-74 所示。

“高斯模糊”功能界面，如图 2-75 所示。

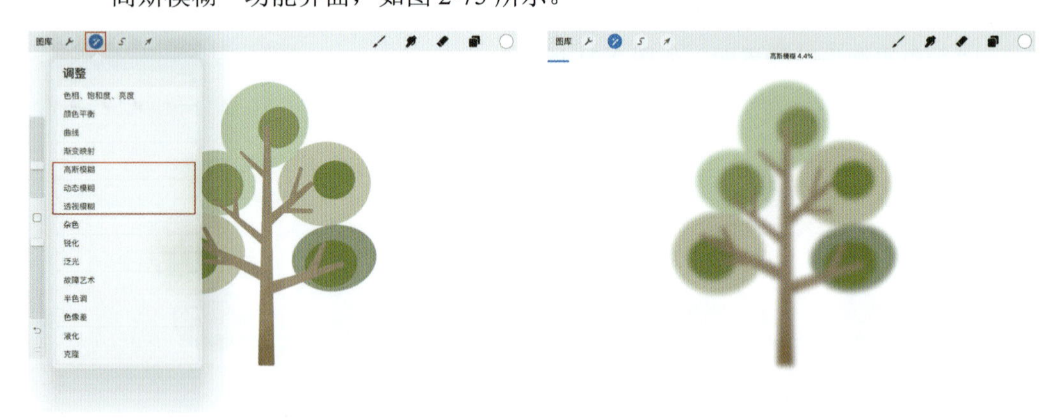


图 2-74　　　　图 2-75

“动态模糊”功能界面，如图 2-76 所示。

“透视模糊”功能界面，如图 2-77 所示。

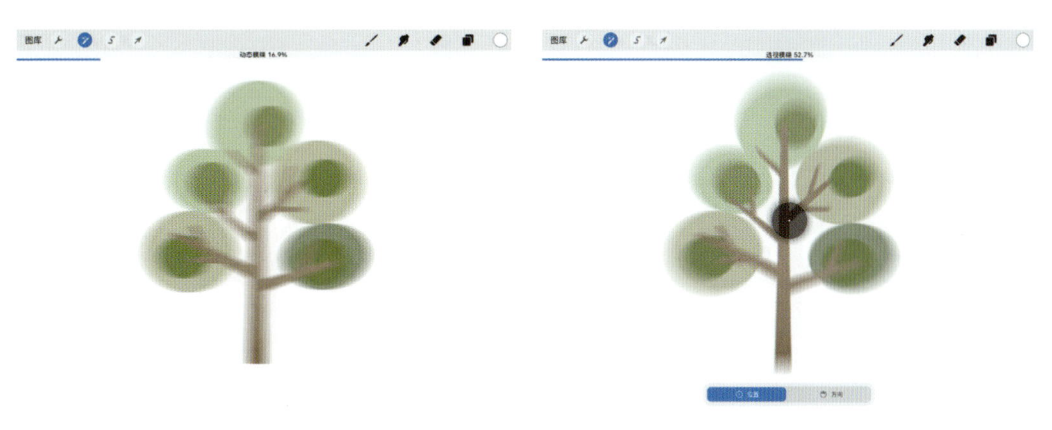

图 2-76　　　　图 2-77

**• 提示 •**

在景观设计的制图过程中，常用到的模糊方式是“高斯模糊”，用来模糊阴影图层的轮廓，使得阴影更加真实。具体操作方法将在第 4.4.4 小节“阴影的添加”中讲解。

### 3. 艺术特效

“调整”界面中用来调节艺术特效的包含“杂色”“锐化”“泛光”“故障艺术”“半色调”“色像差”功能选项，如图 2-78 所示。通过调整每个功能选项的参数，可以调节图层或者笔触的艺术特效，达到想要的画面效果。

“杂色”功能界面，如图 2-79 所示。

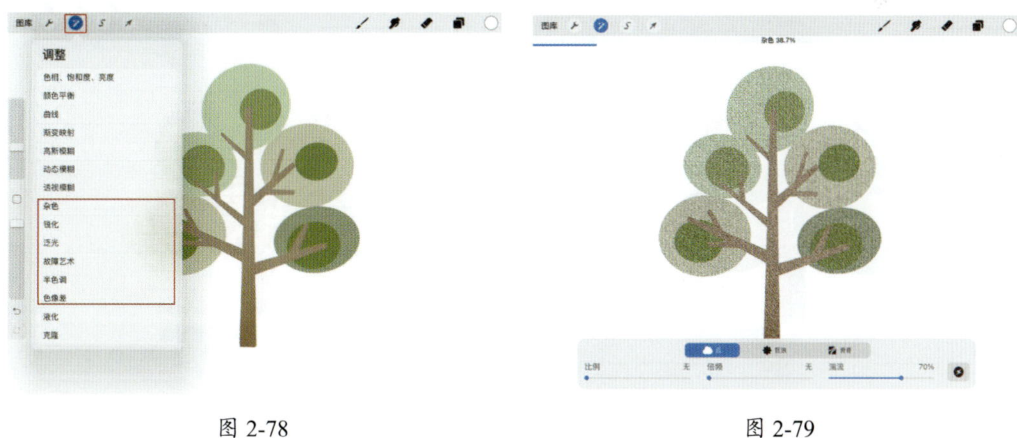


图 2-78　　　　图 2-79

“锐化”功能界面，如图 2-80 所示。

“泛光”功能界面，如图 2-81 所示。

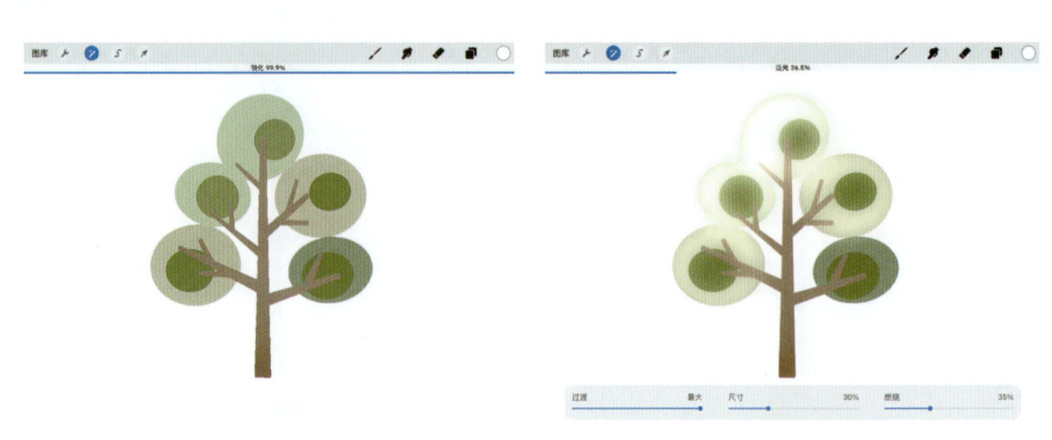

图 2-80　　　　图 2-81

“故障艺术”功能界面，如图 2-82 ～图 2-85 所示。

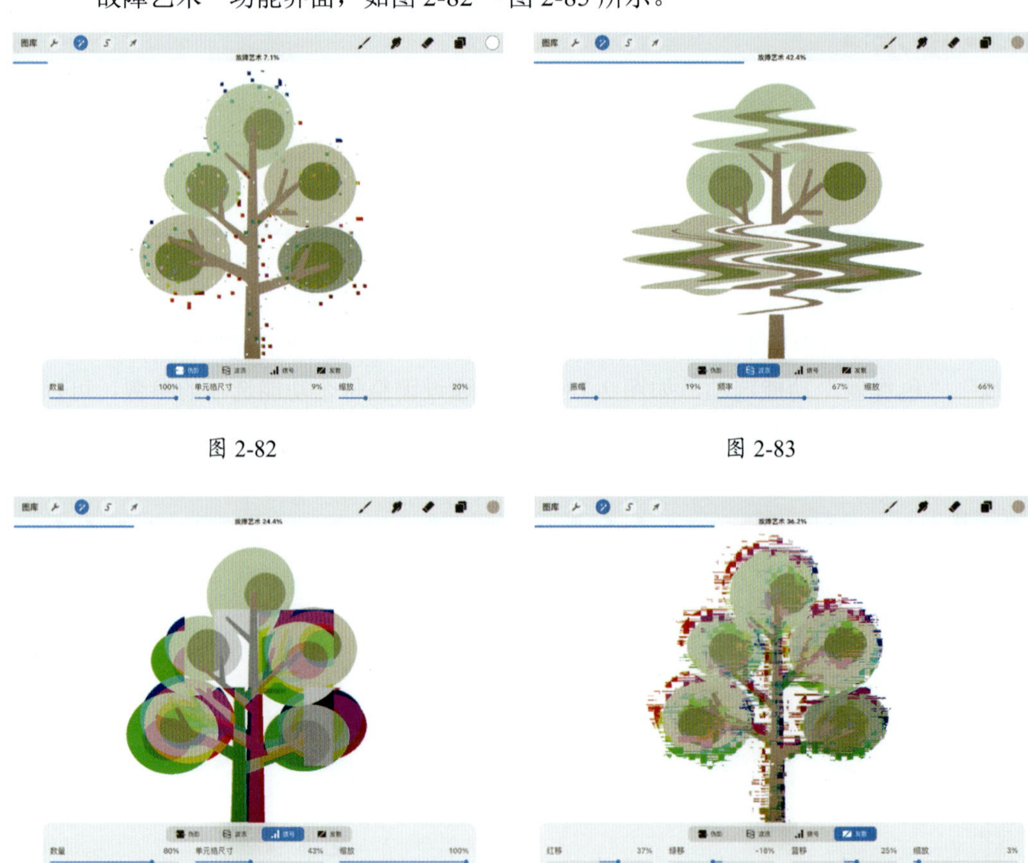

图 2-82　　　　图 2-83

图 2-84　　　　图 2-85

“半色调”功能界面，如图 2-86 所示。

“色像差”功能界面，如图 2-87 和图 2-88 所示。

图 2-86　　　　图 2-87　　　　图 2-88

• 提示 •

在景观设计制图时，可以使用“杂色”功能，来创建水波纹的艺术效果，如图 2-89 所示。具体操作步骤将在第 5.2.4 小节“杂色表达水体”中讲解。

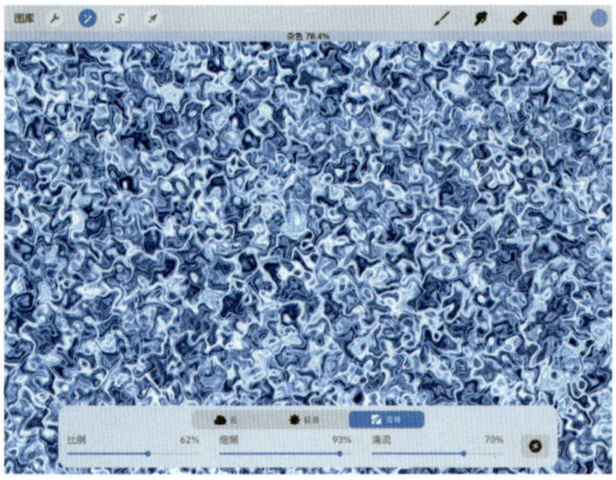

图 2-89

### 4. 实用工具

“液化”功能包含多种液化模式，使用该功能可以制作出独特的流体效果，如图 2-90 所示。

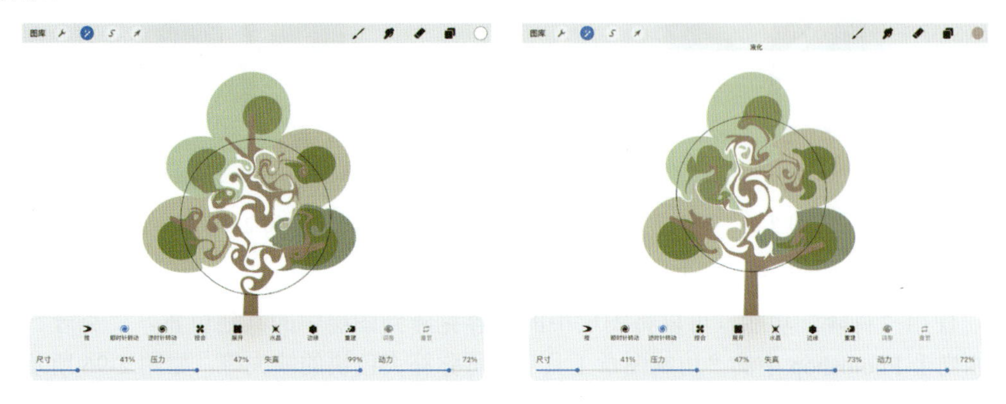

图 2-90

**• 提示 •**

在景观设计制图时，可以使用“液化”功能，来创建水波纹的艺术效果。具体操作步骤将在第 5.2.5 小节“液化表达水体”中讲解。

“液化”功能与 Photoshop 中的“滤镜液化”功能有异曲同工之妙，含有推、捏合、展开、水晶等操作。

执行“推”操作，如图 2-91 所示。

执行“捏合”操作，如图 2-92 所示。

图 2-91

图 2-92

执行“展开”操作，如图 2-93 所示。

执行“水晶”操作，如图 2-94 所示。

图 2-93

图 2-94

执行“边缘”操作，如图 2-95 所示。

使用“克隆”功能，可以将图层中的内容克隆到图层中的其他位置。“克隆”功能相当于 Photoshop 中的“仿制图章工具”，可弥补大色块的缺失等，如图 2-96 所示。

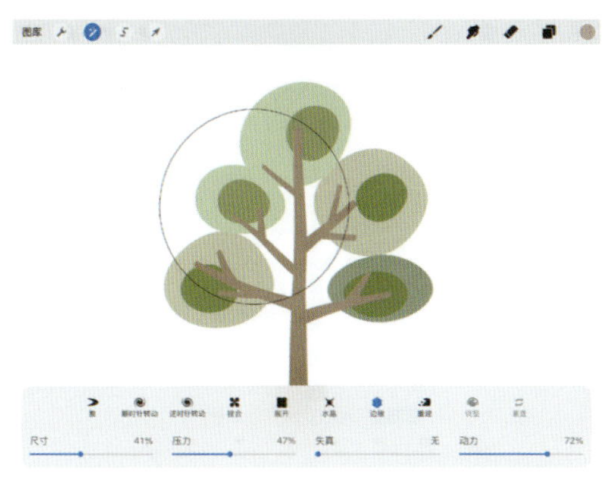

图 2-95

图 2-96

**• 提示 •**

在使用“调整”界面中的功能时，单指点击屏幕，调出悬浮工具窗，可以对调整的操作进行撤销、预览、应用、取消、重置等，如图 2-97 所示。

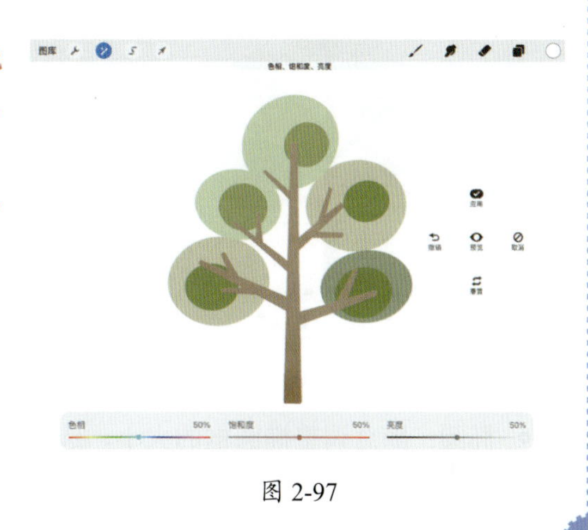

图 2-97

## 2.3.4 选取

新建画布之后，点击画布界面中的“选取”工具，打开“选取”界面。在该界面中共有 4 种多用途的选取工具，使用这些工具可以精准地选取图纸内容，以便对所选取的内容进行其他操作。

- 自动：点击“自动”选项，如图 2-98 所示。图层内容中有闭合内容，则自动选取闭合内容得到闭合选区；若没有闭合内容，则选取得到的就是图层。用笔尖或手指按住画布向右滑动可以调节选区的阈值，从而控制选区的大小，如图 2-99 所示。
- 手绘：利用指尖或者 Apple Pencil 画出闭合的选区，如图 2-100 所示。
- 矩形：随意调整矩形框的大小，选取合适的选区，如图 2-101 所示。

图 2-98　　图 2-99

图 2-100　　图 2-101

- 椭圆：随意调整椭圆框的大小，选取合适的选区，如图 2-102 所示。

图 2-102

选取合适的选区后可以继续添加或者移除选区，得到新的选区内容。或者反转、复制并粘贴、羽化选区，或将颜色填充于选区之上、清除选区内容等。

## 2.3.5 变换变形

使用“变换变形”工具可以将选取的内容或者图层中的内容进行不同程度的变换，包含延展、移动、缩放、翻转和扭曲等。

- 自由变换：可以对选区的长宽进行自由拖动调整，得到变换的内容，如图 2-103 所示。
- 等比：保持选区的长宽比例不变，拖动选区调节选区的大小，如图 2-104 所示。

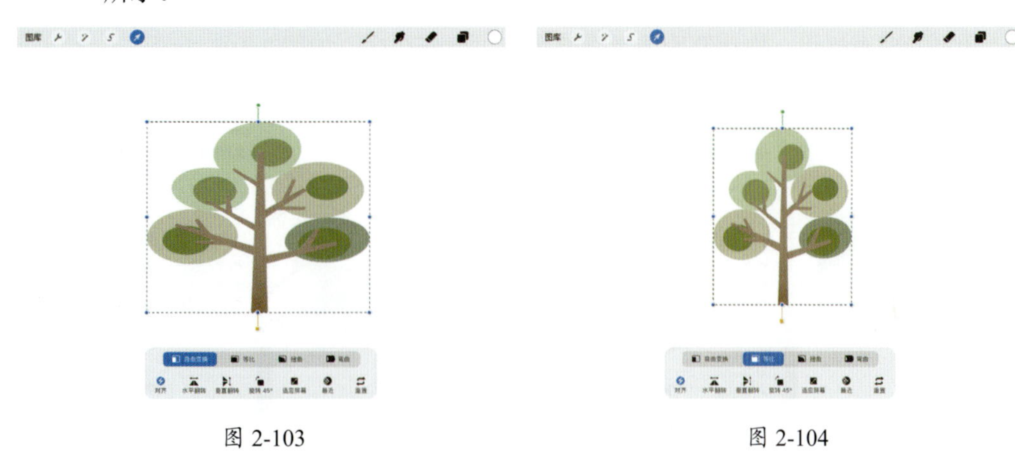

图 2-103　　图 2-104

- 扭曲：可以使选区跟随上下左右的 8 个捕捉点进行扭曲变换，如图 2-105 所示。
- 弯曲：可以使选区跟随上下左右的 12 个捕捉点进行弯曲变换，如图 2-106 所示。也可以使用高级网格，跟随 16 个捕捉点进行弯曲变换。

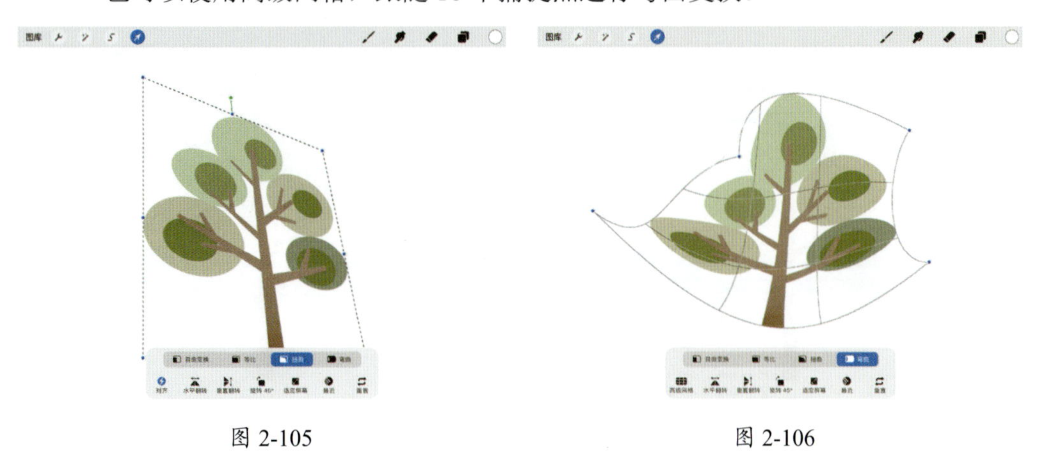

图 2-105　　图 2-106

用户还可以对选区进行水平翻转、垂直翻转、旋转 45°、适应屏幕等操作。

## 2.3.6 绘图

Procreate 系统自带的画笔库中含有 18 组只可复制不可进行其他操作的笔刷。用户可以选择各种不同的笔刷进行创作，也可以管理画笔库，导入自己制作的笔刷等。

点击“绘图”工具，打开“画笔库”界面，在此可以进行以下操作。

【操作步骤】

**01** 新建画笔组。点击“画笔库”界面右上角的“+”工具，如图 2-107 所示，添加新的画笔组，可以在新的画笔组中添加自己的笔刷或者复制的笔刷。

**02** 管理画笔组。拖动笔刷或者画笔组可以改变排序，如图 2-108 所示。

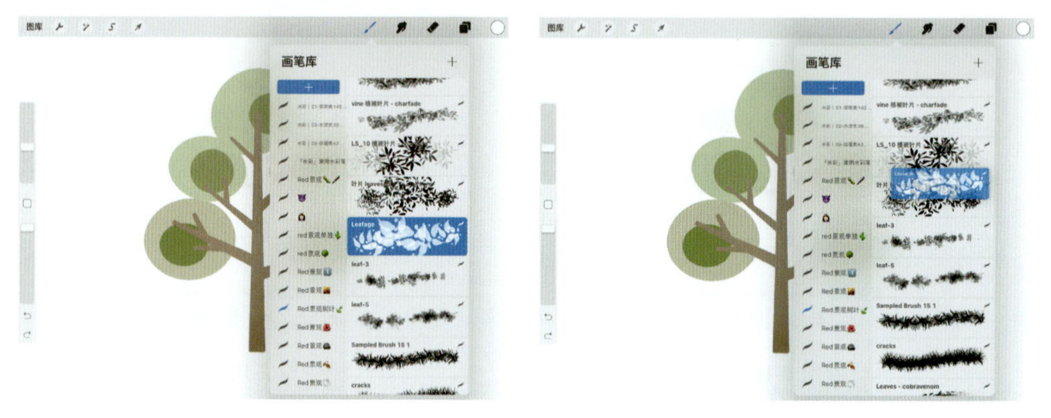


图 2-107　　图 2-108

**03** 拖动笔刷至不同的画笔组可以管理画笔组中的笔刷，如图 2-109 所示。

**04** 点击非系统画笔组，可以对其进行重命名、删除、分享、复制等操作，如图 2-110 所示。

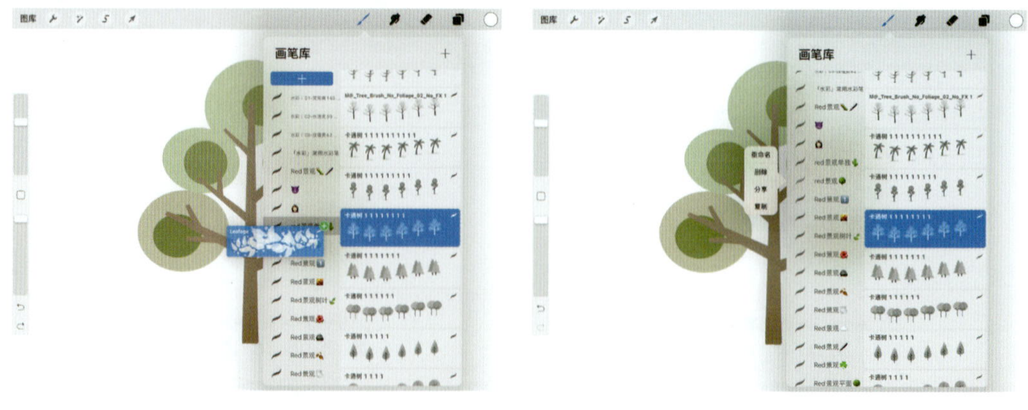


图 2-109　　图 2-110

**05** 左滑笔刷可以进行分享、复制、删除等操作，如图 2-111 所示。

**06** 修改笔刷。点击笔刷可以进入该笔刷的“画笔工作室”界面，对笔刷进行修改，如图 2-112 所示。

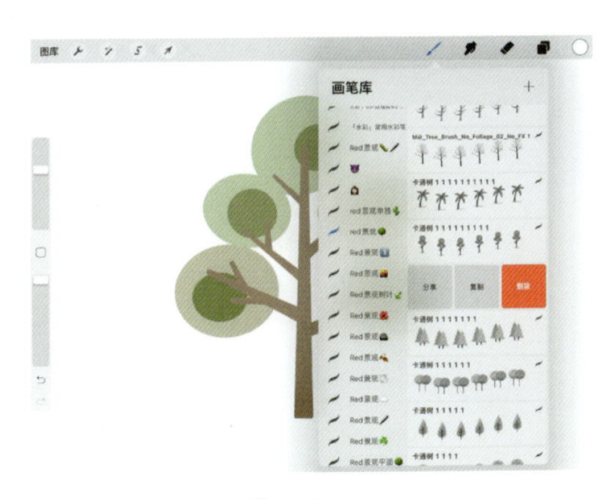


图 2-111

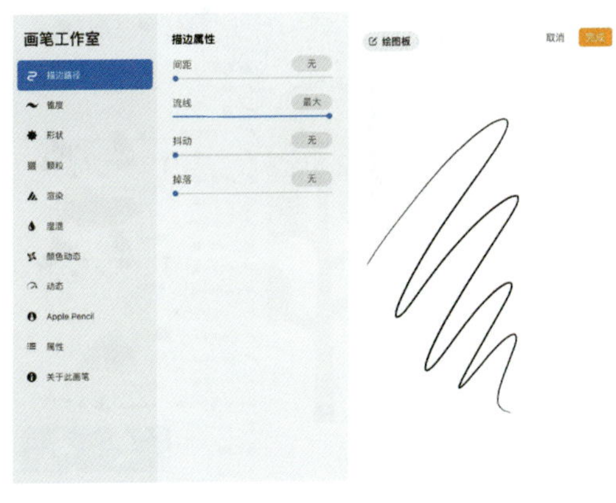


图 2-112

## 2.3.7 涂抹

点击“涂抹”工具，可使用当前笔刷涂抹，如图 2-113 所示。点击“涂抹”工具后，可选择不同效果的笔刷，在此图层内容的基础上提取画笔库的肌理，使用该笔刷的笔触创造一系列不同的效果，相当于用此效果的笔刷肌理来渲染图层内容，如图 2-114 所示。

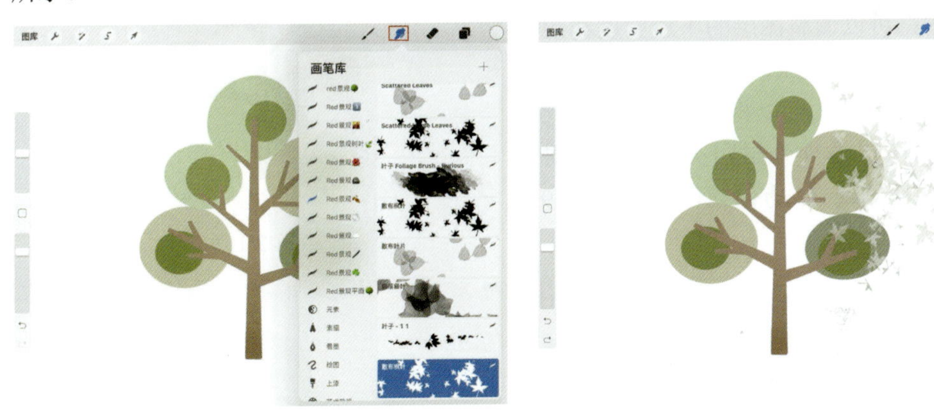


图 2-113

图 2-114

> **• 提示 •**
>
> “涂抹”工具常用于融合图层内容，过渡图层颜色。

## 2.3.8 擦除

点击“擦除”工具，可使用当前笔刷擦除。点击“擦除”工具后，可选择不同效果的笔刷，如图 2-115 所示。在此图层内容的基础上提取画笔库的肌理，使用该笔刷的笔触擦除图层内容，显露出背景底色，对内容进行修改和渲染，如图 2-116 所示。

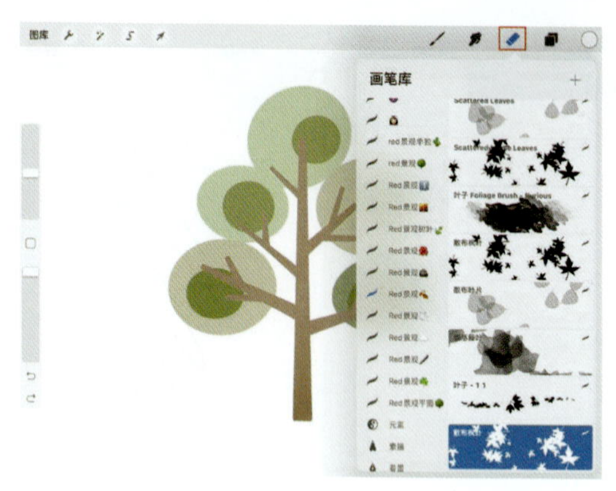


图 2-115

图 2-116

## 2.3.9 图层

图层的数量和画布的尺寸相关联，画布尺寸越大，可建图层的数量越少。

在“图层”界面中可以进行以下操作。

- +：可以添加图层，如图 2-117 所示。
- N：可以调整图层的不透明度和混合模式，如图 2-118 所示。
- 组合图层：可以将同类型、同系列的图层进行分组归类；也可以对组合重命名，方便管理，如图 2-119 所示。

图 2-117

图 2-118

图 2-119

- 剪辑蒙版：在已有的图层上方新建一个图层，如图 2-120 所示。点击打开新建图层的“剪辑蒙版”功能，在新建的图层上随意创作，不会呈现第一个图层内容以外的画面，如图 2-121 所示。

图 2-120

图 2-121

**• 提示 •**

第 2.2.3 小节“图层常用手势快捷操作”中有更多关于图层的基本操作的介绍。

## 2.3.10 颜色

点击“颜色”工具，打开“颜色”界面，在该界面中可选取、调整并调和色彩，还可以存储、导入和分享调色板。

### 1. 色盘

色盘外层圆环是色相环，用于改变颜色。内层圆盘用于调整颜色的明度、饱和度，如图 2-122 所示。

图 2-122

### 2. 色彩调整

“经典”“色彩调和”“值”功能都可以用来更加精准、快捷地调整色彩。

使用“色彩调和”功能，如图 2-123 所示。

使用“值”功能，如图 2-124 所示。

图 2-123　　　　图 2-124

### 3. 调色板

在“调色板”界面中可以导入和分享自己喜欢的色卡，还可以管理色卡的排序、名称、内容等，如图 2-125 所示。

图 2-125

# 第3章 景观设计手绘透视概述

透视就是在平面上表现空间的方法。要想画好景观规划设计手绘效果图，掌握基本的透视原理是一个设计师应做的功课。本章主要介绍透视的基础知识、景观效果图透视要素，以及 Procreate 透视辅助工具的用法等。

## 3.1 透视的基础知识

绘制景观效果图对设计人员的要求很高，这一工作是建立在风景园林、景观设计的专业基础上的，要求设计人员具有建筑、植物、美学、文学等相关专业的知识，并具有对自然环境进行有意识改造的思维和策略。景观效果图能够直观地展示设计者对此节点的三维空间甚至五维空间的把握与设计，可以更加立体、直观地表达此节点的画面，使概念化、理想化的设计思想和内容清晰呈现。

绘制景观效果图涉及透视的缩比、景深、虚实和构图，而且整个画面要有生动的艺术效果，因此更考验设计者的设计修养和功底。比起绘制分析图、总平面图，绘制透视图的主观发挥性和自由度更大，好的透视图能给人以身临其境的感觉。

透视图的种类很多，按照视点高度有平视透视图、鸟瞰图之分；按照主要元素与画面的关系有一点透视图、两点透视图等的区分；如果画面元素与空间形态有明显的灭线、灭点（消失点），则是建筑式透视；如果仅靠前后层次和近大远小来体现空间深度，画面元素以自然形态居多，则是自然景观式透视。不同的透视图效果不同，画法也各有区别。画透视图之前首先要选择好视角，即视点位置和视线方向。

效果图的绘制不仅需要设计人员夯实专业知识，而且还需要其具备一定的美学思维和美感，这样才能合理地布局和布置景观元素，使整个画面丰富和谐。因此，本节将学习一些美学的基础知识，为之后的效果图绘制打下基础。

### 3.1.1 透视的概念

透视是美学中的概念，是指在平面或者曲面上描绘物体的空间关系的方法或技术，即将所见的景物准确地描绘在画面上，形成透视图。“跃然纸上”的绘画效果就是根据透视关系处理线条、色彩等元素，在纸张上体现景物的立体感。通俗来说，就是将我们所见的世界用线条在图纸中表现出来，这需要运用到透视的美学知识，类似透视眼或者 X 光片，将每个单体线条化，使其在图纸中表现出来的效果更加真实合理。

透视图中不管是单体还是整个画面，所有的线条都有近大远小、近粗远细、近宽远窄、近实远虚、近高远低的特点。我们在观察现实世界或者照片时，会很容易得出此结论。

当人观察空间中的物体时，会发现近处的物体看起来较大，而远处的物体看起来较小，这种现象称为透视现象，如图 3-1 所示。

图 3-1

通过观察图 3-1 可以发现，越往远处马路越窄，路灯越矮，车辆越小，这就是生活中的透视现象。

## 3.1.2 透视的分类

将眼睛看到的物体以立体三维形态在平面上呈现出来，可以通过透视原理实现。透视分为线条透视和色彩透视，以线条画出符合透视原理的形体是线条透视；应用色彩随对象距离远近产生的变化，表现画面的空间层次是色彩透视。

透视是绘画专业和设计专业的技法理论课程，是高等艺术院校的必修课。要画好手绘效果图，正确地掌握透视原理，将物体和空间正确地表现在画面上非常重要，在学习过程中，我们往往依赖直觉去作画，这样不仅容易出现错误，而且达不到预想的三维空间效果。所以，透视法则是设计师必须掌握的绘画基础。图 3-2 就是运用两点透视的透视法绘制的。

图 3-2

研究透视规律时，须在画者和被画景物之间假想一个透视平面。所有复杂的景物透视图形都在这个平面上呈现。一旦脱离了这个平面，透视图形就失去了其存在的基础，如图 3-3 所示。

- 基面 GP：建筑形体所在的地平面。
- 画面 PP：人与物体之间的假设面，也是透视图所在的平面。
- 视点 EP：画者的眼睛。
- 消失点 S：不平行于画面的直线无限延伸形成的交点。
- 视平线 HL：观察景物时视点所在的水平线。

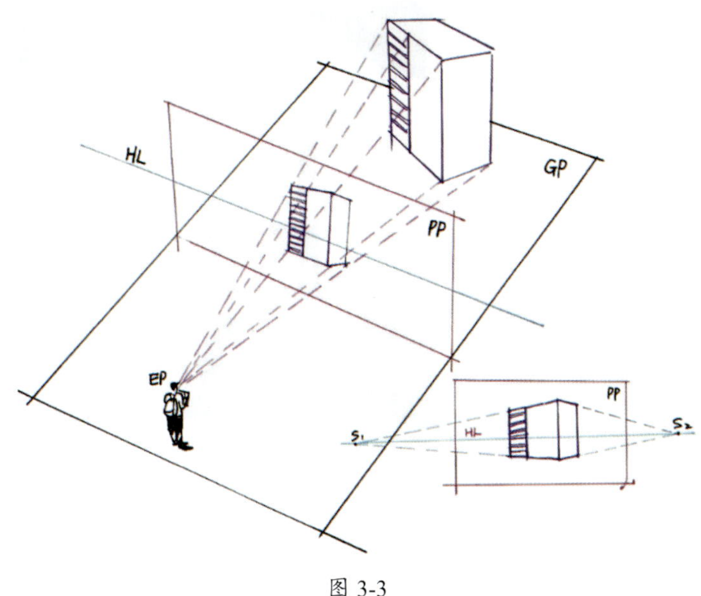


图 3-3

## 1. 一点透视

当建筑物的两组主要轮廓线平行于画面时，这两组轮廓线的透视就不会有消失点。而第三组轮廓线如果垂直于画面，将只有一个消失点 S。这种透视画法被称为一点透视。在这种情况下，建筑物的一个立面必然平行于画面，这也被称为平行透视，如图 3-4 所示。

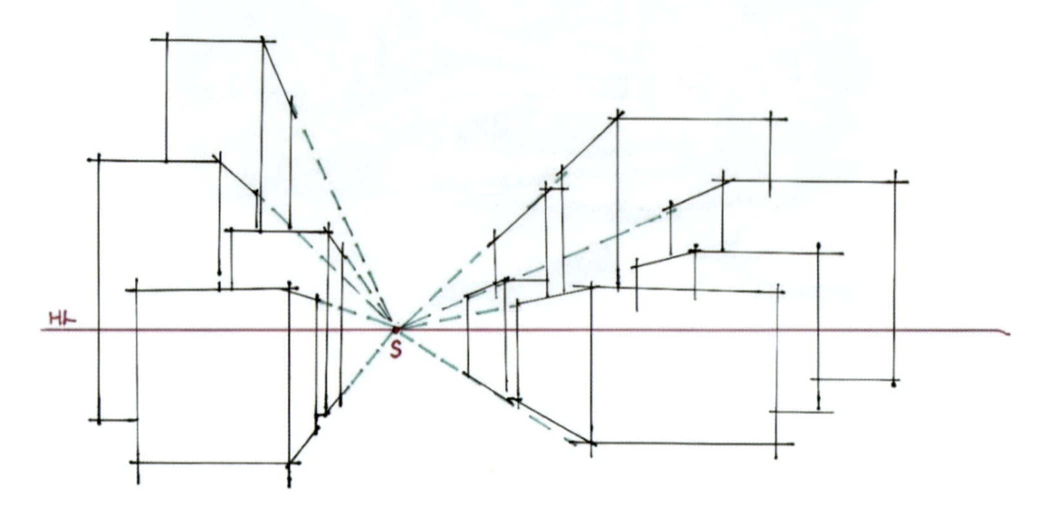


图 3-4

一点透视空间中的形体具有近大远小的特点。把练习用的正方形根据近大远小的特点以前后遮挡的方式依次排列，越往后越小，最后形成一个点，即消失点。

采用一点透视法绘制体块时，可以先在纸上确定一个中心点，然后平行绘制所有的横线和竖线，确保透视线的延长线交于消失点。在练习的过程中尽量徒手绘制，以确保整体透视的准确性，如图 3-5 所示。

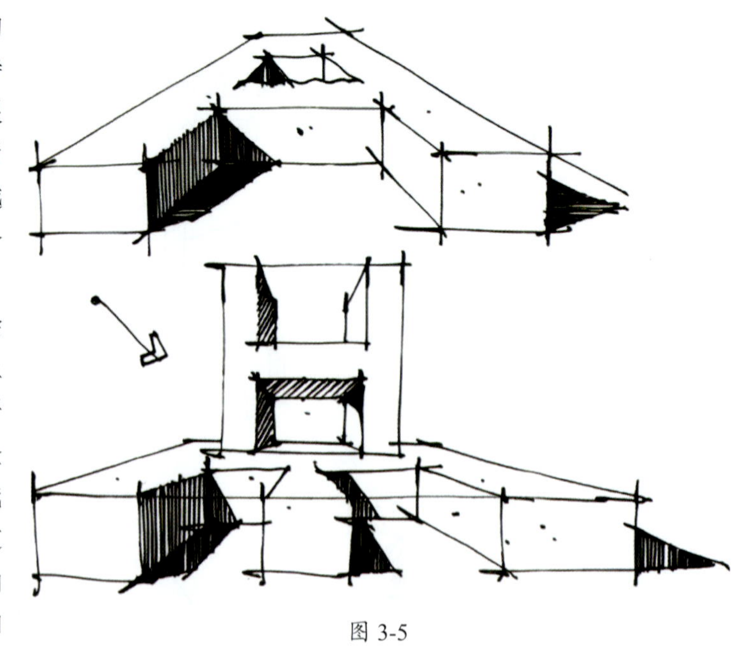

图 3-5

在风景手绘中，一点透视常用来表现具有很强延伸感的空间，常见的有大桥等，如图 3-6 所示。

图 3-6

同样是一点透视，视点的高低不同，也会产生不一样的效果，如图 3-7 所示。

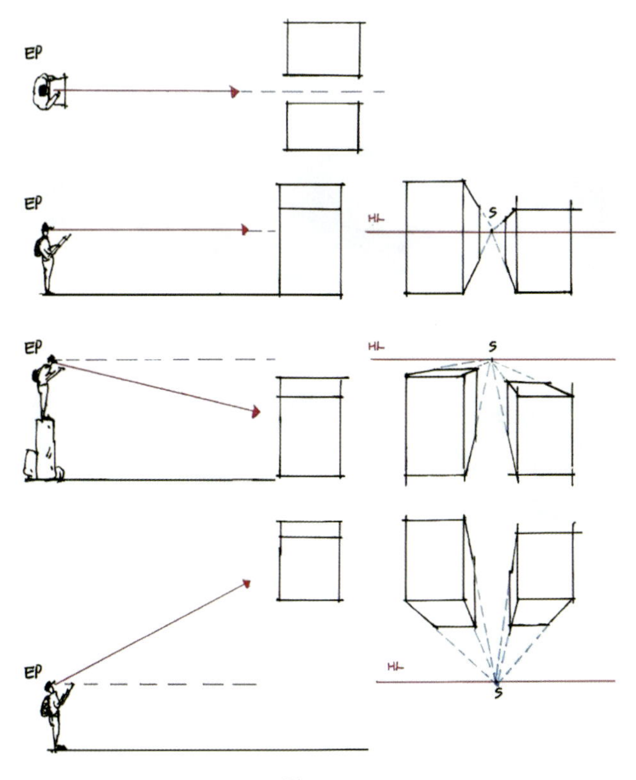


图 3-7

### 2. 两点透视

如果建筑物仅有铅垂轮廓线与画面平行，而另外两组水平的主要轮廓线均与画面斜交，那么在画面上会形成两个消失点 $S_1$ 及 $S_2$，这两个消失点都在视平线 HL 上，这样形成的透视图称为两点透视。在这种情况下，建筑物的两个立角均与画面成倾斜角度，这也被称成角透视，如图 3-8 所示。

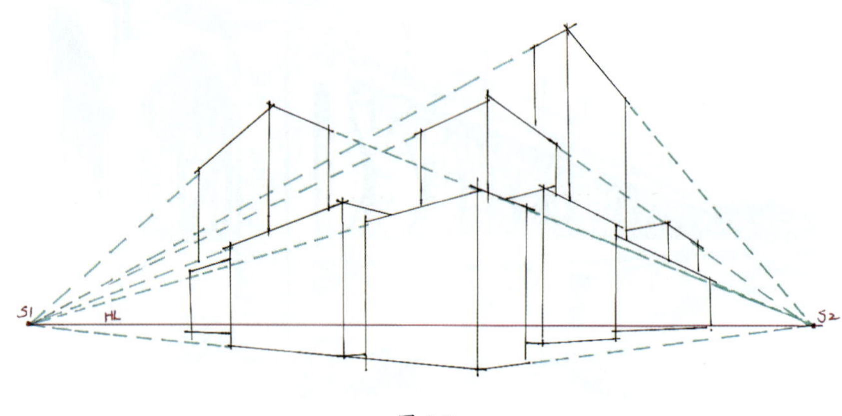


图 3-8

在日常训练中，可以将中心点置于纸面中间，消失点置于纸面两端，然后在纸面上把处于各个空间位置的物体绘制出来。绘制时需要设定物体的长、宽、高，而绘制出的形体是否符合预想尺寸，则需要不断提升自己的透视感知能力，最终达到能够独立判断透视关系正确与否的水平，如图 3-9 所示。

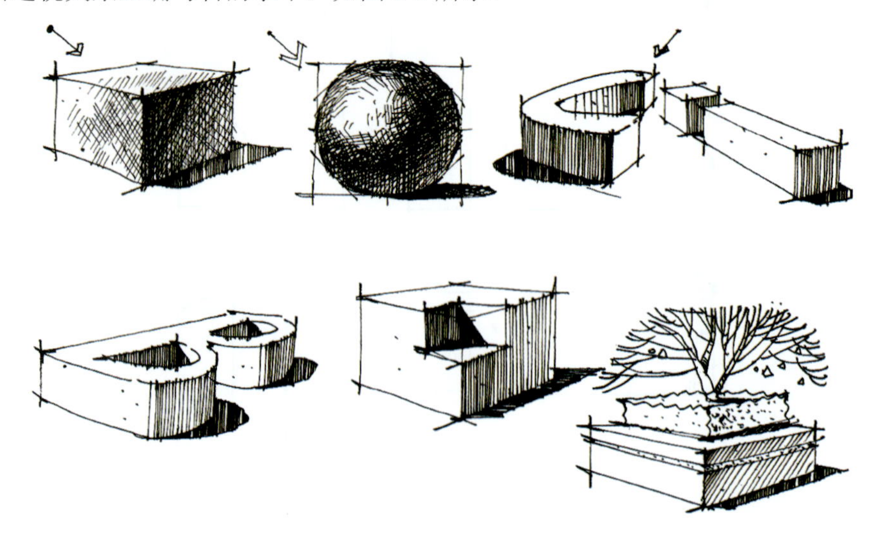

图 3-9

在风景手绘中，两点透视的表现不仅能够突出建筑的特点，而且能延伸景物中的空间范围，如图 3-10 所示。

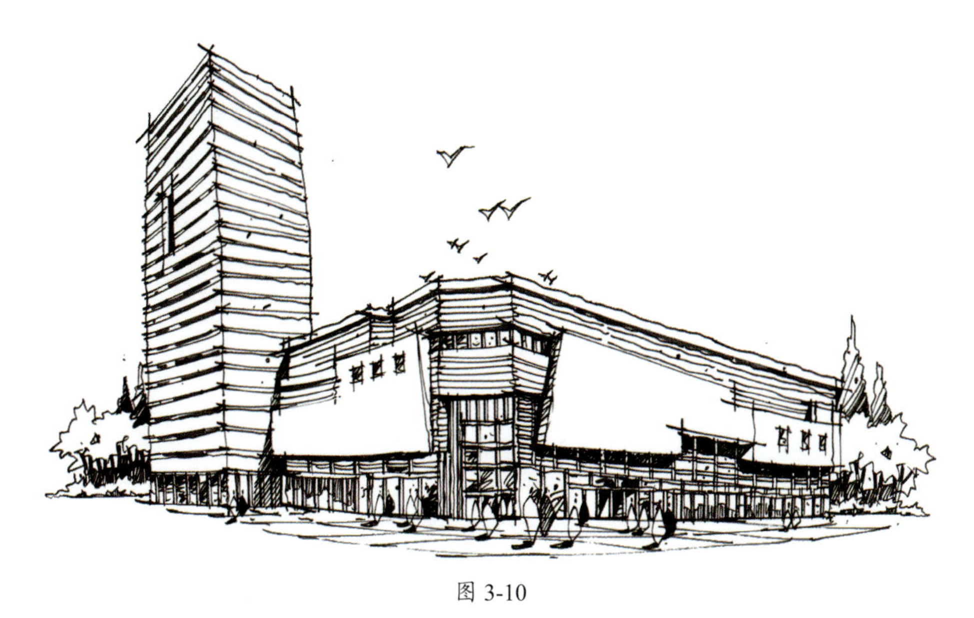

图 3-10

同样是两点透视，视点的高低不同，也会产生不一样的效果，如图 3-11 所示。

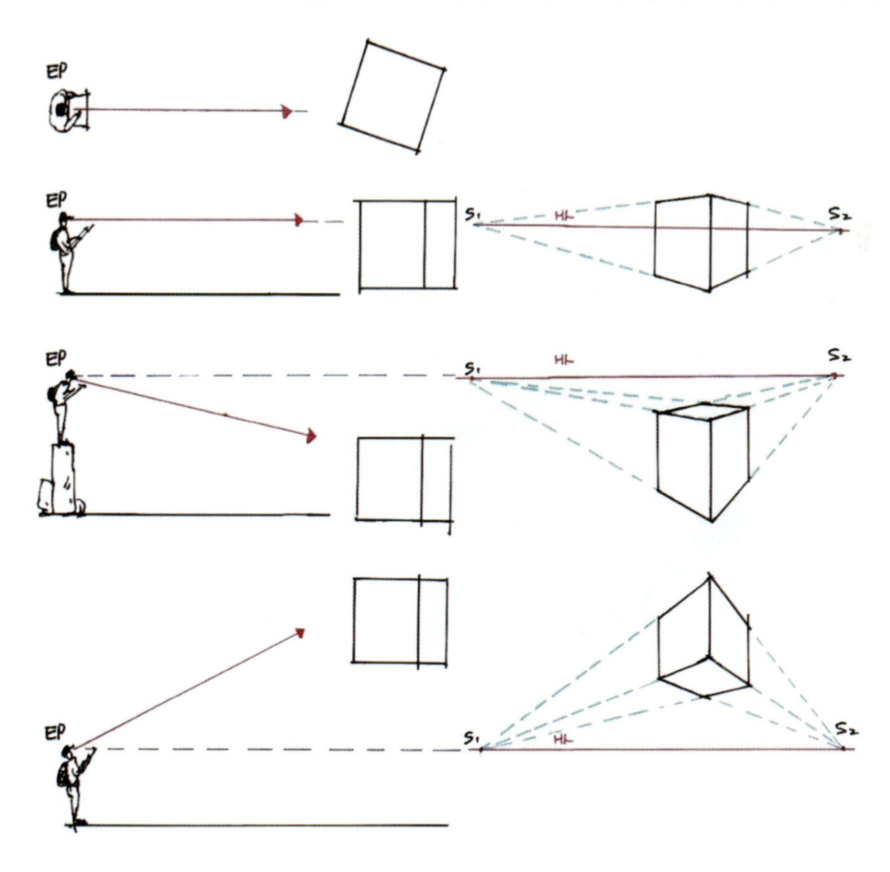


图 3-11

### 3. 三点透视

三点透视一般用于绘制超高层建筑的鸟瞰图或仰视图。在这种透视中，建筑没有任何一个面与画面平行，因此会形成第三个消失点 $S_3$。这个消失点必须位于与画面垂直的主视线上，并与视角的二等分线对齐，如图 3-12 所示。

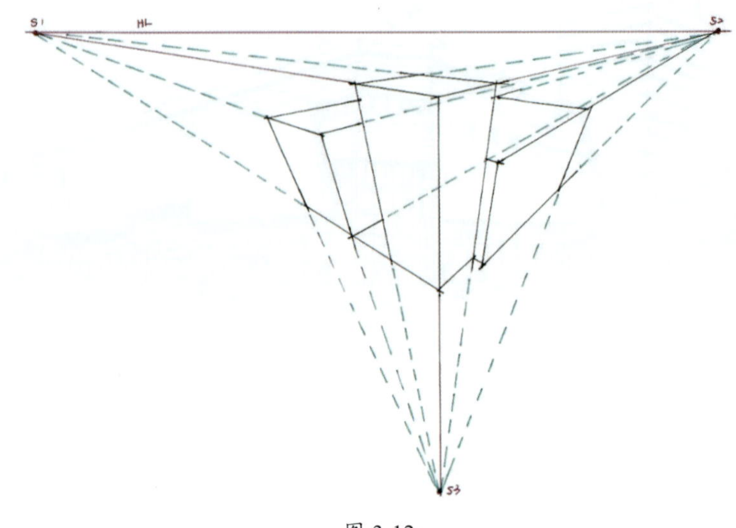

图 3-12

在风景手绘中，三点透视法不太常用，它更多地应用于建筑设计表现上。三点透视结合散点透视适合表现全景，能够突出建筑群的宏伟，并允许更大范围地观察景物的空间全貌，如图 3-13 所示。然而，对于初学者而言，这种技巧较难掌握。

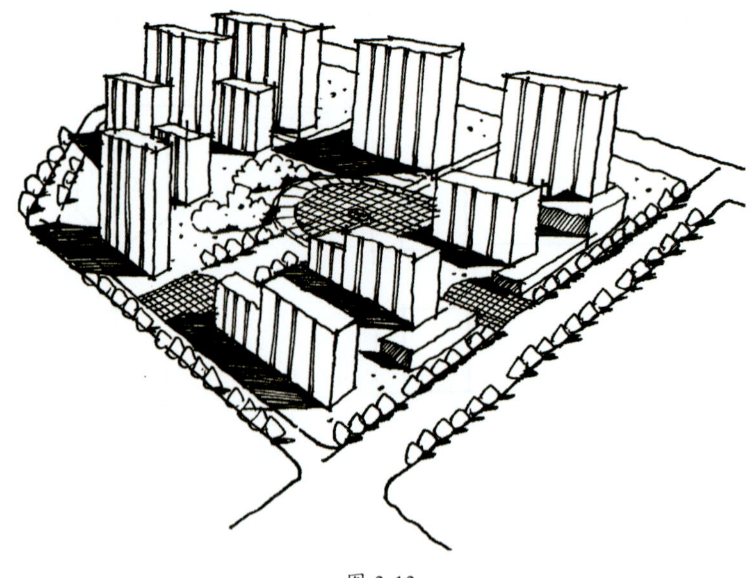

图 3-13

三点透视分为仰视和俯视，视点的高低不同，也会呈现不同的效果，如图 3-14 所示。

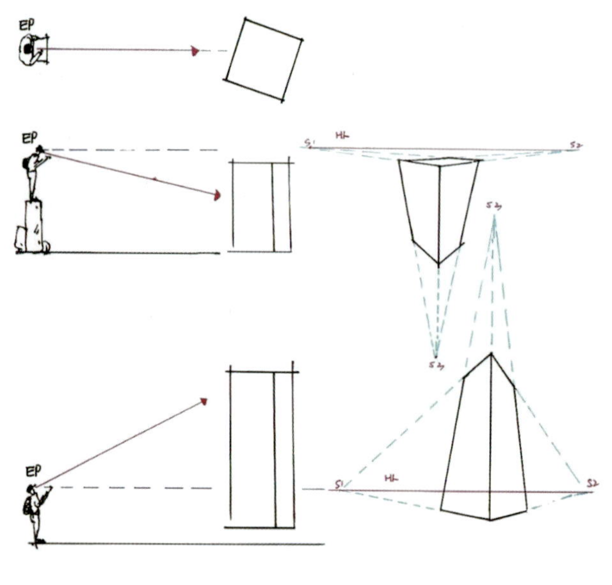

图 3-14

## 3.2 景观效果图透视要素

不管是在纸上、计算机上还是在 iPad 上绘制园林景观效果图，都要确保画面布局以及景观元素单体透视的正确性，以使画面更加真实合理、美观舒适。

### 3.2.1 创建视平线

当人们观察景物时，于人眼的高度可划一条假想的线，这条线被称为视平线，也叫天际线。视平线就是人眼（视点）所在的水平线，一个画面只有一条视平线。视平线相对于地平线的高度，决定着画面视觉角度是平视、俯视还是仰视。平视时视平线与地平线重合，视平线高于地平线为俯视，视平线低于地平线为仰视。

**• 提示 •**

一般在表现节点取景效果图时采用平视视角，表现整体鸟瞰图时采用俯视视角。

确定是表现节点取景效果图或者是整体鸟瞰图后，在画面上再确定地平线和视平线，即可创建视角。

### 3.2.2 创建视角

画面中所有不在观察者面前平面上的线条，都向天际线退缩并汇聚成假想点。画面中的所有消失点都落在同一条水平线上，根据所取视角的不同，消失点可以有 1~2 个，一般都落在地平线上，如图 3-15 所示。所有物体的边线无限延长，即为透视线，如图 3-16

所示。透视线不仅可以用来辅助作图，还可以通过透视关系来创建透视线条，从而科学地表达出场景效果。

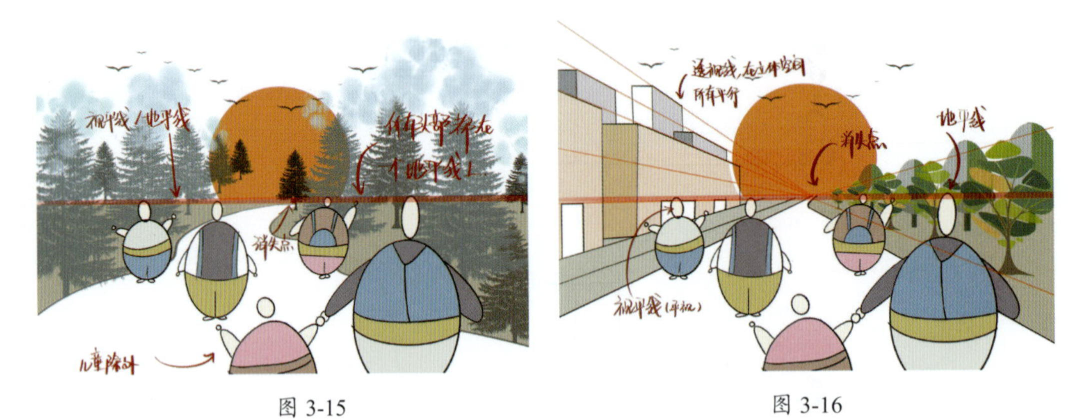


图 3-15　　　　图 3-16

**• 提示 •**

以上是以一点透视且平视（即视平线和地平线重合）的简单场景表现为例，演示了透视要素的关系。

## 3.3　Procreate 透视辅助工具的用法

Procreate 中丰富的功能可以让我们在绘制设计图时如虎添翼。透视关系的变化，需要确保对单体角度和尺寸的把握。在纸上手绘时，往往使用量角尺、直尺、铅笔、橡皮等工具来辅助作画，先确定透视辅助线，再进行下一步的单体刻画。而在 iPad 上绘制时，我们可以利用其强大的功能，在画布上精准地确定透视辅助线，这有助于我们后期对效果图画面的处理和对单体的刻画。

在效果图中，根据观察者所在的位置，通常采用一点透视或两点透视来进行表现。基于视点的效果图分为一点透视效果图和两点透视效果图。

### 3.3.1　一点透视的概念及效果图画法

一点透视即平行透视，其特点是只有一个消失点。如果场景中有一个面与画面平行，就可以利用一点透视作画。

在 Procreate 中添加辅助工具即可准确地表达场景的透视关系，设定辅助场景之后，再进行作画。

【操作步骤】

01 新建合适的画布之后，点击“操作”工具，如图 3-17 所示。

02 在“操作”界面，点击“画布”工具，如图 3-18 所示。

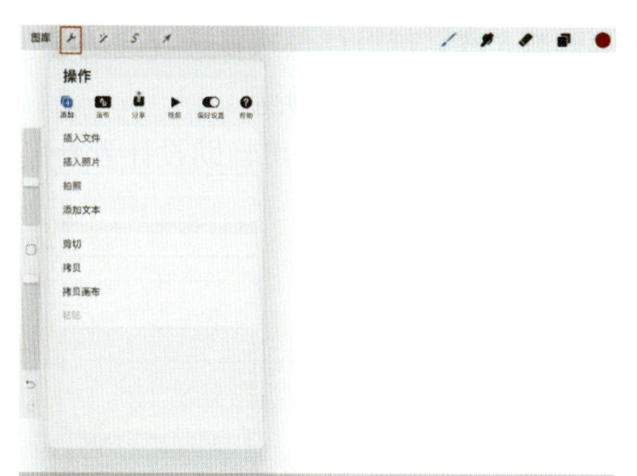


图 3-17

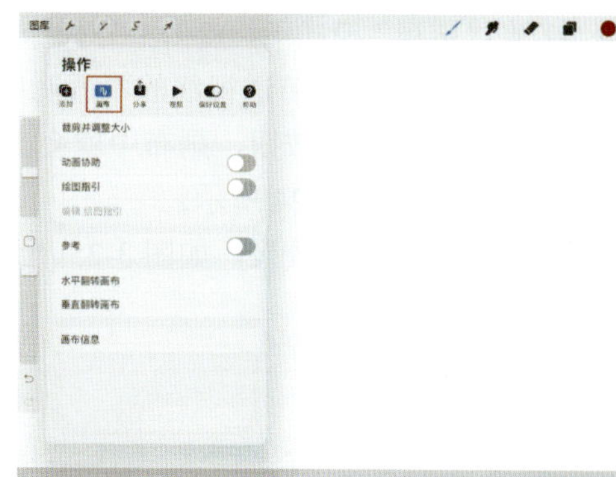


图 3-18

03 在“画布”界面，打开“绘图指引”选项，如图 3-19 所示。

04 点击“编辑 绘图指引”选项，进入“绘图指引”界面，如图 3-20 所示。

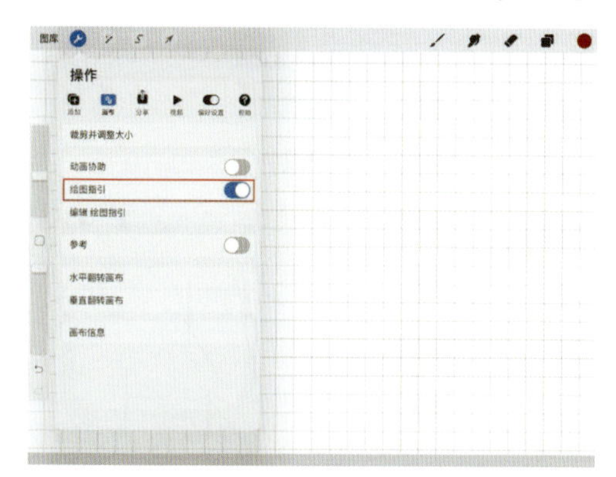


图 3-19

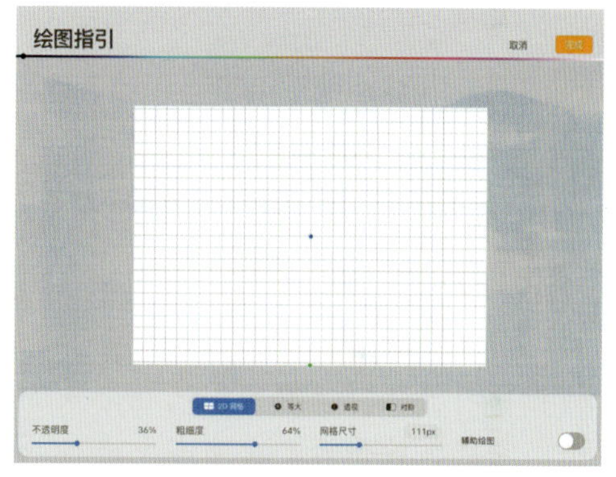


图 3-20

05 在“绘图指引”界面，默认为“2D 网格”模式，点击“透视”选项，如图 3-21 所示。

06 在画布上或者画布以外轻轻点击以创建消失点。一点透视只有一个消失点，因此创建一个消失点即可。按住消失点拖动即可改变消失点的位置。消失点所在的线是视平线，如图 3-22 所示。

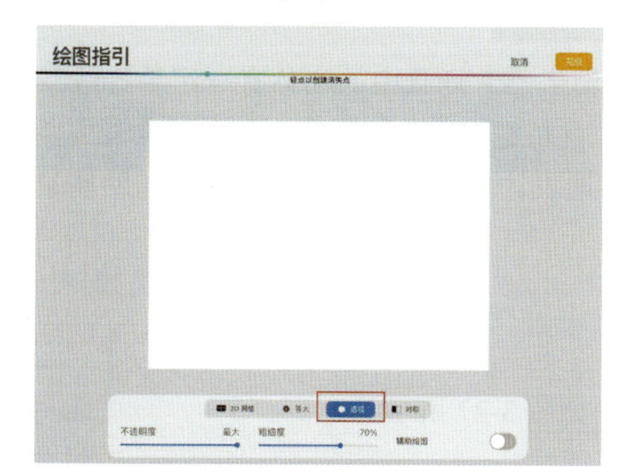


图 3-21

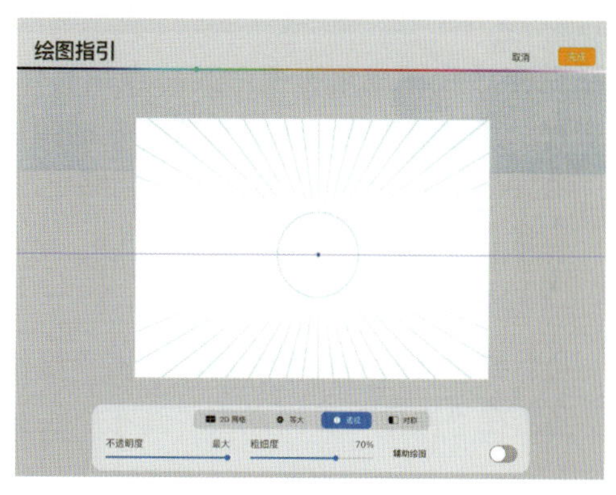


图 3-22

**07** 在“透视”模式下，点击上方操作栏中的颜色条，可以任意选择透视线的颜色；在下方操作栏中可以调节透视线的不透明度和粗细度，如图 3-23 所示。

**08** 点击“完成”按钮，画布中就会出现一点透视的辅助线，可辅助设计者画出准确的透视效果，如图 3-24 所示。

**09** 一点透视方块效果，如图 3-25 所示。

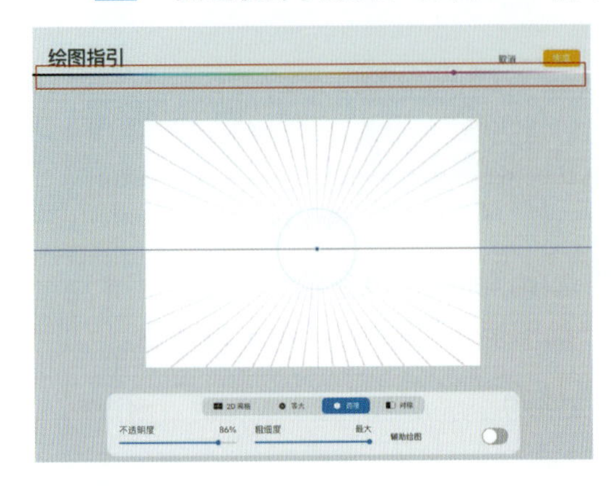


图 3-23

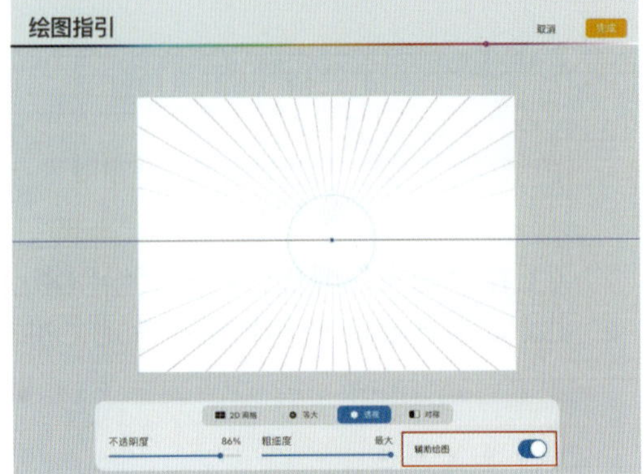


图 3-24

**• 提示 •**

在“绘图指引”界面的下方操作栏中打开“辅助绘图”选项，点击“完成”按钮后，在画布中进行操作时，可按照透视辅助线的走向画线条。

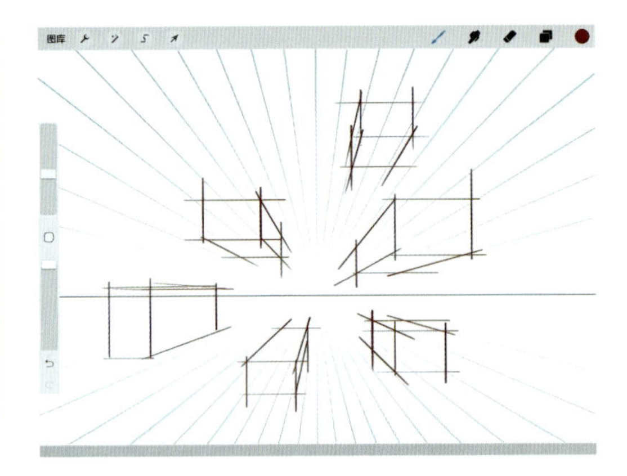

图 3-25

## 3.3.2 两点透视的概念及效果图的画法

两点透视即成角透视，其特点是有两个消失点。场景中的物体有一组垂直线与画面平行，其他组线均与画面形成一定的角度，且每组有一个消失点，共有两个消失点。

在 Procreate 中添加辅助工具能够更准确地表达场景的透视关系，设定辅助场景之后，再进行作画。

【操作步骤】

**01** 新建合适的画布之后，点击“操作”工具，如图 3-26所示。

**02** 在“操作”界面点击“画布”工具，如图 3-27 所示。

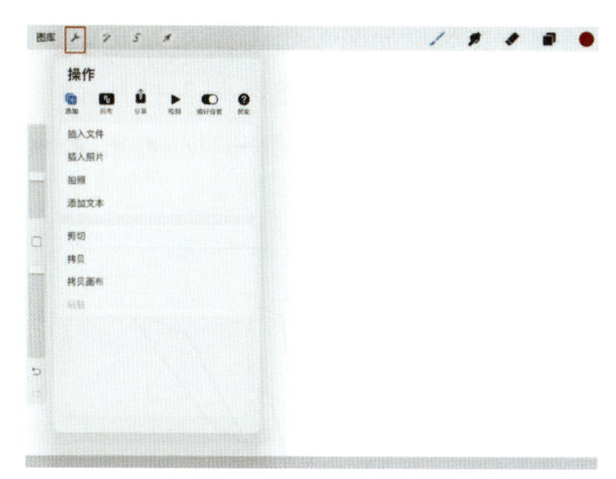

图 3-26

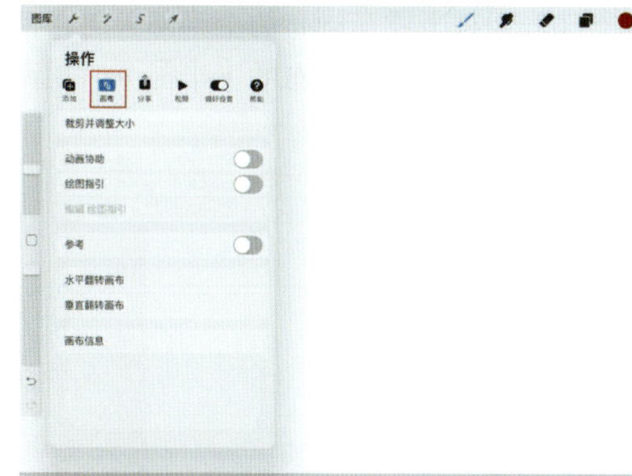

图 3-27

03 在“画布”界面打开“绘图指引”选项，如图 3-28 所示。

04 点击“编辑 绘图指引”选项，进入“绘图指引”界面，如图 3-29 所示。

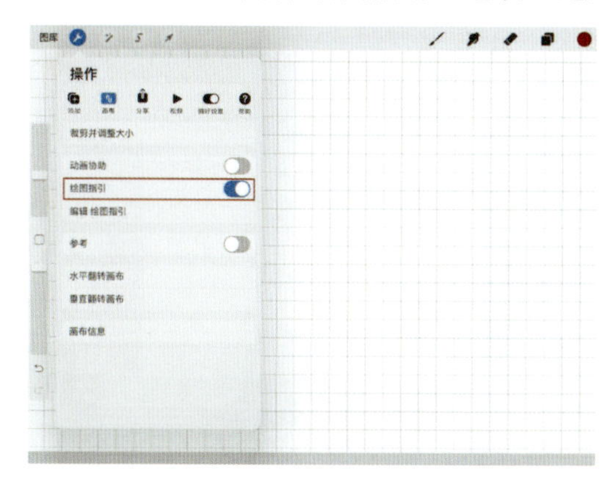

图 3-28

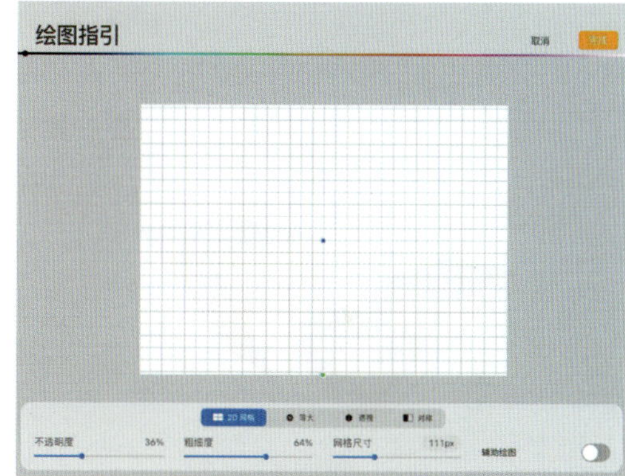

图 3-29

05 在“绘图指引”界面，默认为“2D 网格”模式，点击“透视”选项，如图 3-30 所示。

06 在画布上或者画布以外创建消失点。两点透视有两个消失点，因此创建两个消失点即可。可以按住消失点拖动，从而改变消失点的位置，如图 3-31 所示。

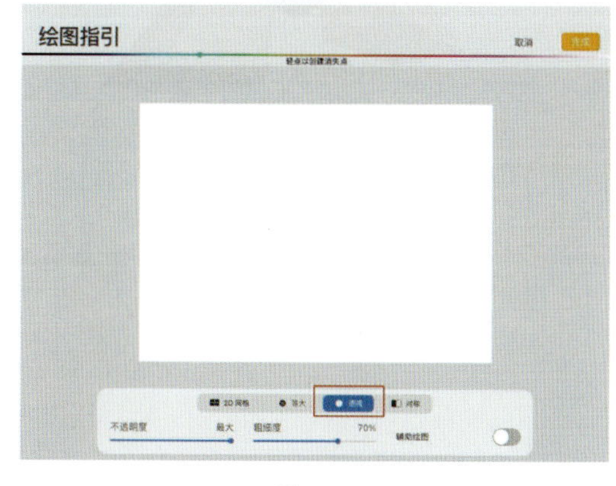

图 3-30

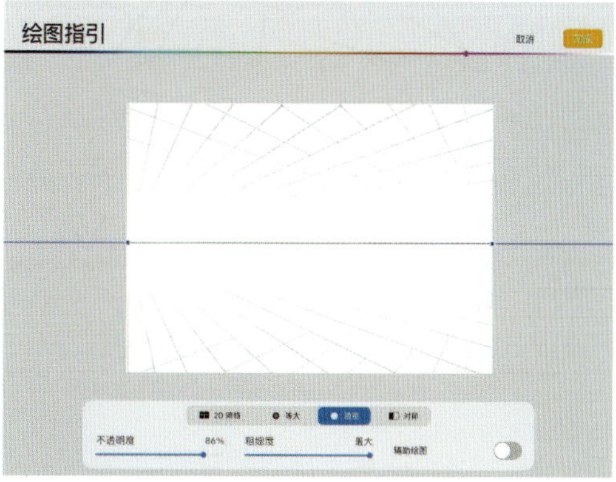

图 3-31

07 当视平线在画布的上半部分时，两点透视方块效果如图 3-32 ～图 3-34 所示。

08 当视平线在画布的下半部分时，两点透视方块效果如图 3-35 ～图 3-37 所示。

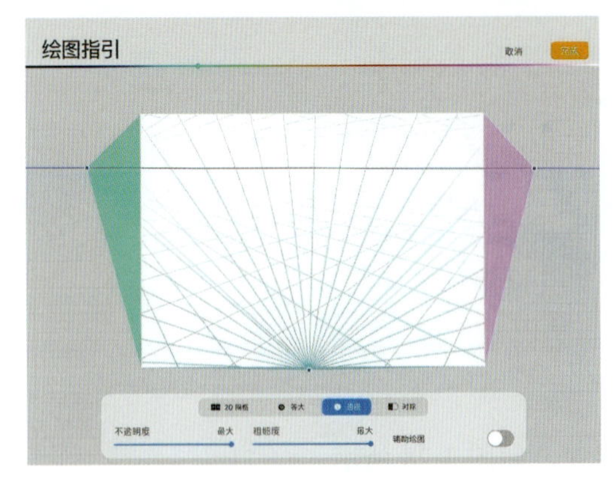


图 3-32

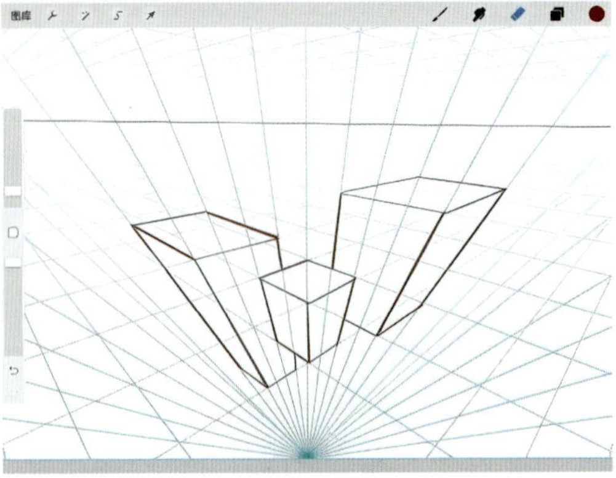

图 3-33

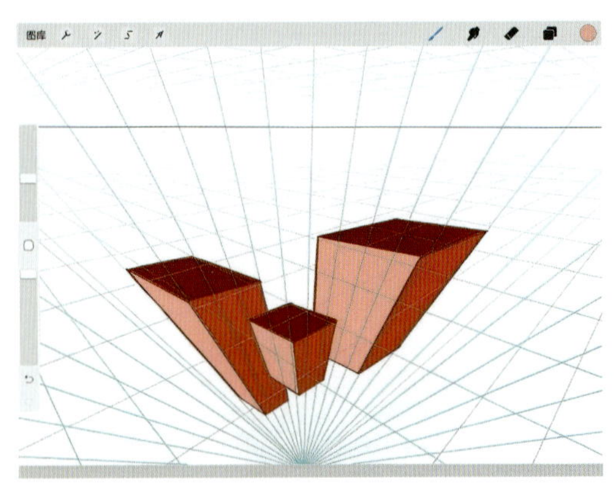

图 3-34

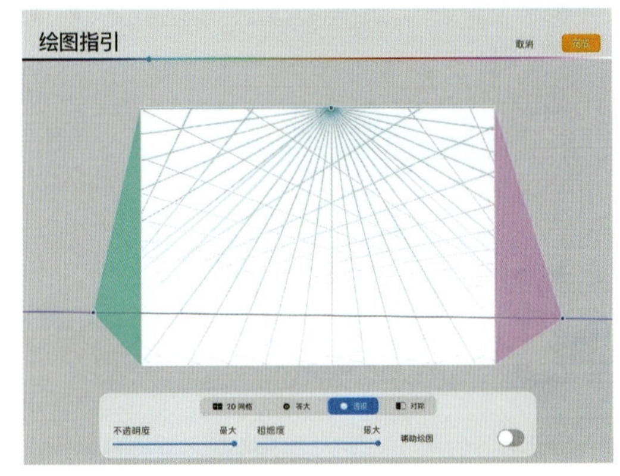


图 3-35

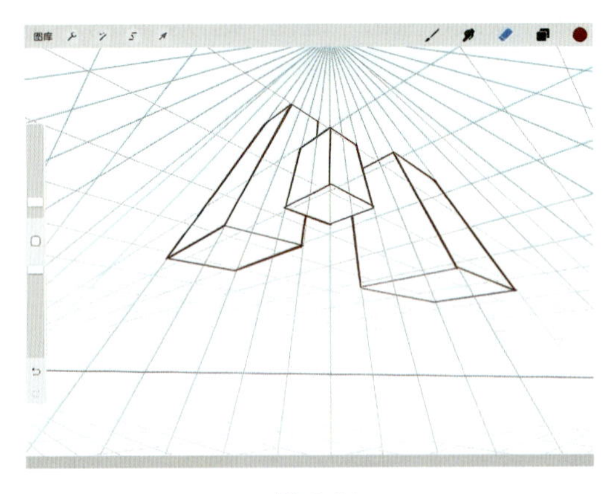

图 3-36

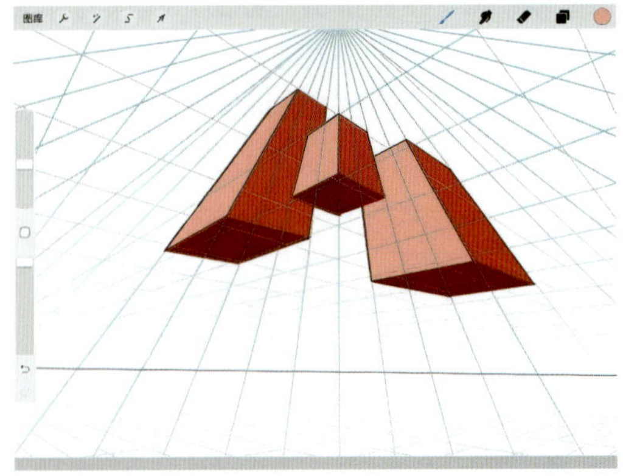

图 3-37

# 第4章 景观平面图草图表现

“九层之台，起于累土。”只有一步一个脚印夯实基础，熟练掌握前期的基础操作并掌握一定的景观设计基础知识，才能满心欢喜地踏入下一个景观设计的旅程！

景观平面图是指将地面上各种景观要素的平面位置按一定比例用规定的符号缩绘在图纸上的设计图。平面图能够清楚地表达设计者的设计思想、场地的空间关系、功能布局和细部设计等，能够将设计内容的主次关系、空间关系、疏密关系及周围用地的环境清晰地表现出来。它是风景园林设计中向观看者传达信息最多、最基本、最重要的图，也是表现设计构思的重要媒介。

景观平面图的草图绘制是一个景观设计者必须熟练掌握的基本操作，在平时的工作和学习中，我们除了运用纸质线稿画出自己的构思，还可以利用辅助工具 iPad 来绘制。使用 iPad 不仅操作更加方便快捷，而且能够更好地表达我们的设计思路，使预期的设计效果得到更好的呈现。

【景观知识充电】草图绘制的前提是解读场地，不仅需要充分解读题意和甲方要求，还要充分考虑场地现状、周边环境、人群特征、前期分析。正所谓完成景观设计需要“上知天文，下知地理”，这样才能更好地发挥景观设计者对社会建设的作用，让我们的人居环境更加美好！

## 4.1 笔刷的选择与应用

“工欲善其事，必先利其器”，在进行草图绘制时，顺手好用的笔刷将会助我们事半功倍。奇思妙想、设计思路都需要借助画笔才能跃然纸上。草图的目的是清晰准确地描绘脑海中的构思，因此，选择顺滑、流畅的笔刷至关重要，它能帮助我们顺利地完成设计。

• 提示 •

图 4-1 所示为笔者自制的 500 多款景观设计笔刷，读者可自行导入，以丰富自己的画笔库。

图 4-1

板绘效果（严谨、缜密、平滑）草图勾线笔刷推荐。

“著墨”包括技术笔、细尖、工作室笔、凝胶墨水笔等类型，如图 4-2 所示。

“气笔修饰”包括硬画笔、软混色等类型，如图 4-3 所示。

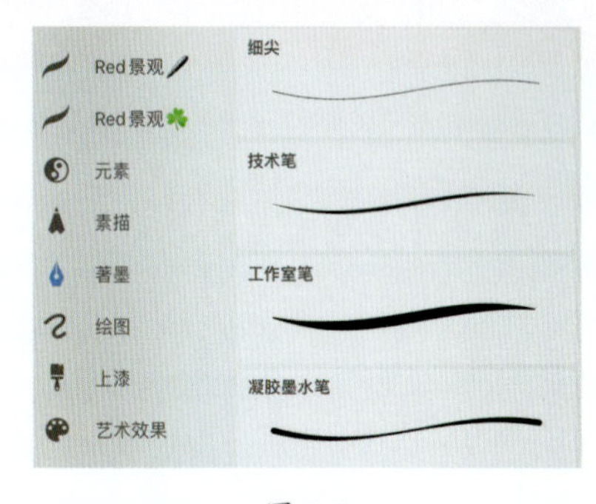


图 4-2

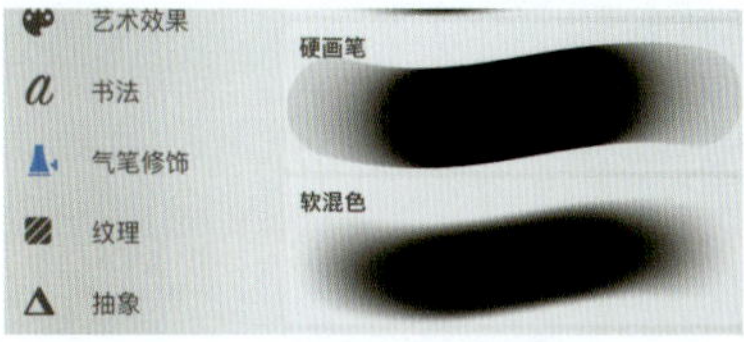

图 4-3

手绘效果（潇洒、粗糙、自由）草图勾线笔刷推荐。

“著墨”包括听盒、干油墨、葛辛斯基墨、标记、墨水渗流等类型，如图 4-4 所示。

“素描”包括铅笔类、德文特、胡椒薄荷等类型，如图 4-5 所示。

“绘图”包括暮光、小松木、演化、鹰格霍等类型，如图 4-6 所示。

图 4-4

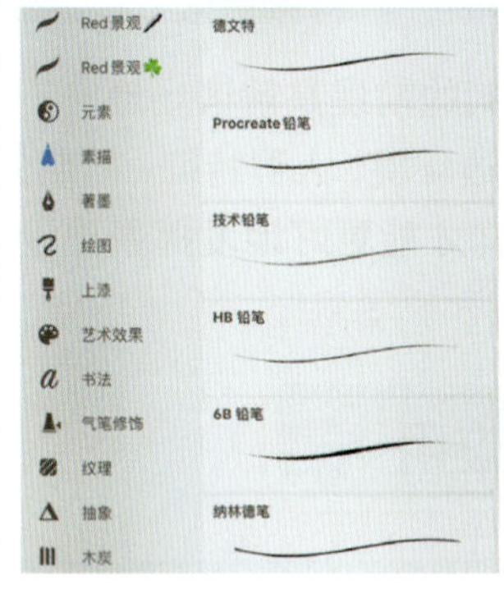


图 4-5

图 4-6

**• 提示 •**

本书推荐的笔刷均为 Procreate 自带笔刷。在软件自带笔刷系列中有很丰富的笔刷类型，大家可以自行尝试摸索，选择适合自己的、顺手的、喜欢的笔刷来进行绘制。

景观设计手绘草图效果范例如图 4-7 和图 4-8 所示。

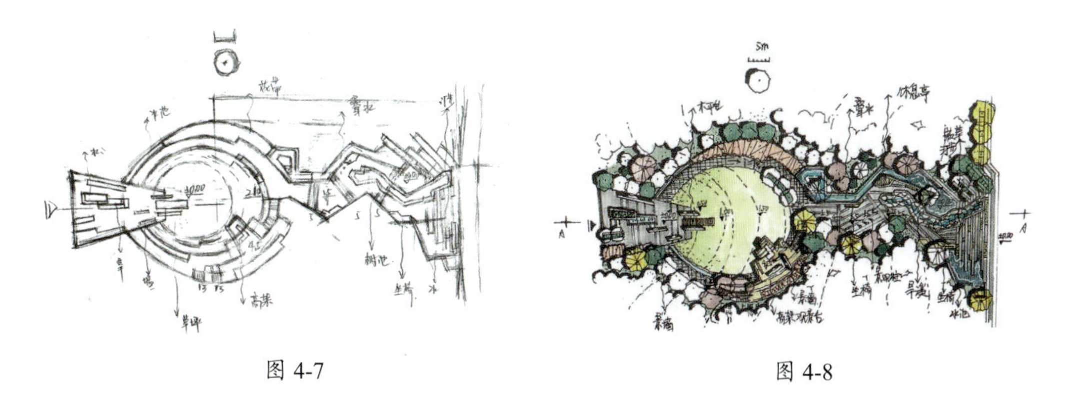

图 4-7　　　　　　　　　　　　　　图 4-8

景观设计板绘草图效果范例如图 4-9 所示。

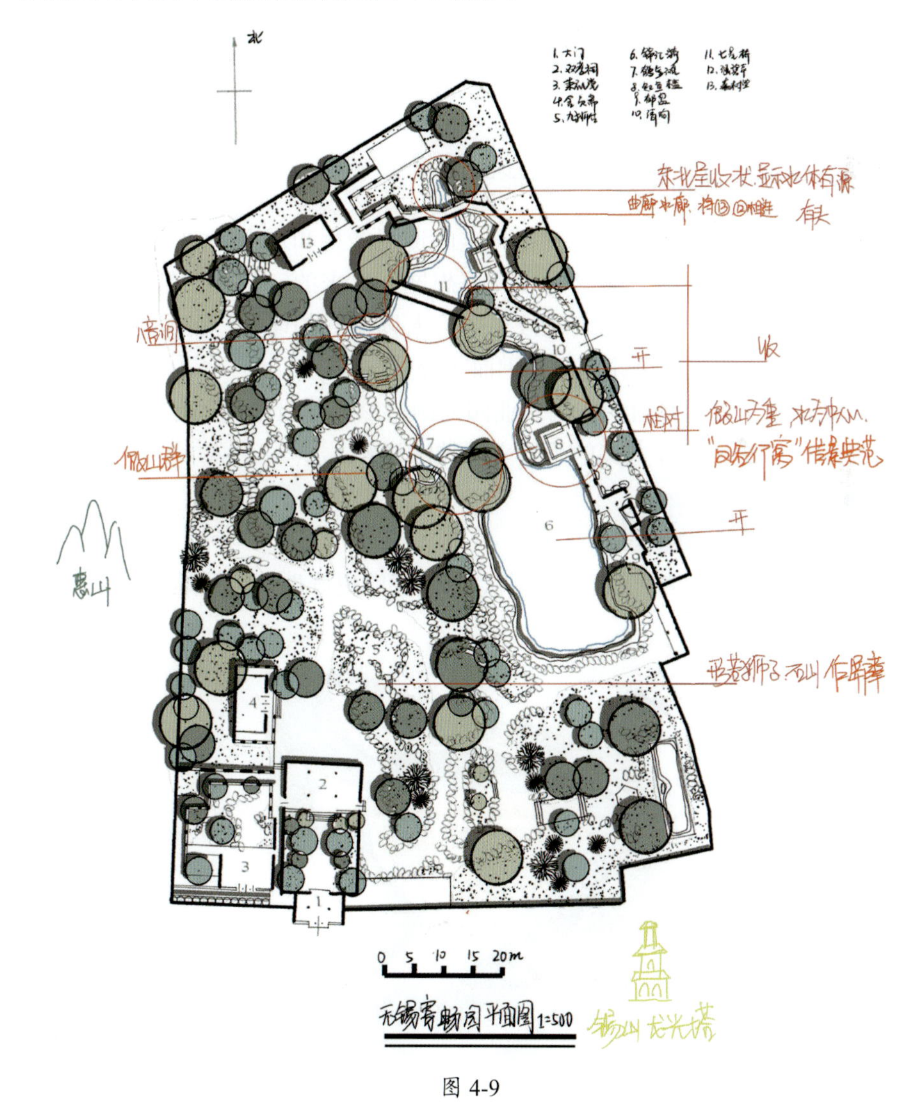


图 4-9

## 4.2 设计景观场地草稿

本书主要结合风景园林专业基础知识展开手绘表现技法的基础教学。当然，设计场地时也需要一定的专业理论知识。

### 1. 必要的风景园林专业知识

设计者须准确掌握风景园林专业基础知识，加以一定时间的设计训练，才能进行快速设计。要想完成一个高质量的风景园林平面设计方案，实现从“0”到“1”的转变，必须从循序渐进的设计训练开始。

快速设计训练必须建立在全面的课程设计训练基础之上。风景园林学科包括的专业知识错综复杂，包罗万象，需要深入而全面地学习理论知识和手绘设计技巧。读者在反复思考、推理的过程中掌握设计的内容、思路、步骤和方法，才能最终完成设计任务，并输出高质量的设计图纸。

### 2. 一定的美学基础和良好的手绘能力

设计者要有一定的美学基础，具备一定的造型能力和对空间的塑造能力。设计方案图指的是将我们的理想或者概念的设计思想展现出来的一系列图纸，其核心是图示表达。图示是一种语言，优美的表现效果会给人以良好的印象，并且能够清晰完整地表达出设计者的设计理念和设计思想，因而十分重要。

本节以设计一个美丽乡村的休闲农业园为例，结合风景园林设计方案的设计思路，在 iPad Procreate 中进行设计方案的手绘表现技法讲解。

### 4.2.1 导入场地背景

导入场地背景图片或者红线范围图片，以便能够更好地切合场地做出草图设计，如图 4-10 所示。

图 4-10

**【操作步骤】**

01 打开 Procreate 绘画软件，如图 4-11 所示。

02 点击右上角的“+”工具，如图 4-12 所示。

图 4-11

图 4-12

03 新建画布，选择合适的画布尺寸，这里选择 A4 尺寸，如图 4-13 所示。

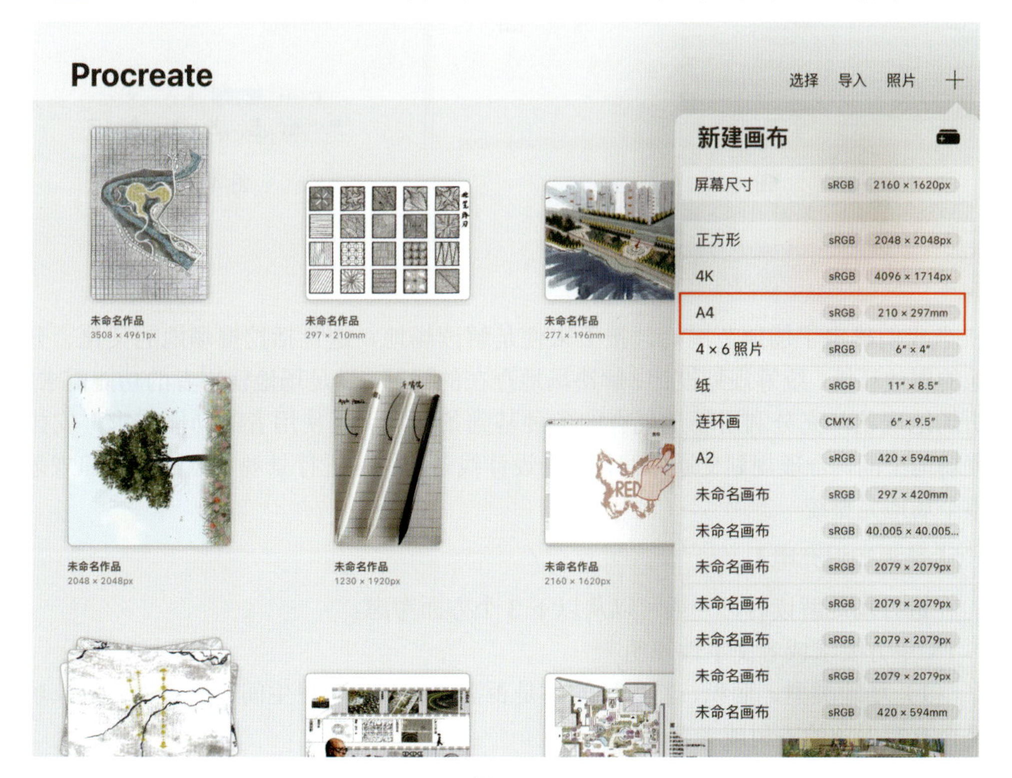


图 4-13

04 点击左上角的“操作”工具，打开“操作界面”，再点击“添加”工具，然后点击“插入照片”或“插入文件”（即场地背景图）选项，如图 4-14 所示。

05 插入场地背景图后会自动转到“变换变形”功能界面，点击“等比”选项，使用 Apple Pencil 拖动场地背景图片，并调整到合适的尺寸，如图 4-15 所示。再次点击“变换变形”工具或者点击其他工具图标，保存以上调整尺寸操作。

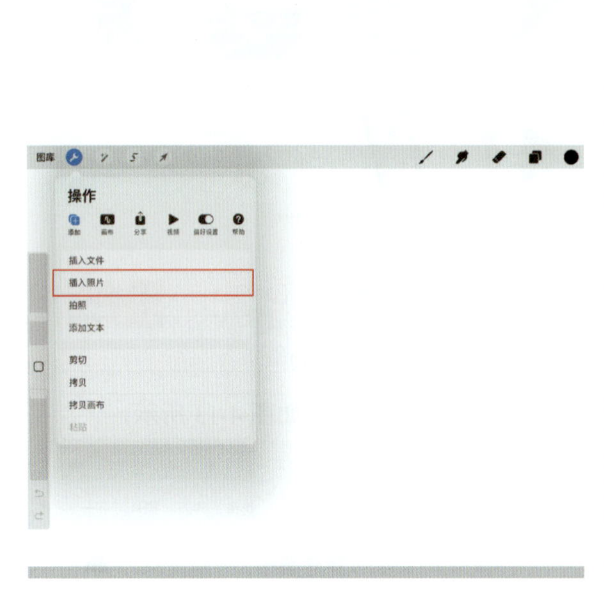


图 4-14

图 4-15

## 4.2.2 图层解读景观场地

当我们确定了场地范围后，接下来便是解读场地，这包括挖掘场地的文化、分析场地的周边环境、统筹规划设计、解决场地存在的问题、满足场地使用者的功能需求等。分析场地现状，充分利用场地现有的各种基础条件，满足使用者的功能需求，安排和布置场地空间，合理规划交通路线，结合设计线条的结构进行景观节点的布置和规划，使整个场地完整统一。

【景观知识充电】

在进行场地解读时，一般可以从以下 3 个方面考虑。

1）甲方要求或者文字性说明

（1）场地类型、面积、特殊要求。是否需要停车场、卫生间、服务中心等，场地内是否有要保留的古树或者建筑。

（2）设计建议。如现代风格、中国古典风格、欧式风格等。

（3）景观的造价水平。落地项目需考虑造价估算。

2）图纸性说明

（1）周边交通。建筑出入口、道路等级、周边功能环境、十字路口等。

（2）自然环境。水体、等高线、古树等。

3）隐含条件

（1）根据周边环境以及场地的使用类型来决定场地空间的功能分布。例如，如果周边有居民楼、幼儿园等，则需要考虑在场地内增加儿童活动区、休闲活动区、青年健身区等。

（2）场地内节点的个数及分布方式。需要结合场地的面积、地形条件，以及场地周边的环境等综合考虑。

【操作步骤】

01 点击右上角的“图层”工具。

02 在“图层”界面选择场地背景图层（即图层 1），降低图层的“不透明度”至合适的值（如 45%），如图 4-16 所示。

03 点击“图层”界面中的“+”工具，新建图层 2，如图 4-17 所示。

图 4-16

图 4-17

04 在新建的图层中，选择合适的笔刷，并分析解读场地。休闲农业园的现状分析图如图 4-18 所示。

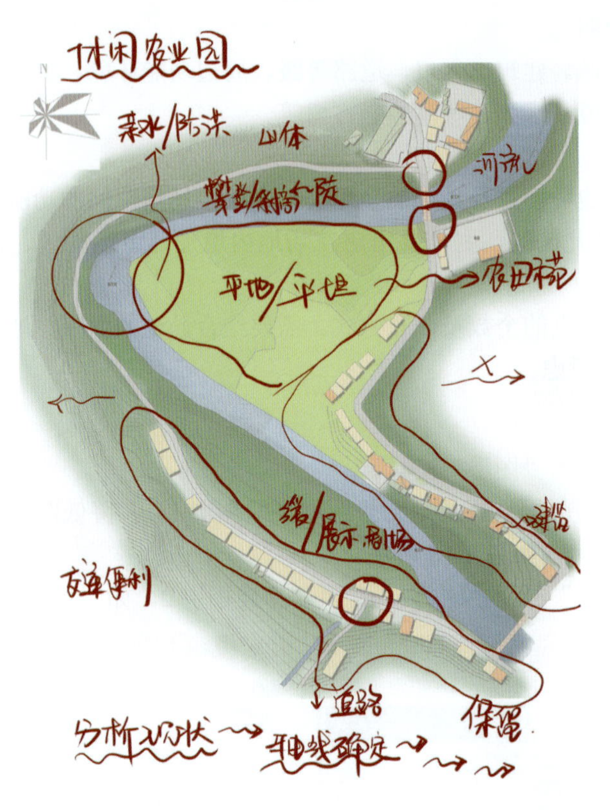


图 4-18

**• 提示 •**

此处所用笔刷是“著墨”中的“技术笔”，如图 4-19 所示。

图 4-19

每一个场地设计都有特定的设计目标、设计内容以及各自要解决的问题。场地设计的设计目标不同、功能定位不同，建设目标和需要解决的问题也就不同。常见的场地设计有建筑外环境景观设计、校园绿地设计、公园绿地设计（公园绿地设计又包括街角口袋公园设计、主题公园设计等）等。设计目标的确立与场地的类型密不可分，需要区别对待。

因此设计的第一步应是解读场地，明确设计项目的用地性质，确立合理的设计目标，分析场地现状环境和问题，提出需要解决的问题，把握问题的实质，寻求解决问题的思路和方法。这就需要我们在平时的学习和训练中积累、理解、掌握优秀案例的设计目标与思路，并将它们与具体的设计手法相结合，从而吸收和转化为我们自己的专业设计知识体系。

景观设计初学者只有通过一系列训练，掌握不同类型园林绿地的设计思路，理解设计的要旨，不死记硬背和生搬硬套，才有可能出色地完成设计任务。

## 4.2.3 整体构思：轴线和结构确定

景观设计平面图的结构由节点、透景线、景区和设计序列构成，是将点、线、面有序排列并和谐统一结合的布局系统。

【景观知识充电】

设计轴线是表现序列关系的重要方式，可以通过对称或不对称的布局方式来均衡画面结构，从而进行节点等级布置，明确主次关系，形成节奏感、韵律感。清晰合理的轴线和结构可以使场地设计更加统一明确。

在整体构思方面，景观的整体结构可以反映主题的针对性，这也是线条的魅力。用不同的结构类型来表达一个场地，会给人以不同的感受、例如折线表达的是快速；曲线表达的是婉转等。解读分析场地的现状之后，就可以进行平面图草图的绘制了。

【操作步骤】

**01** 可将现状分析图层（即图层 2）的“不透明度”降低（如 14%），如图 4-20 所示。

**02** 点击“图层”界面中的“+”工具，新建图层 3，如图 4-21 所示。

**03** 在新建的图层中，选择合适的笔刷，确定场地的轴线和结构布局，如图 4-22 所示。当然，也可以在现状分析图层上直接进行一次性分析。

图 4-20

图 4-21

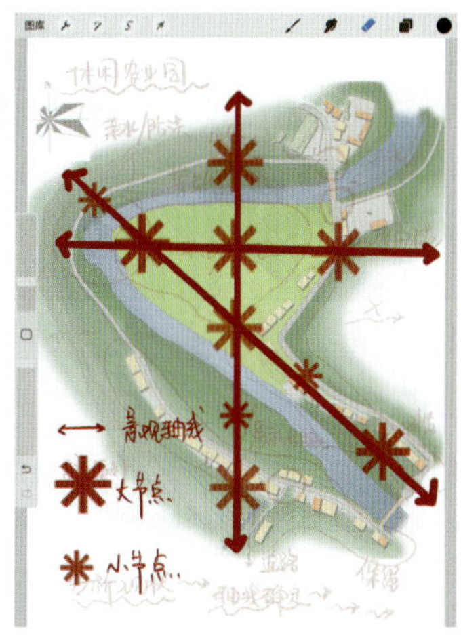


图 4-22

**• 提示 •**

此处所用笔刷是“著墨”中的“工作室笔”，如图 4-23 所示。

图 4-23

休闲农业园的结构布局和轴线确定效果如图 4-24 和图 4-25 所示。

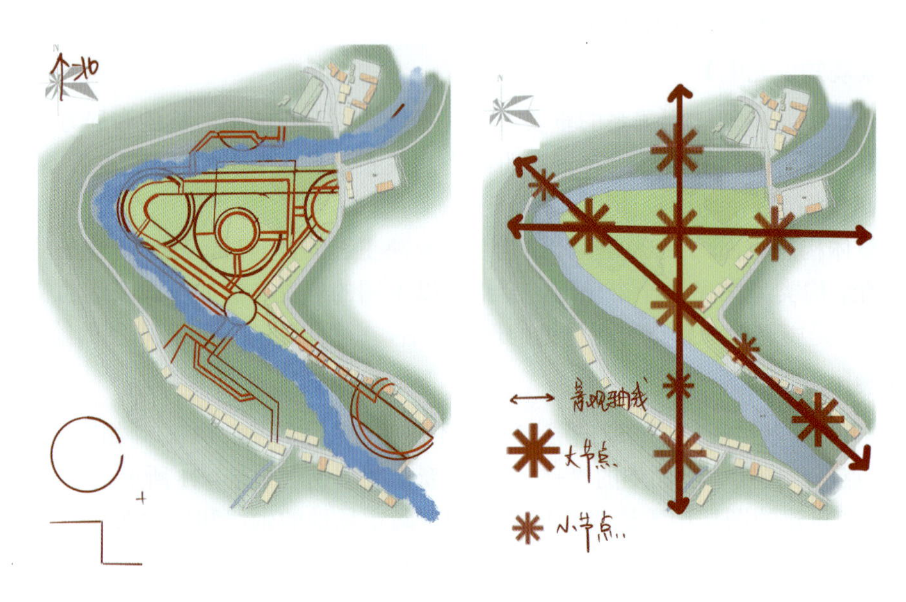


图 4-24　　图 4-25

风景园林设计平面图的轴线和结构的确定是通过系统地分析场地的现状特征，明确场地的用地性质、设计内容等具体要求后完成的，其核心工作是组织与策划场地，最终确定设计方案的具体内容与布置方式。设计本身就是思想和现实的碰撞，“一千个人眼中有一千个哈姆雷特”，设计思维因人而异，千变万化。在设计构思阶段，可以选择的切入点往往是多种多样的，思考的范围、形成的具体内容和结构系统也是多层次的。

### 4.2.4 功能分区：空间与功能的呼应

在完成场地解读和整体构思后，需要将之前分析出的功能空间类型，配合场地的尺寸规格和地形，落到具体的场地区域上，形成功能空间，完善和满足场地使用需求。功能空间的设计一般用功能分区图来表示。

此外，功能分区需要和交通系统、整体结构等协调一致，这要求我们在设计过程中细致推敲，确保场地空间与功能需求相呼应，同时在整体结构上体现主题思想。

【景观知识充电】

功能分区图即我们常说的“泡泡图”，用来表达功能空间的区域范围和规模。那我们应该如何细化功能空间的内容呢？下面进行具体介绍。

（1）确定功能区域的规模大小。

（2）确定结构、线条和形式，呼应主题。

（3）安排活动设施。例如儿童活动区，可增加沙坑、跳床、雕塑小品等；健身活动区，可增加塑胶跑道、健身广场、休息廊架等。

（4）安排交通组织。如道路系统是在空间边缘，还是在空间内部等。

不断地细化不同功能场所的空间范围，确定绿地、场地和交通的内容和形式。最后根据对使用人群的喜好和基本需求的判定来布置其功能设施和造景元素，如植物、花坛、花架、喷泉、雕塑景观小品和其他构筑物等。

【操作步骤】

01 将现状分析图层（即图层 2）、轴线分析图层（即图层 3）的“不透明度”降低至合适的数值。

02 点击“图层”界面中的“+”工具，新建图层 4。

03 在新建的图层中，选择合适的笔刷，确定场地的功能分区，如图 4-26 所示。当然，也可以直接在现状分析图层上进行一次性分析。

04 为了方便区分图层，可以将每个图层重命名。点击要修改名称的图层，在出现的菜单栏中点击“重命名”选项，如图 4-27 所示。

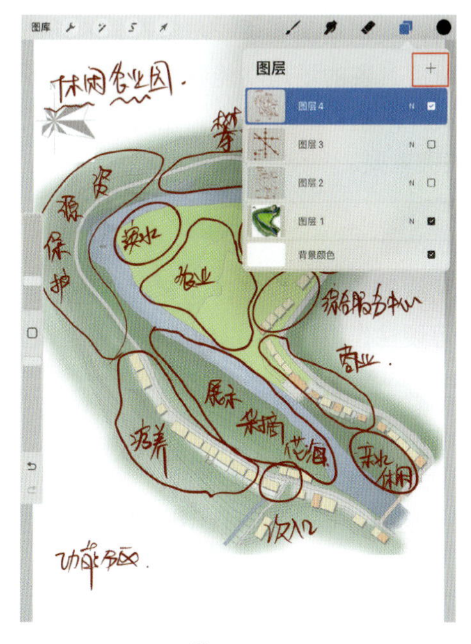


图 4-26

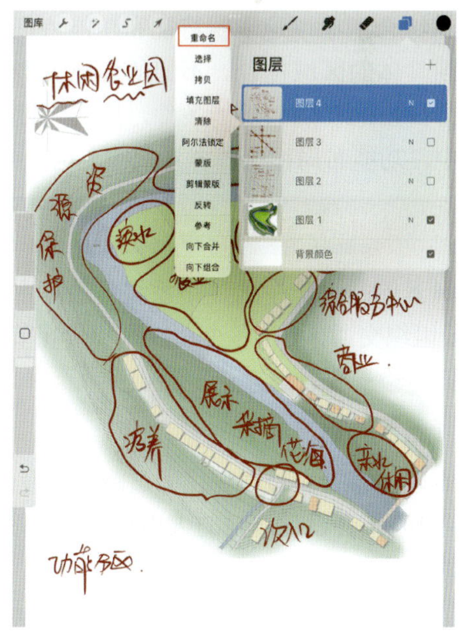


图 4-27

05 可以在名称位置处手写修改图层名称，如图 4-28 所示；也可以使用键盘输入要修改的名称，如图 4-29 所示。

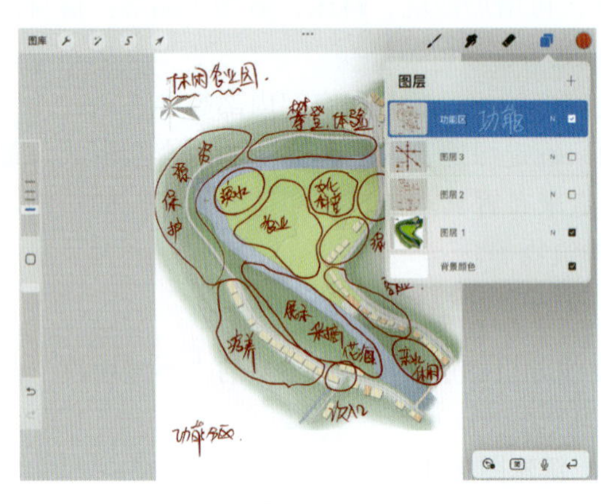


图 4-28

图 4-29

以上都属于场地的前期分析以及平面图草图绘制的准备工作，是思想大爆炸和构思设计的缘起。在这个过程中，要把握住重点和核心的设计思路，通过简单绘制草图，不断地调整和思考，以实现最佳设计效果。

在综合考虑场地现状特征和功能特征之后，我们还需要进一步将选定的功能内容安排到具体的区域位置。不同的场地类型，所需具备的场地功能各不相同，任务书或者甲方提出的明确的功能条件，应成为设计展开的基础和立足点。尤其在平面图设计方案中，功能布局往往最容易把握，也十分关键重要。

### 4.2.5 道路系统：“一串蚂蚱上的绳”

风景园林设计中的道路系统是最基本的功能设施，不仅可以起到组织空间、引导游览、组织交通、衔接各个功能区和景观节点等硬性作用，还可以构成独特的道路园景，使人们体验景观效果。

**【景观知识充电】**

合理丰富且有节奏变化的道路系统设计一般须考虑以下 4 个方面。

（1）结合设计场地的大小和类型，按照交通通行量分别设置不同级别的道路，形成道路系统。

（2）按照周边环境的建筑出入口、人群流量以及周边环境交通的等级等确定道路的主次入口位置。

（3）根据前期的场地解读和整体规划，道路系统应尽可能和结构布局相契合（自然式、规则式、混合式），迎合主题思想。

（4）一级场地道路可以连接全场的主要景观节点，贯穿全园，形成一条从入口到出口的完整流通路径，满足车辆通行、生产和消防等功能需要。设计时应简洁大方、直线和曲线应交错运用，忌单直、单曲，在施用中多以一主一辅，曲直串联，不要有断头路，避免多路交叉及导向不明，尽量正交，锐角不宜过小。二级场地道路用于连接主要景观节点，丰富一级场地道路，宽窄幅度可根据地理、地势加以变化，一般不强调对称，现代设计中多在不对称中求均衡。三级场地道路则连接次要景观节点。

【操作步骤】

01 将现状分析图层（即图层 2）、轴线分析图层（即图层 3）的“不透明度”降低。

02 点击“图层”界面中的“+”工具，新建图层。

03 在新建的图层中，选择合适的笔刷，确定场地的道路系统。

04 隐藏前期的现状分析图层和轴线分析图层。

休闲农业园的道路系统设计效果如图 4-30 所示。

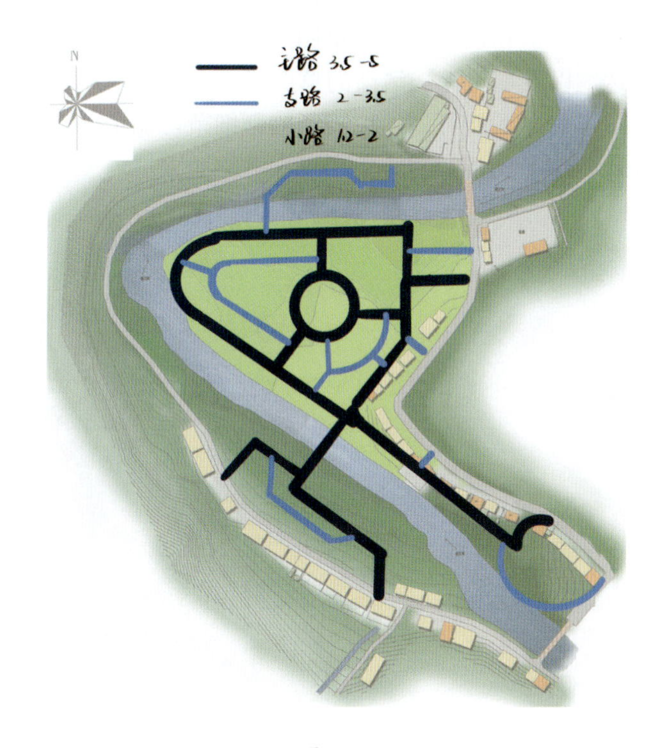


图 4-30

## • 提示 •

道路系统要根据前期分析的轴线以及结构的走向布置，主道路穿越主要轴线，次级道路按照次要轴线的走向布置。

## 4.3 景观平面图草图确定

设计是反反复复推敲思考的过程，是一笔一画斟酌停顿的笔尖；是绵延不断的细腻灵感；是脚踏实地循序渐进的心安。

在做好充足的前期分析工作并且反复推敲琢磨设计布局之后，我们便步入正式的草图绘制阶段，将思路成型、步骤为路、设计成画。

【操作步骤】

01 将前期分析的图层（图层 2、图层 3）的“不透明度”降低或者直接隐藏图层。

02 点击“图层”界面中的“+”工具，新建图层。

03 在新建的图层中，选择合适的笔刷（此处选择的是“著墨”中的“技术笔”），斟酌设计场地的平面图草图。

反复调节和修改平面图的设计结构以及内容，确定景观平面草图。本节完成的景观平面图草图是没有添加植物以及阴影的草图线稿，只包含了平面图的结构、铺装、景观单体元素的表达，以及道路等。清晰的草图线稿可以简洁明了地表达平面图的设计内容。确定了草图线稿之后便可添加植物，刻画细节，调节画布内容。休闲农业园的草图线稿效果如图 4-31 ～图 4-33 所示。

图 4-31　　图 4-32　　图 4-33

## 4.4 景观平面图渲染草图表达

确定了景观平面图的结构线条后即可进入渲染草图阶段，包括植物的种植、阴影的添加以及画面整体的调节。平面图草图的绘制主打随心所欲，不需要特别谨慎和精细刻画，后期的调整以及细节刻画会将草图逐步完善。草图主要用作设计者之间或者甲乙方之间沟通的媒介，所以平面图草图需要不断地调整、刻画、深入设计。

按部就班、由浅入深地细化平面图草图，用寥寥几笔表示水体、点点绿色表示植物、四四方方表示建筑即可。能准确表达设计者的设计思路和想法的草图，就是一份合格的草图，也可加上注释，使得草图的表达更加清晰明了。设计既要自由灵活，也要严谨和自信。

> **• 提示 •**
>
> 在渲染平面图草图时，尽量为每种景观元素（如水体、草坪、建筑、景观小品、雕塑以及植物）都新建图层，并在新的图层上进行设计和渲染。

## 4.4.1 景观平面单体元素的表达：建筑单体、景观小品等

就平面图的表现而言，可以分为单色平面图、屋顶平面图和建筑平面图。比例较大的平面，用建筑平面图能够反映建筑与环境的关系、室内外功能的结合；比例较小的平面，主要用屋顶平面图来表现单体和建筑组群的平面形态特征。

现代建筑的屋顶大多是平屋顶，留白即可，若是建筑群中单体高度不同，较高的建筑会在较低的建筑上投下阴影，这时需要通过阴影表现出建筑的高低错落感。

其他如景观亭、景观长廊、景观框架、喷泉水池等建筑单体的表现也要注意阴影的运用，但要注意和平面图的结构设计或者铺装设计相区分，如图 4-34 所示。

下面以图 4-35 为例，详细介绍建筑单体元素表达的操作步骤。

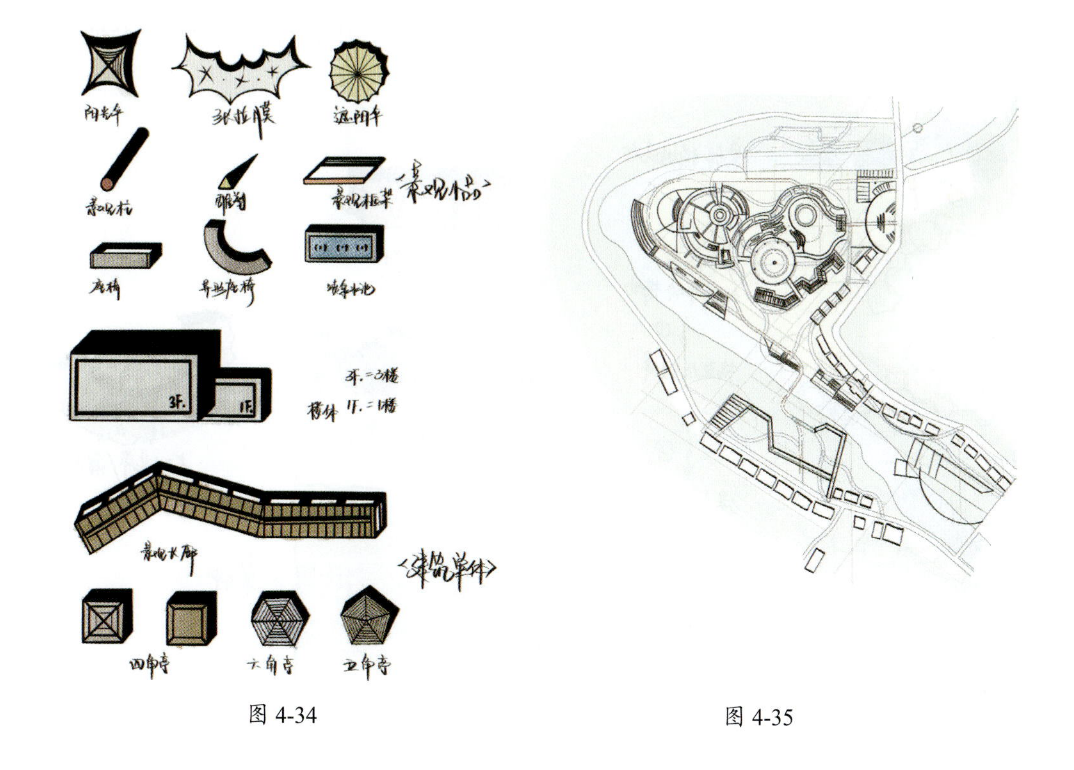


图 4-34

图 4-35

【操作步骤】

01 只保留草图结构线条图层。

02 点击“图层”界面中的“+”工具，新建图层。

03 在新建的图层中，选择合适的笔刷（此处选择的是“著墨”中的“技术笔”），完善平面图草图的景观单体元素的刻画。

## 4.4.2 景观平面单体元素的表达：植物种植设计

植物的图示表达是园林景观设计中很重要的部分。

平面树常常是园林景观设计中平面配景数量最多的元素，平面树的形态一般以圆形为主。合理布置平面树不仅能够较好地衬托整体的空间形态，同时还能确定平面的整体色彩基调。植物的比例尺度还可以作为衡量建筑、空间尺度的直观参照物，一般乔木的平面树冠直径是 5 m。

云树指的是成组团、成片的乔木合体，用闭合的波浪线表示，如图 4-36 所示。

灌木和花带等其他地被植物则可以用闭合的反向圆弧来表示，也可在中间穿插几根线条，从而与草坪区别开。

绿地草坪是地面覆盖材料，一般用绿色表示，少数个性化表达中也使用黄色等颜色。当然，参与竞赛的作品中可以出现多元化的色彩：蓝色、橙红色、紫色等，但是需要标注以让观者清楚这部分区域表示的是草坪。一般绿地边缘部分的颜色较深，中心部分的颜色较浅，用颜色的深浅来表示地形的起伏和地被生长的疏密。通常会在草坪区域的边缘附近添加草坪点，草坪点的设计一般是四周密，中间比较稀疏，这会使草坪更加生动丰富且有层次，如图 4-37 所示。

图 4-36　　图 4-37

以图 4-38 为例，详细介绍植物单体元素表达的操作步骤。

【操作步骤】

01 只保留草图结构线条图层以及建筑单体、景观小品等线条图层。

02 点击“图层”界面中的“+”工具，新建图层。

03 在新建的图层中，选择合适的笔刷（此处选择的是“著墨”中的“技术笔”），种植植物。

04 点击“颜色”工具，选择合适的植物颜色（此处选择的是绿色），然后调节笔刷的大小，为植物填充颜色。可以适当地切换不同的颜色，以表示种植了不同的植物，使植物的种类更加丰富。

图 4-38

**• 提示 •**

在种植植物时，可以采用对植、丛植、列植、孤植等不同的种植方式，这样不仅会使平面图更加丰富，还使植物配置更加灵活生动。

## 4.4.3 大色块的填充：水体、草坪以及其他空间

大区域的表示，例如草坪、水体等，在草图中使用“颜色”工具或者笔刷填充往往会更加快捷方便。

根据不同的图面要求，水体在平面图上的表示，可以分为墨线加等深线和颜色平涂两种形式。墨线表示可采用不同的水纹线来表现不同的效果；颜色平涂则可以选择满涂或者部分留白等不同的形式。根据设计图纸的整体布局、水体形态以及水体周围的环境等要素来选择合适的水体平面表示方法。

平面图水体绘制笔刷推荐（Procreate 软件自带笔刷）。

“艺术效果”包括野光、普林索、袋鼬、擦木、奥德老海滩等，如图 4-39 所示。

“元素”包括水、海洋等，如图 4-40 所示。

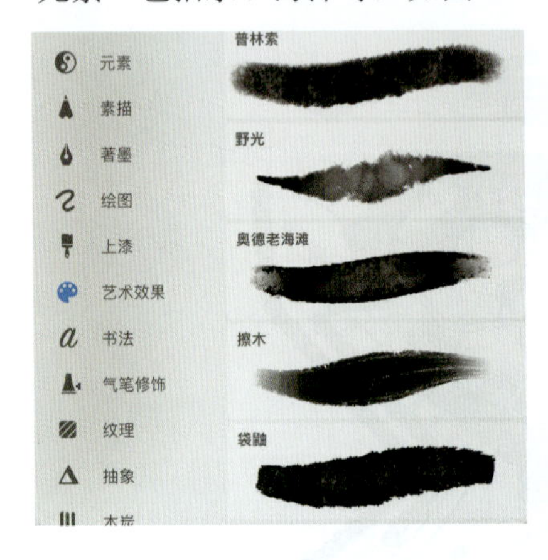


图 4-39

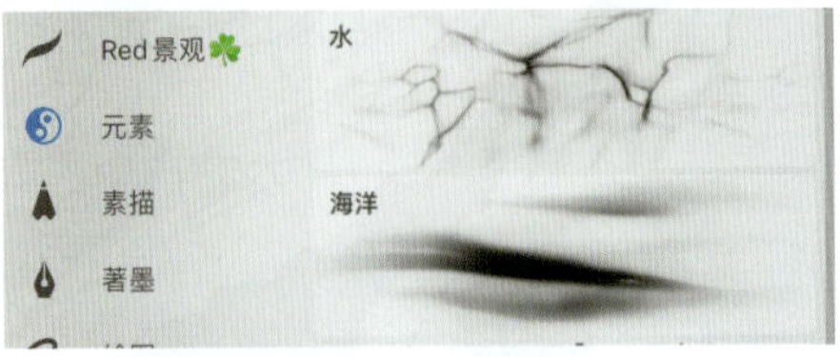

图 4-40

平面图草坪绘制笔刷推荐（Procreate 软件自带笔刷）。

“纹理”包括鸣喜鹊、锡格尼特、千层树、鸽子湖、雷探戈等，如图 4-41 所示。

“润色”包括僵尸皮、杂色画笔、旧皮肤等，如图 4-42 所示。

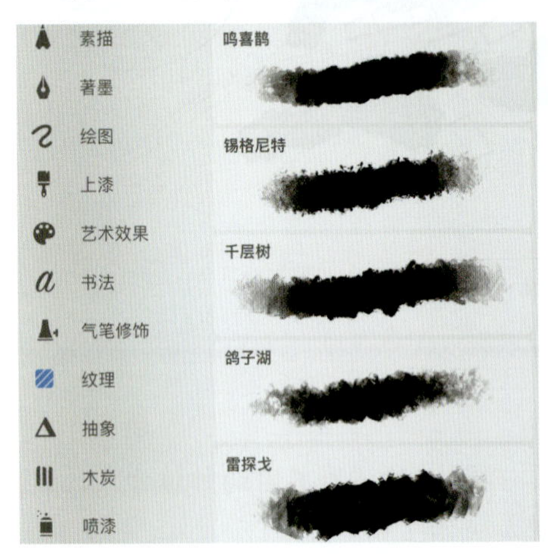


图 4-41

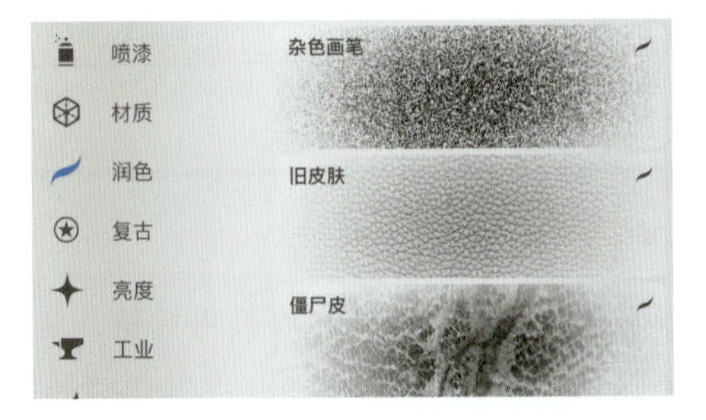


图 4-42

以图 4-43 为例，详细介绍色块填充的操作步骤。

【操作步骤】

01 保留草图结构线条图层、建筑单体元素线条图层以及植物种植图层。

02 点击“图层”界面中的“+”工具，新建图层。

03 在新建的图层中，选择合适的笔刷（此处选择的是“艺术效果”中的“普林索”），点击“颜色”工具，选择合适的草坪颜色或者水体颜色，对草坪和水体进行大色块的填充。使用同样的方法填充其他区域的色块，例如农田、铺装、建筑等，确保每个区域都是完整的且易于区分。

图 4-43

**• 提示 •**

在平面图中，地形的高低起伏主要通过等高线来表示，在等高线的基础上使用同一色系内不同深浅的颜色来进一步区分地形的变化，如图 4-44 所示。

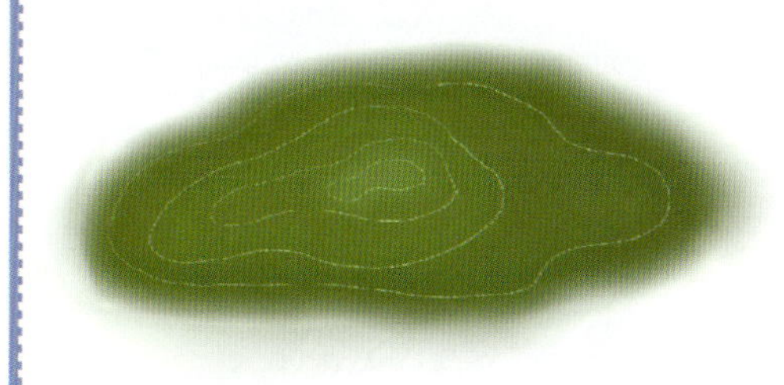

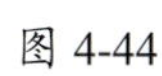

图 4-44

## 4.4.4 阴影的添加

在新图层上画出统一方向的各个景观单体元素的阴影，可使画面更加立体丰富。阴影表达和色调变化，更能渲染出出彩的平面图草图。最后再加以润色细化调整。

以图 4-45 为例，详细介绍阴影添加的操作步骤。

【操作步骤】

01 保留草图结构线条图层、建筑单体元素线条图层、植物种植图层以及大色块填充图层。

02 点击“图层”界面中的“+”工具，新建图层。

03 在新建的图层中，选择合适的笔刷（此处选择的是“著墨”中的“技术笔”），点击“颜色”工具，选择合适的阴影颜色，此处选择的是灰色调的颜色，对建筑单体元素以及植物进行统一方向的阴影绘制，这样会使画面更加立体生动。

图 4-45

04 最后对平面图整体进行调整和完善，包括色调的调整、景观单体元素设计的细节刻画等。效果如图 4-46 所示。

休闲农业园平面图草图添加注释后的效果如图 4-47 所示。

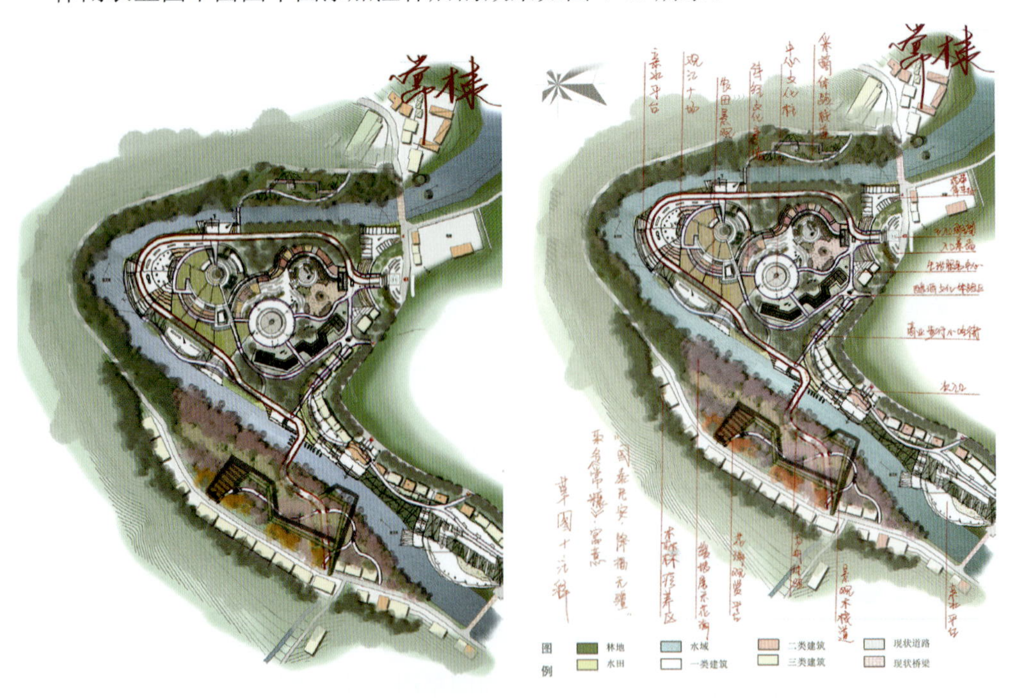


图 4-46　　图 4-47

## 4.5 景观平面图草图表现出图展示

草图是最能直观表现设计者构思的图纸，磨刀不误砍柴工，利用好 iPad Procreate 绘画软件，必将事半功倍。笔者自绘的景观平面图草图表现范例如图 4-48 ～图 4-53 所示。

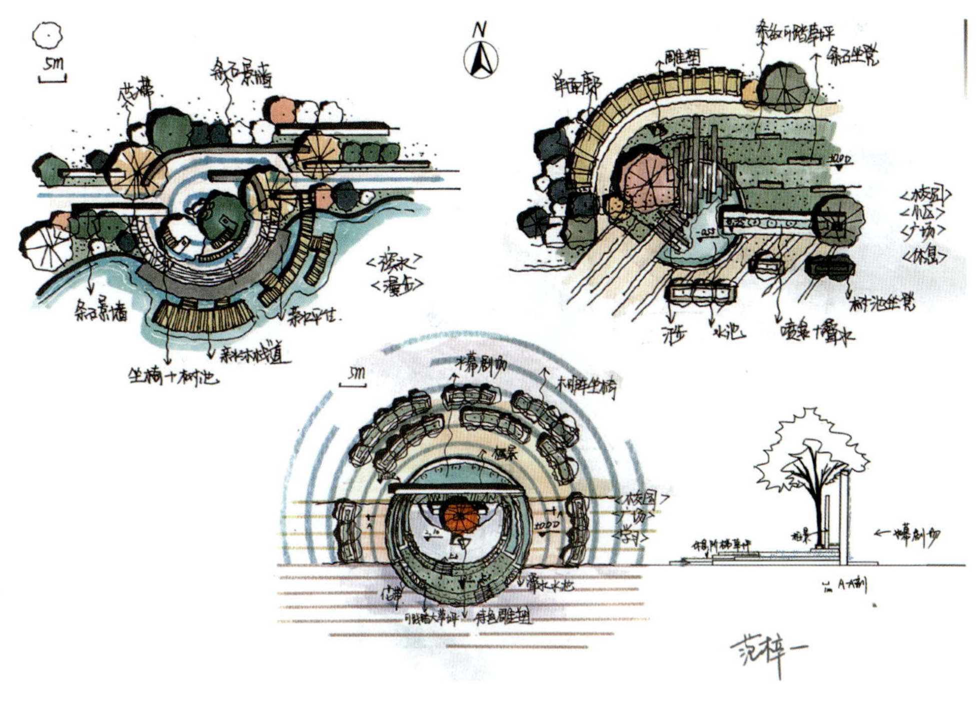


图 4-48

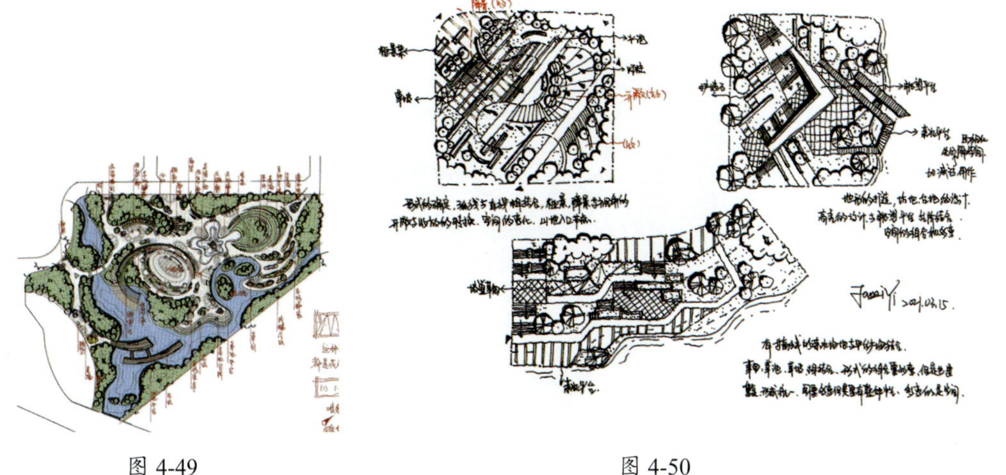

图 4-49　　图 4-50

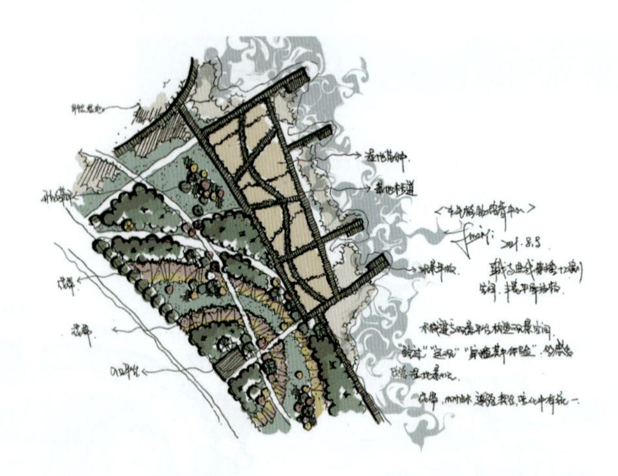

图 4-51

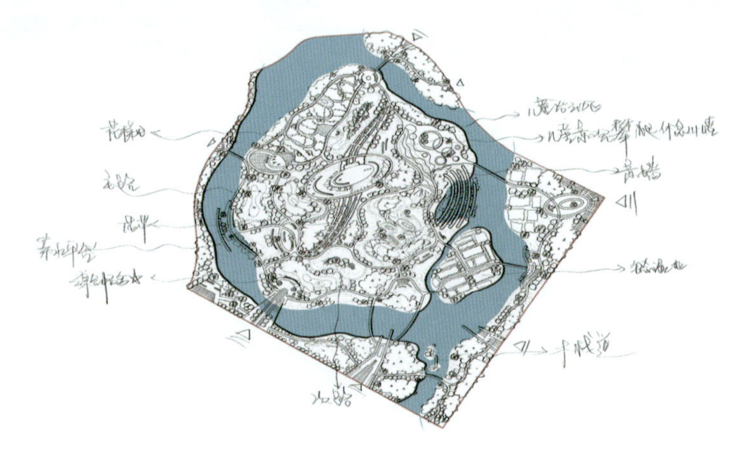

图 4-52

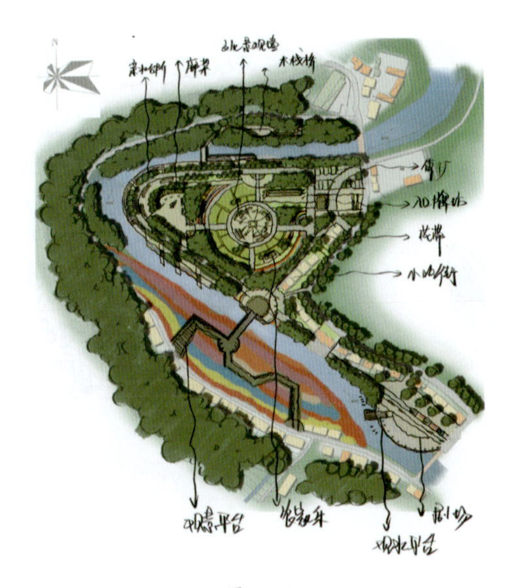


图 4-53

# 第 5 章 景观平面图手绘表现

基于景观设计的知识，并且熟练运用 iPad Procreate 手绘技巧，可以快速、便捷、富有创新性地绘制出一个场地的景观平面图草图，向甲方或者老师表达自己的设计思维和逻辑，再经过不断地修改、打磨，得出第一次草图、第二次草图等。确定平面形式后，对于最后的作品敲定，还需要将草图表达得更加完善、独立、清晰可见。

## 5.1 景观平面图线稿画法

设计方案所展现出的设计功底和表现技法直接反映了设计者的专业素养，因此图纸表现给人的第一印象尤为重要。所有图纸中，平面图信息量最大，最能反映设计者的专业素养，因此绘制平面图是最重要、最基本的工作。

在完成场地现状分析、功能布局和结构轴线的推敲，并确定草图后，即可开始整合草图，以使平面图更加完整和清晰，更好地展示设计思想和内容。

【景观知识充电】

设计构思与布局的景观专业知识总结如下。

（1）设计目标明确，场地布局合理新颖。

（2）符合景观规范，内容合理层次分明。

（3）设计结构清晰，重点突出节点细致。

（4）设计尺度合宜，节奏舒适统筹规划。

### 5.1.1 线稿整合

本节依旧选择第 4 章中的休闲农业园示例场地图作为场地红线范围，但是改变场地内部的景观设计。

降低场地基地的不透明度，确定最终的平面图草图构线。确定草图后，隐藏点缀元素图层，细致刻画平面图线条。运用 4.1 节中的板绘效果（严谨、缜密、平滑）草图勾线笔刷推荐中的笔刷，或者自己习惯使用的勾线笔刷进行线稿整合。

线稿的整合，一般是指没有种植植物以及上大区域色块的线稿，只有单纯的结构线条，包括道路、建筑单体元素、场地结构线等。整合出清晰简明的线稿，方便后期渲染其他的景观元素。

休闲农业园平面图草图线稿整合过程如图 5-1 ～图 5-3 所示。

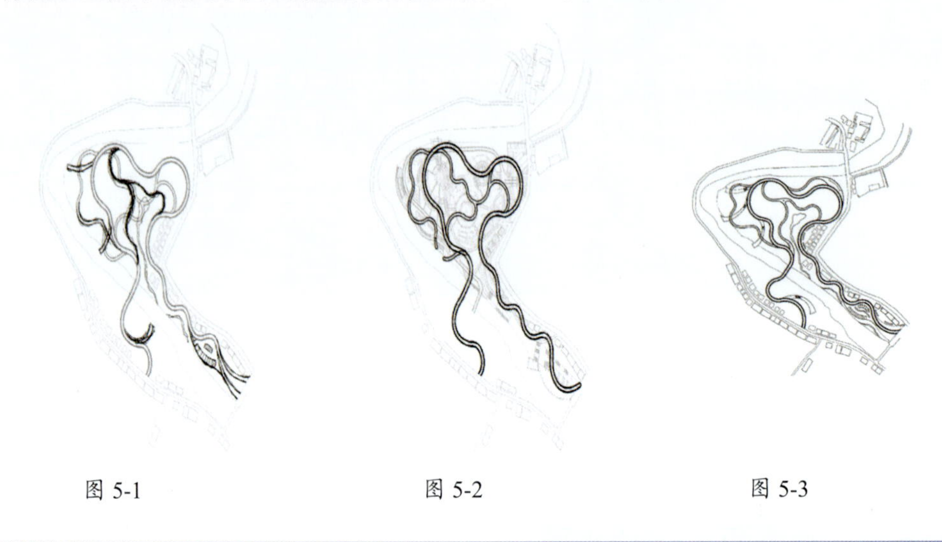

图 5-1　　图 5-2　　图 5-3

**• 提示 •**

为了更清晰地呈现平面图的表达效果，在整合线稿时，可以关闭植物、河流等其他简单元素表达的图层，只保留结构线条，并降低结构线条图层的不透明度，再新建图层，在新建的图层上描绘并整合线稿。

### 5.1.2 绘制技巧

如何得到干净整洁的线稿？在整合线稿时，一般会有两大难题。

#### 1. 线条不平滑

解决这一问题有两个办法。第一是加强对触控笔的控制力，掌握使用 Apple Pencil 在 iPad 上绘制的手感，可以通过增强线条控笔练习来实现。控笔练习可分为以下两个方面。

1）基础练习

不同方向线条的排线练习（包括横线、竖线、斜线、曲线等）。可在 Procreate 中画上小格子，然后在格子内进行排线练习，如图 5-4 所示。排线练习模板如图 5-5 所示。

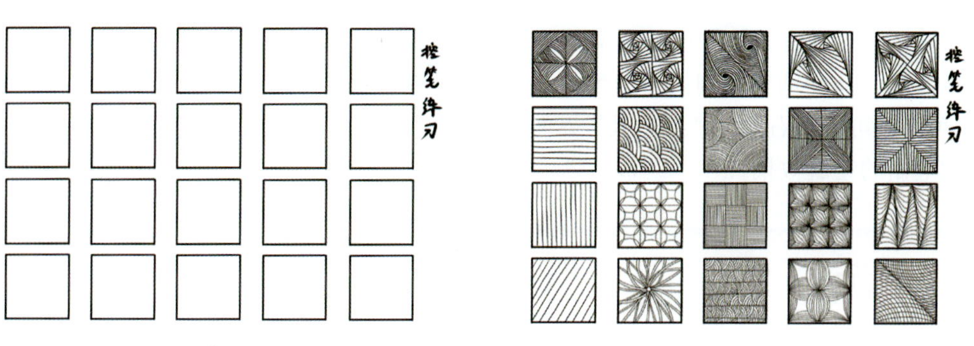


图 5-4　　　　图 5-5

**• 提示 •**

（1）排线间距尽量均匀。

（2）多加练习。

2）手与笔的配合练习

首先要快速画出线条，不要犹豫，一笔带出，不要带勾带点。画短线时，手臂不动，手腕动；画长线时，手腕不动，手臂动。

提高线条绘制的准确性和对触控笔的控制能力，类似于在景观设计手绘学习之初在纸上练习绘制线条。iPad 手绘只是将笔和纸换成了触控笔和 iPad 屏幕。通过多加练习，可以迅速提高线条绘制的准确性，消除线条不平滑的问题。

其次是改变笔刷的属性，得到自动平滑线条的笔刷。

【操作步骤】

**01** 选择合适的描线笔刷，以 Procreate 中的“技术笔”笔刷为例，点击“技术笔”笔刷，如图 5-6 所示。

**02** 进入“画笔工作室”界面，在“描边路径”选项中选择“描边属性”，如图 5-7 所示。

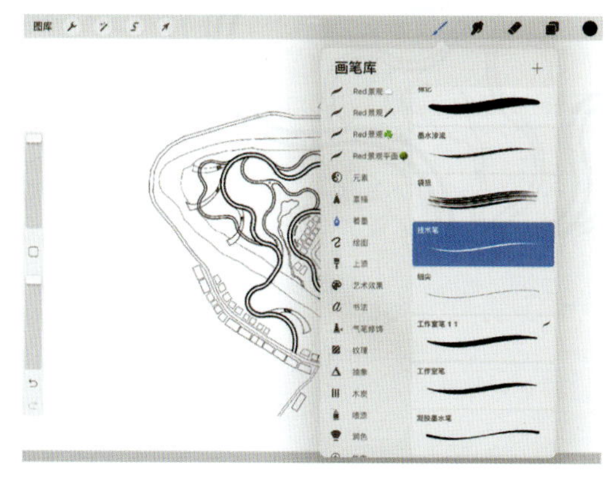


图 5-6

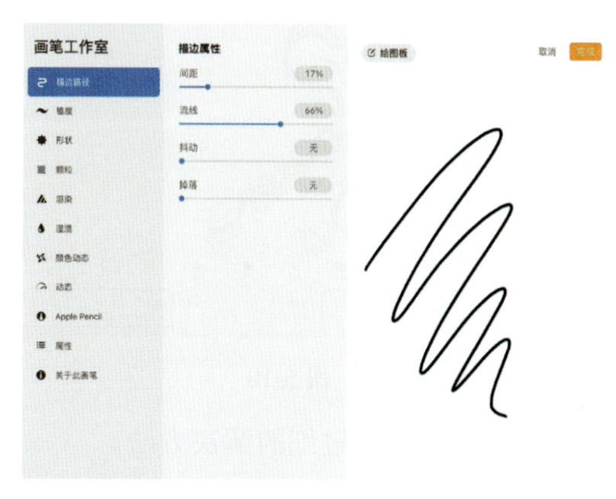


图 5-7

03 将“描边属性”中的“流线”滑动条右移，从而调节笔刷的平滑度，如图5-8所示。可以在右侧的“绘图板”界面，测试笔刷的绘制效果。

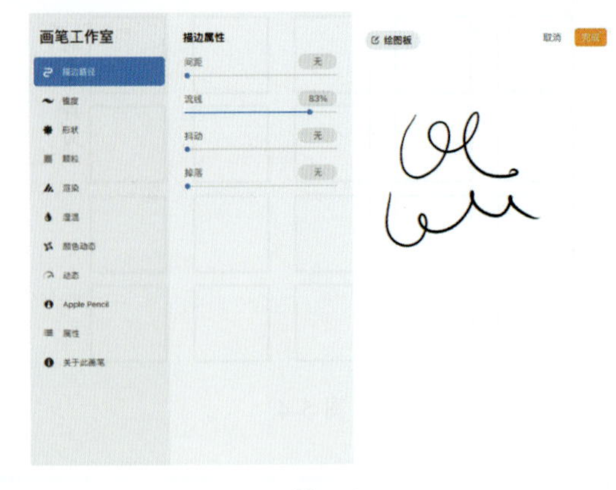

图 5-8

**•提示•**

由此得到的笔刷，使用时可以避免抖动，从而得到平滑的笔触。

## 2. 线条粗细不一致，线稿不整洁

由于没有很好地把握触控笔的笔触压感或者笔刷大小，线条就会出现粗细不一致的情况。

下面介绍线条过粗的解决方法。

【操作步骤】

01 点击“调整”界面中的“液化”选项，如图5-9所示。

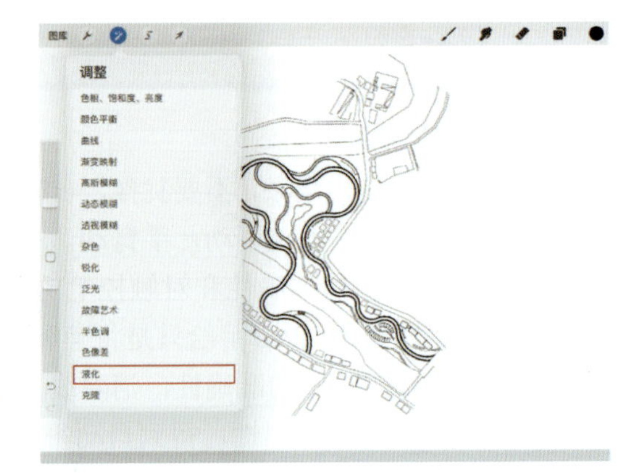

图 5-9

02 进入“液化”界面，点击“捏合”工具，设置合适的画笔“尺寸”“压力”和“动力”，如图5-10所示。用触控笔或手指在过粗的线条上来回滑动，即可将线条捏合变细，如图5-11所示。

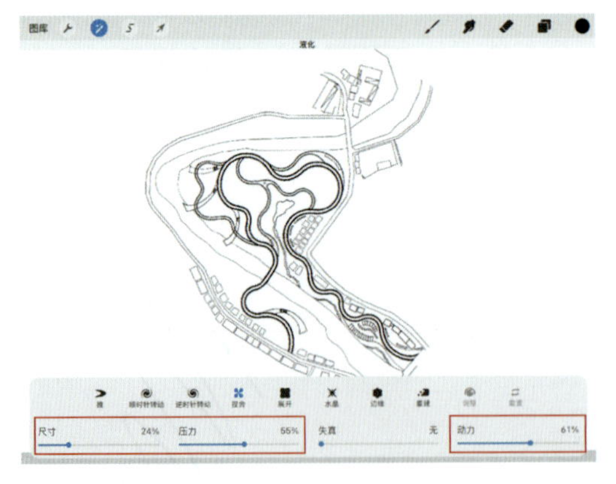

图 5-10

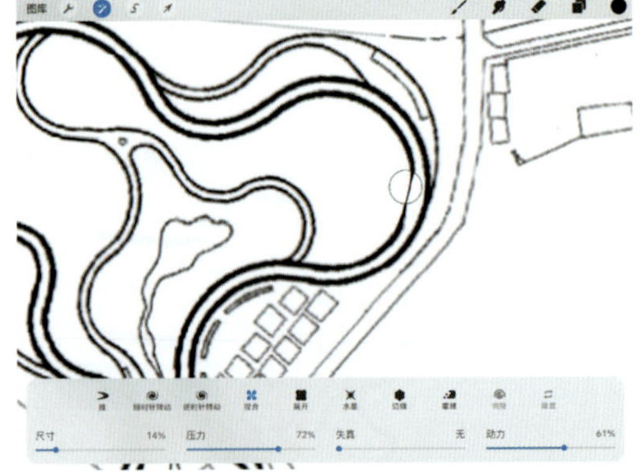

图 5-11

下面介绍线条过细的解决方法。

【操作步骤】

01 点击“调整”界面中的“液化”选项，如图 5-12 所示。

02 进入“液化”界面，点击“展开”工具，设置合适的画笔“尺寸”“压力”和“动力”，用触控笔或手指在过细的线条上来回滑动，即可将线条展开变粗，如图 5-13 所示。

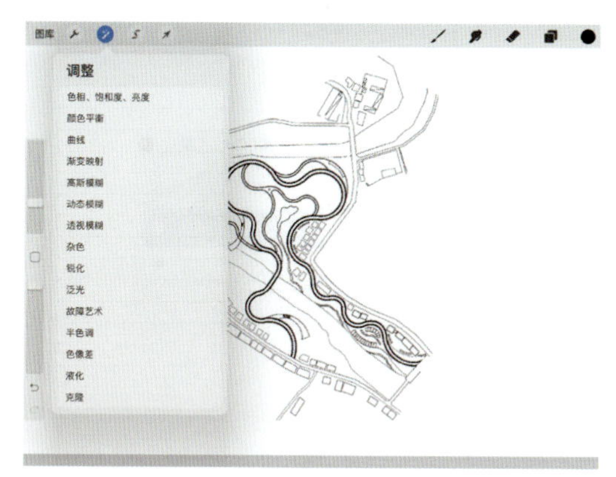


图 5-12

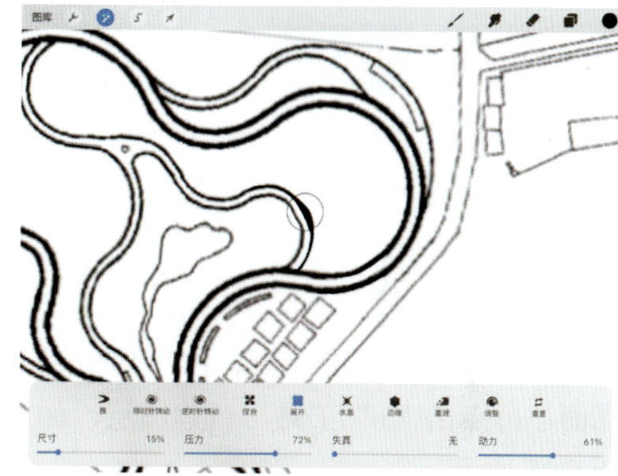


图 5-13

好的开端是成功的一半。按部就班、由浅入深，加强控笔能力，掌握整合技巧，整合出整洁的线稿是设计景观平面图重要的第一步。

休闲农业园平面图整合线稿后的效果如图 5-14 所示。

图 5-14

## 5.2 景观平面图大色块表达

对于平面图的渲染主要有：铺色使之完整，种树使之丰富，阴影使之立体，调色使之升华。完成线稿整合后，我们来到平面图渲染阶段，逐步细化，使树木和花卉各就其位。按照既定步骤，最终到达大色块渲染阶段。

### 5.2.1 草坪渲染

可以用笔者自创的“铺装”笔刷来设计场地周边环境的打底图层，通常用草坪渲染打底。

【操作步骤】

01 点击“图层”工具，打开“图层”界面，再点击“+”工具，新建图层，如图 5-15 所示。

02 将新建的图层移至“线稿”图层下方，并且为了方便区分可以重命名新建图层，如图 5-16 所示。

03 点击新建图层的 N 混合模式，将图层设置为“正片叠底”模式，如图 5-17 所示。方便后续操作。

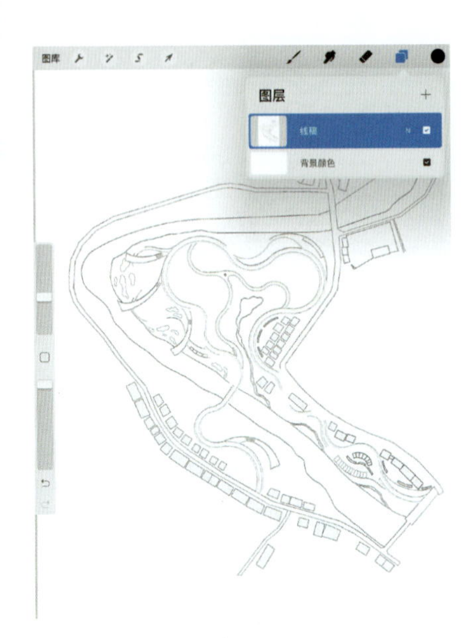


图 5-15

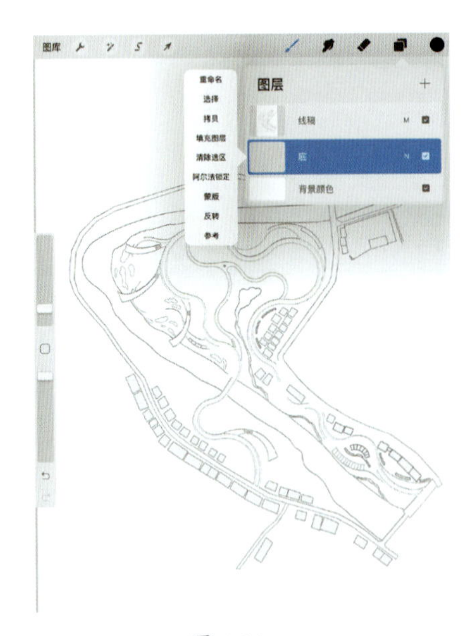


图 5-16

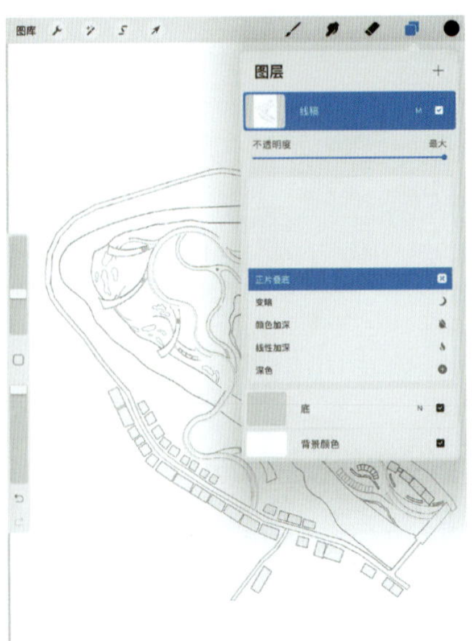


图 5-17

04 在“画笔库”界面中选择合适的草坪笔刷（这里选择笔者自制的相关笔刷即可），用该笔刷绘制铺满“底”图层，如图 5-18 所示。

05 选择“线稿”图层，点击“选区”工具，打开“选取”界面，点击“自动”选项，再点击“添加”工具，选取平面图线稿红线区域，如图 5-19 所示。

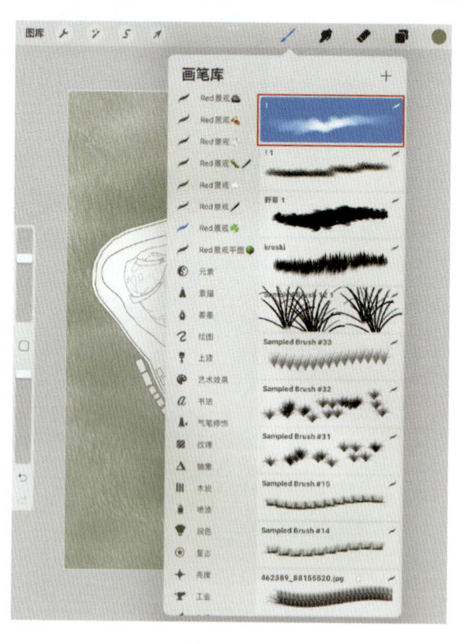

图 5-18

图 5-19

06 再次点击“图层”工具，选择“底”图层，选择“擦除”工具，如图 5-20 所示。或者直接将“底”图层中选取的平面图线稿红线区域拖至画布外，进行删除。

07 操作完成后，得到一个干净完整的平面图周边草坪环境，如图 5-21 所示。

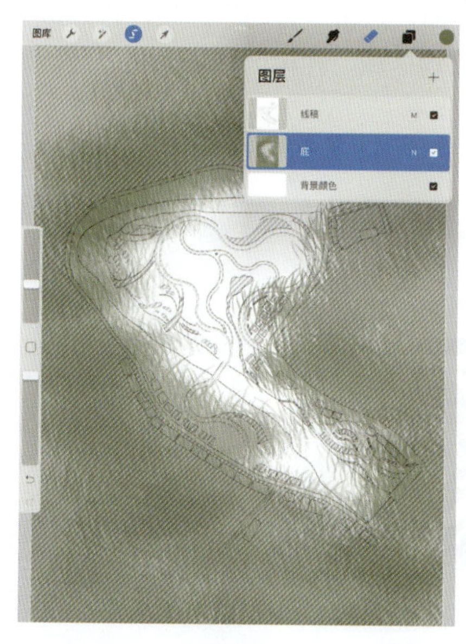


图 5-20

图 5-21

08 可以选择不同的笔刷来创建不同风格的背景底图，渲染周边环境，如图 5-22~图 5-24 所示。

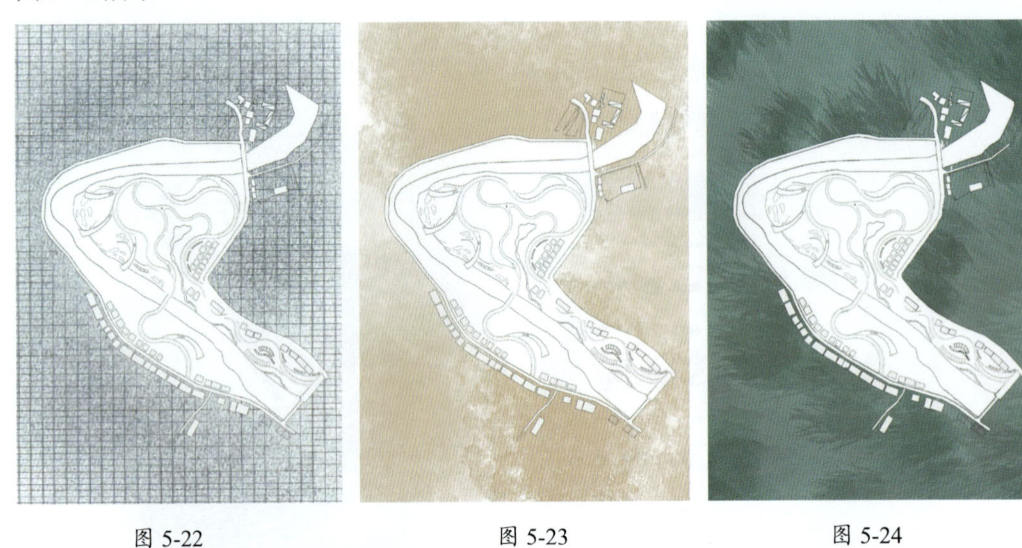

图 5-22　　图 5-23　　图 5-24

## 5.2.2 草坪平面图刻画

渲染场地平面图红线范围的周边环境后，接下来就是平面图的刻画。平面图红线范围内的草坪绘制如下。

【操作步骤】

01 点击“图层”工具，打开“图层”界面，选择“线稿”图层，如图 5-25 所示。

02 点击“选取”工具，打开“选取”界面，点击“自动”选项，再点击“添加”工具，选取平面图红线范围内的草坪区域（植物区域、种树区域）形成选区，如图 5-26 所示。

03 点击“图层”工具，打开图层界面，点击“+”工具，新建图层，如图 5-27 所示。

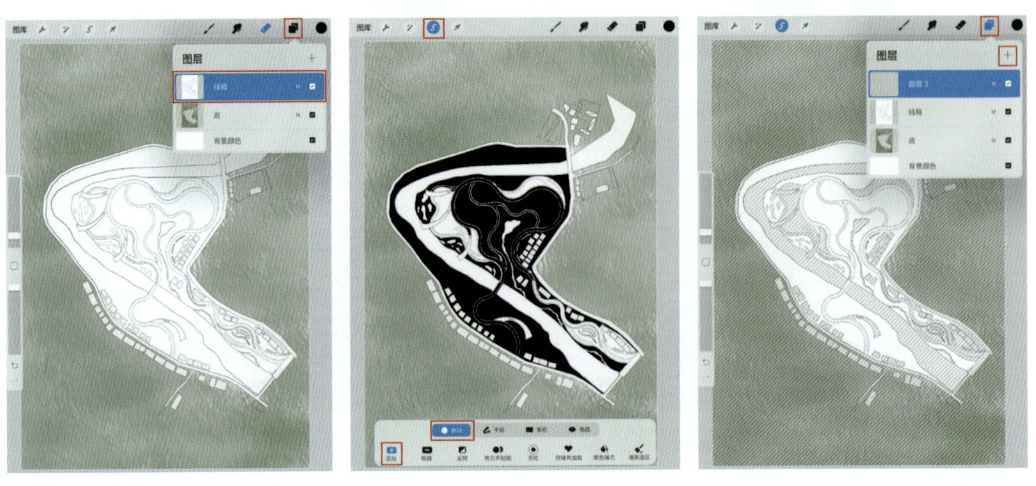

图 5-25　　图 5-26　　图 5-27

04 在新建的图层上，选择合适的草坪颜色，选择合适的草坪笔刷（这里选择笔者自制的相关笔刷），刻画草坪选区，如图 5-28 和图 5-29 所示。

05 可以再次选择更深或者更浅的颜色刻画草坪的细节以增加立体感，如图 5-30 所示。

图 5-28

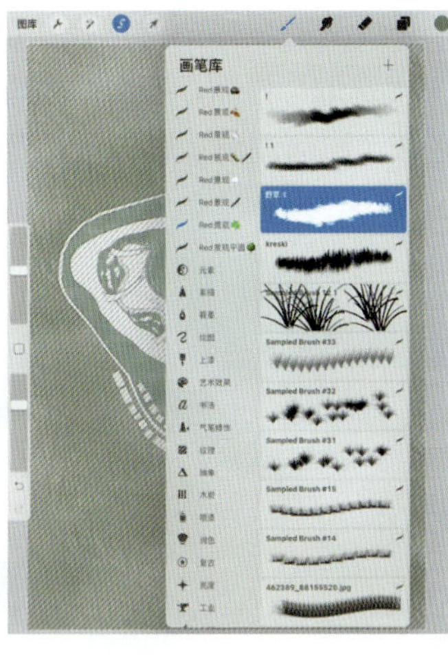

图 5-29

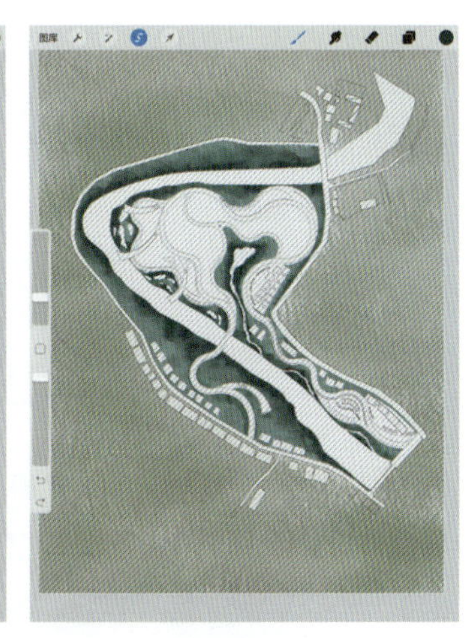

图 5-30

**• 提示 •**

再次选择更深或者更浅的颜色，然后选择与上一步骤相同的草坪笔刷，在图纸边缘或者场地红线边缘加深草坪的质感，完善草坪的细节。

06 至此，草坪刻画完成。也可根据自己的喜好制作多风格的草坪刻画效果，如图 5-31 和图 5-32 所示。

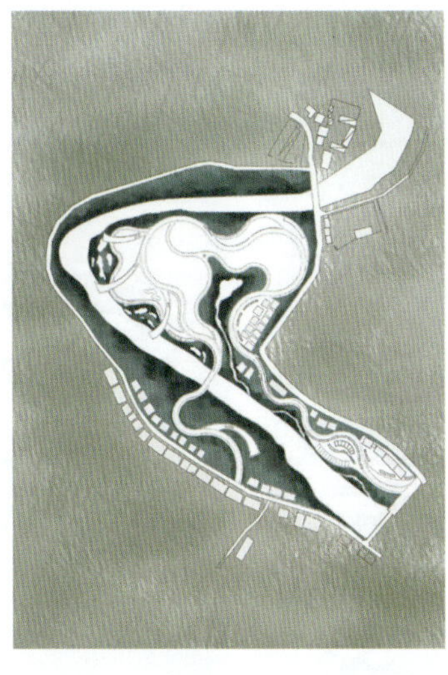

图 5-31

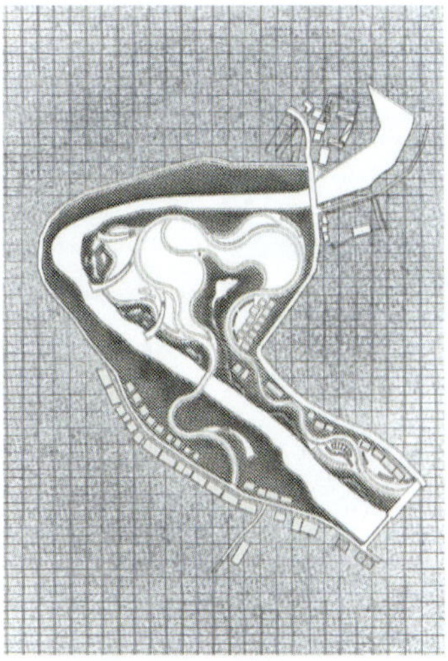

图 5-32

## 5.2.3 画笔表达水体

在景观设计平面图的绘制中，大色块的渲染除了草坪的表达，还有水体的表达。

【操作步骤】

01 点击“图层”工具，打开“图层”界面，选择“线稿”图层，如图 5-33 所示。

02 点击“选取”工具，打开“选取”界面，点击“自动”选项，再点击“添加”工具，选取平面图红线范围内的水体区域（江河湖海、喷泉溪流等）形成选区，如图 5-34 所示。

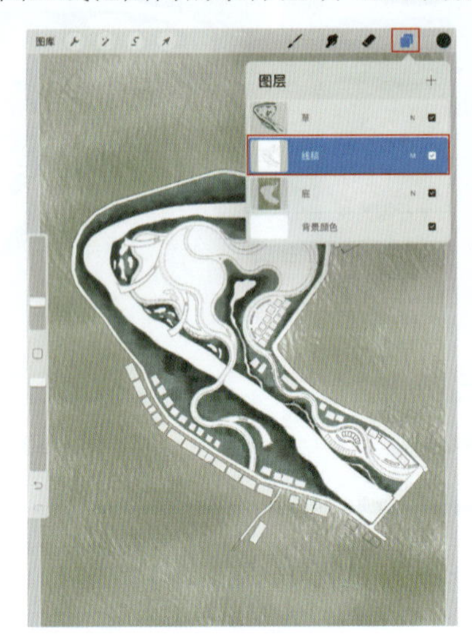

图 5-33

图 5-34

03 点击“图层”工具，打开“图层”界面，点击“+”工具，新建图层，如图 5-35 所示。

04 在新建的图层上，点击“颜色”工具，选择合适的水体颜色。点击“绘图”工具，在“画笔库”界面选择合适的水体笔刷，刻画水体选区，如图 5-36 所示。

05 可以再次选择更深或者更浅的颜色，刻画草坪的细节以增加立体感，画笔表达水体完成，如图 5-37 所示。

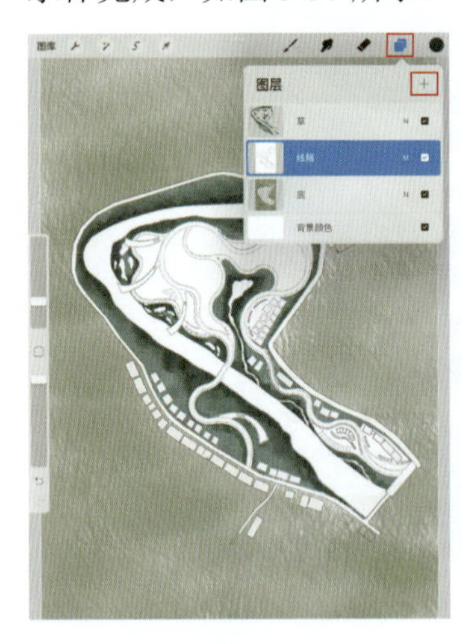

图 5-35

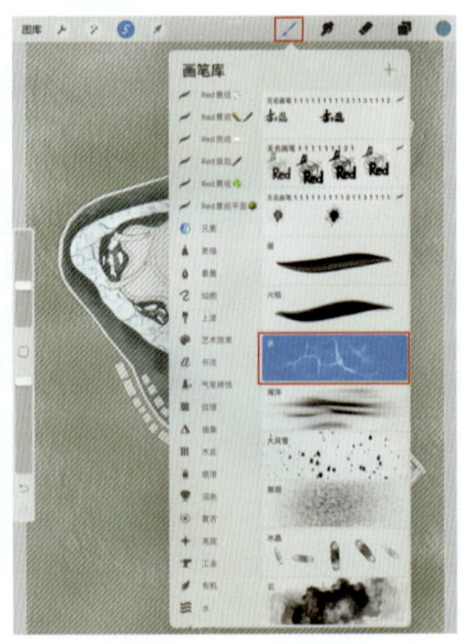

图 5-36

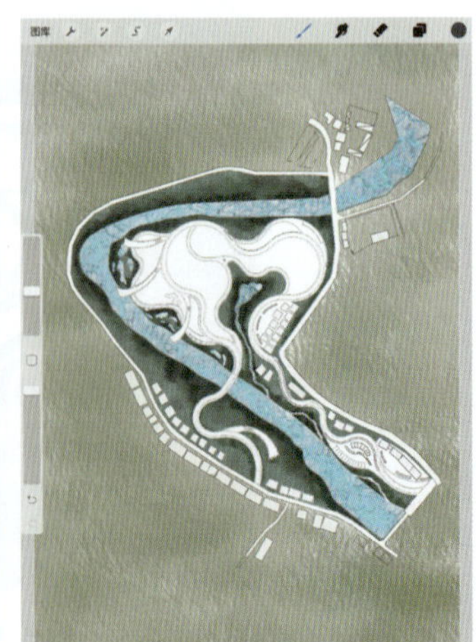

图 5-37

## 5.2.4 杂色表达水体

【操作步骤】

01 点击“图层”工具，打开“图层”界面，选择“线稿”图层，如图 5-38 所示。

02 点击“选取”工具，打开“选取”界面，点击“自动”选项，再点击“添加”工具，选取平面图红线范围内的水体区域（江河湖海、喷泉溪流等）形成选区，如图 5-39 所示。

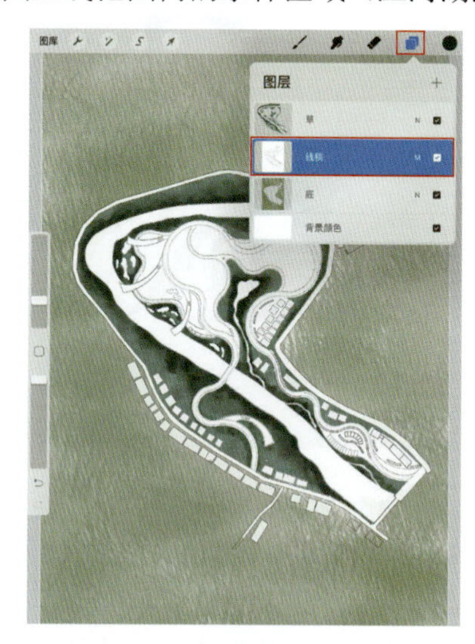


图 5-38

图 5-39

03 点击“图层”工具，打开“图层”界面，点击“+”工具，新建图层，如图 5-40 所示。

04 在新建的图层上，点击“颜色”工具，选择合适的水体颜色。点击“绘图”工具，选择合适的填充笔刷，为水体选区上色，如图 5-41 所示。

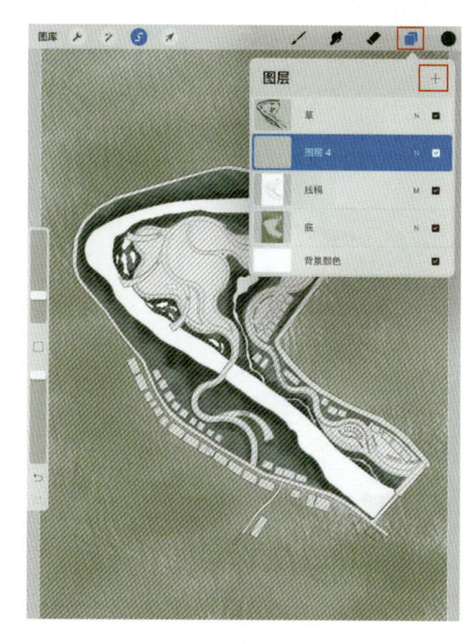


图 5-40

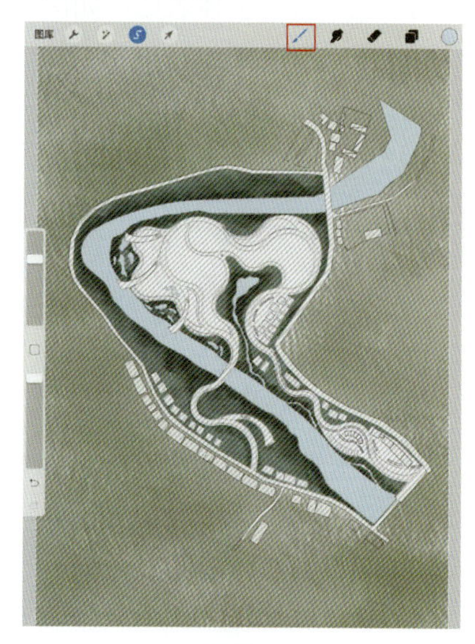

图 5-41

05 点击“调整”工具，打开“调整”界面，点击“杂色”选项，如图 5-42 所示，应用于“图层”，如图 5-43 所示。

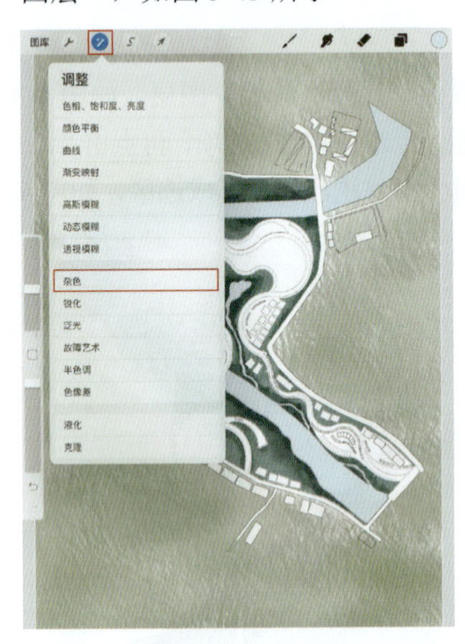


图 5-42

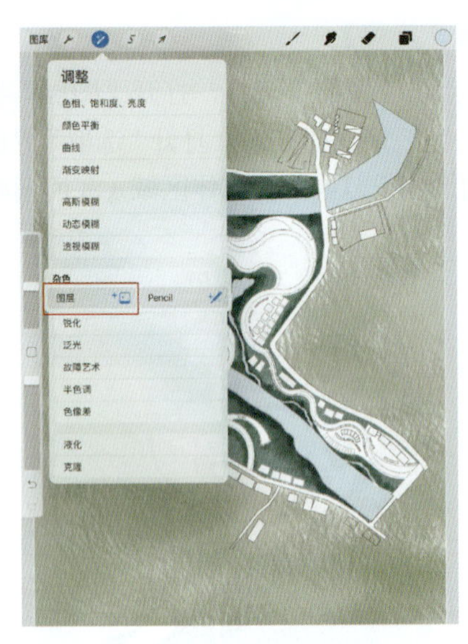


图 5-43

06 选择“云”“巨浪”“背脊”等不同效果的功能键，设置合适的“比例”“倍频”“湍流”值（此处设置“巨浪”的“比例”为 62%、“倍频”为 57%、“湍流”为 70%），在画布上左右拖动，调节“杂色”应用的比值（此处“杂色”应用的比值为 30.6%）。

由于每个场地的情况不同，调节时的比值大小也会有所不同，以便调节出符合美感和舒适的视觉效果。选择合适的比值是基础，而比值大小的调节需要通过实践操作来掌握，如图 5-44 所示。

07 得到杂色风格的水体表达，如图 5-45 所示。

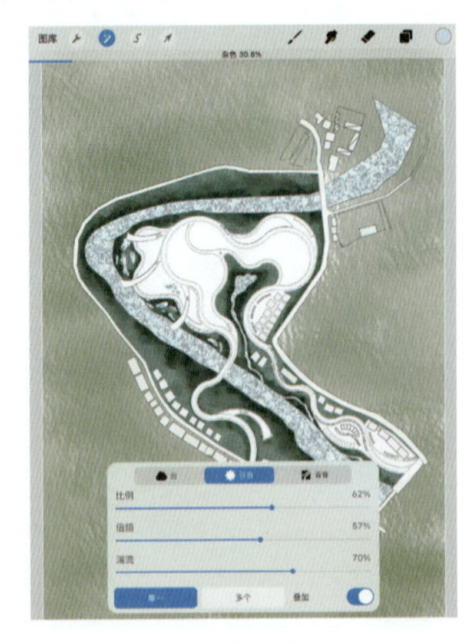


图 5-44

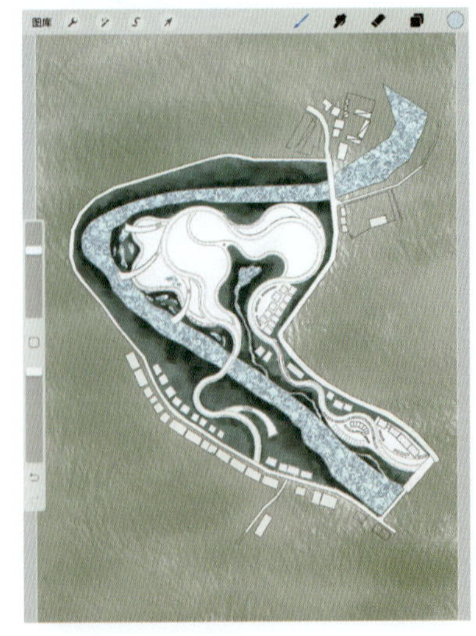


图 5-45

## 5.2.5 液化表达水体

【操作步骤】

01 点击“图层”工具，打开“图层”界面，选择“线稿”图层，如图 5-46 所示。

02 点击“选取”工具，打开“选取”界面，点击“自动”选项，再点击“添加”工具，选取平面图红线范围内的水体区域（江河湖海、喷泉溪流等）形成选区，如图 5-47 所示。

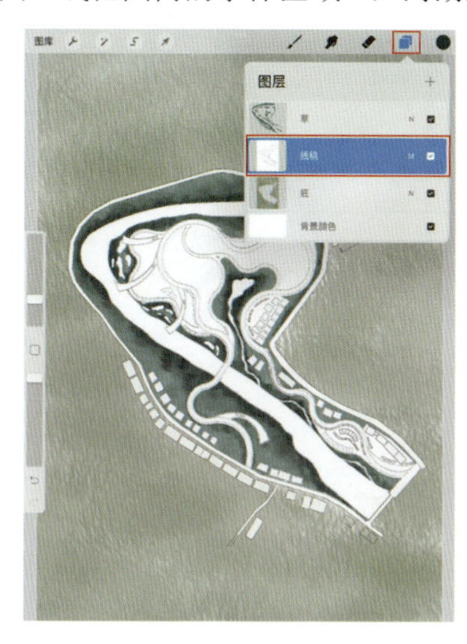


图 5-46

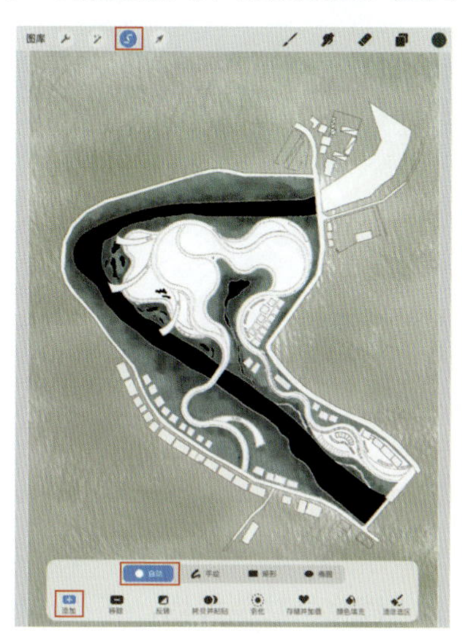

图 5-47

03 点击“图层”工具，打开“图层”界面，点击“+”工具，新建图层，如图 5-48 所示。

04 在新建的图层上，点击“颜色”工具，选择合适的水体颜色。点击“绘图”工具，选择合适的填充笔刷，为水体选区上色，如图 5-49 所示。

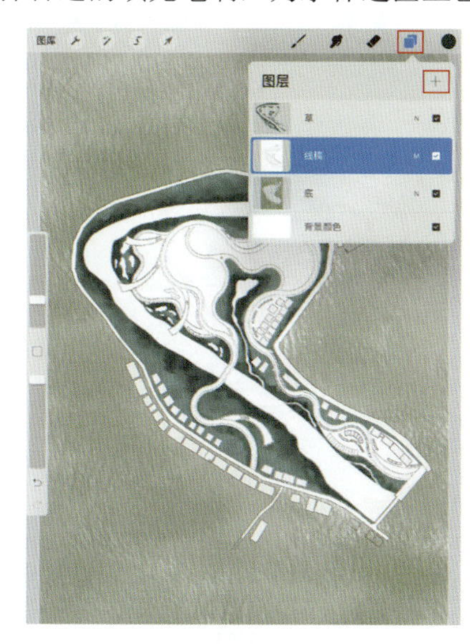


图 5-48

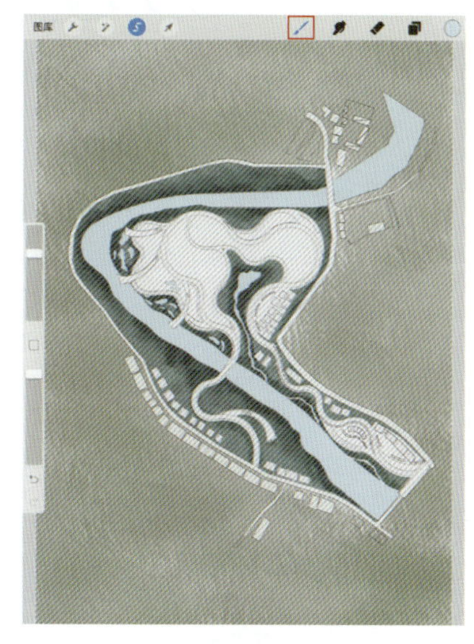

图 5-49

05 用“画笔库”中的笔刷，在水体图层上随意画上深色和浅色的纹路，如图 5-50 所示。

06 点击“调整”工具，打开“调整”界面，再点击“液化”选项，如图 5-51 所示。

图 5-50

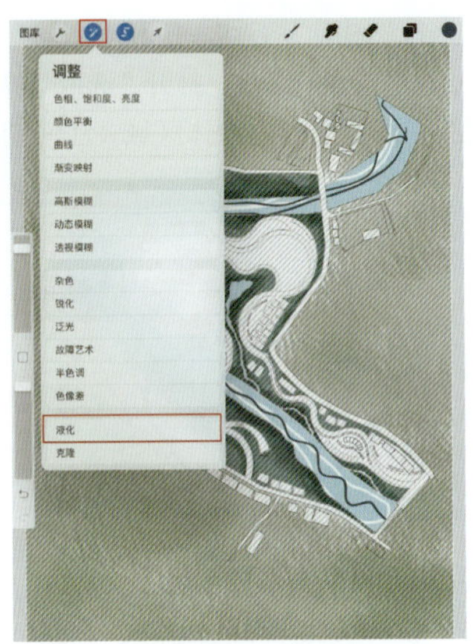


图 5-51

07 进入“液化”功能界面，在“液化模式”中点击“逆时针旋转”或者“顺时针旋转”选项，如图 5-52 所示。

08 设置合适的“尺寸”“压力”“失真”“动力”值（此处设置“尺寸”为 45%、“压力”为 72%、“失真”为 73%、“动力”为 89%），使用 Apple Pencil 在水体区域涂抹，会生成旋转效果的水纹，如图 5-53 所示。

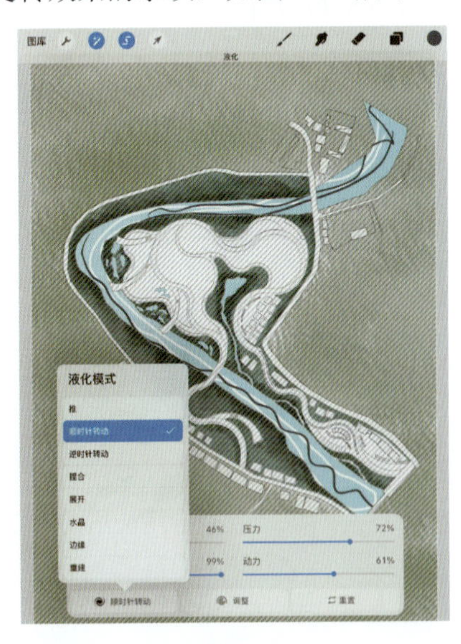


图 5-52

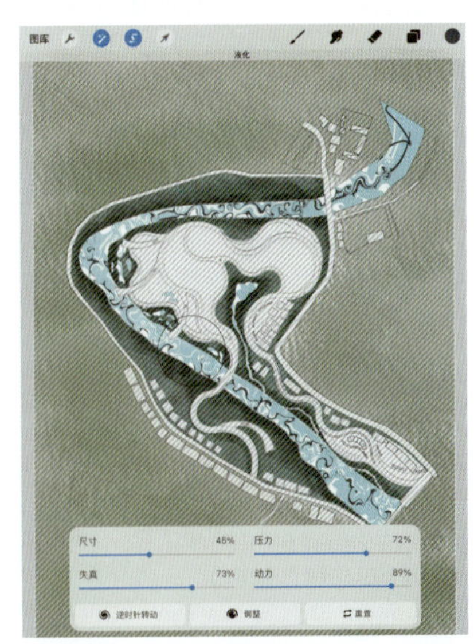


图 5-53

**09** 可以选择使用“顺时针旋转”和“逆时针旋转”液化模式，打造出更加丰富的水纹效果，如图 5-54 所示。

**10** 得到液化效果的水体表达，如图 5-55 所示。

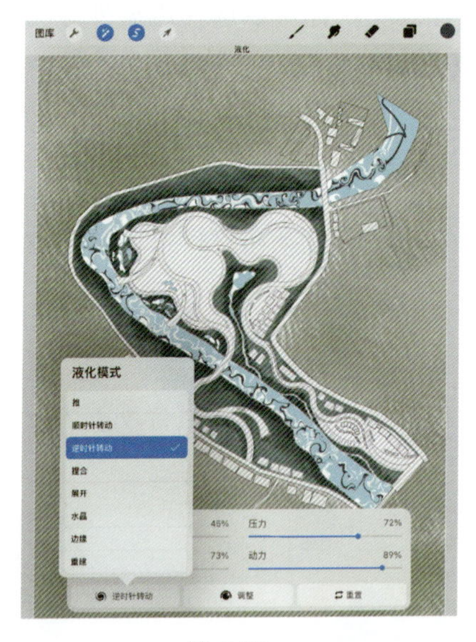


图 5-54

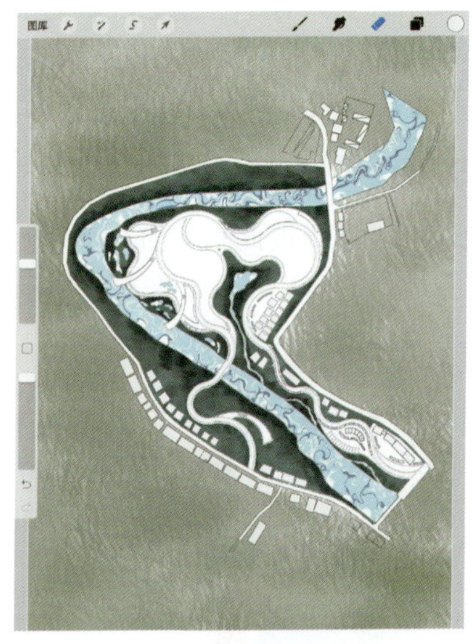


图 5-55

也可以设置不同风格的水体表达，效果如图 5-56、图 5-57 所示。

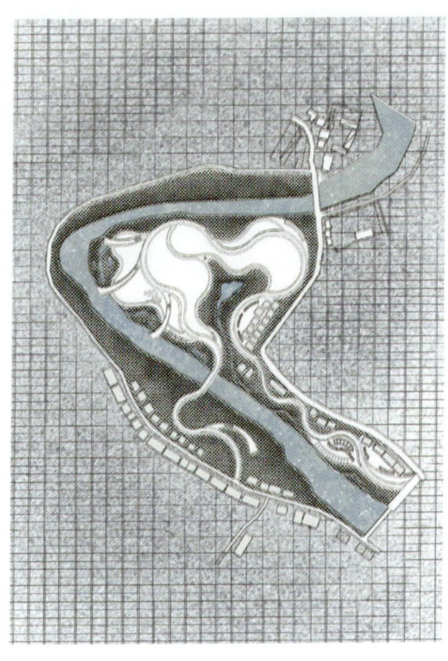

图 5-56

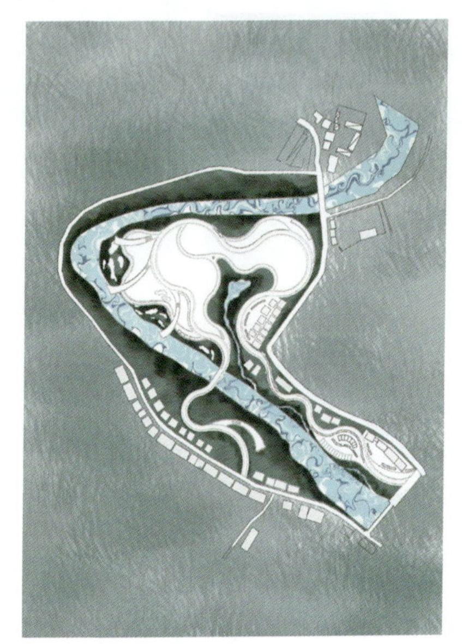

图 5-57

## 5.2.6 景观平面图配色技巧

在大色块表达时，如草坪和水体的颜色的选取，常常要搭配颜色，使画面更加统一协调，从而带来良好的视觉体验。接下来介绍“颜色”工具以及色盘上的配色技巧。

### 1. 单色配色

单色并不代表只有一种颜色，而是指一种色相。你可以选择色盘外层圆环中的任意一种色相，然后在内层圆盘上调整颜色的明度、饱和度，以形成配色方案，如图 5-58 所示。这种方法一般不易出错且稳定统一。

### 2. 临近色配色

在色相环上选择彼此相邻的几个颜色来组成配色方案，这样可以整体看起来和谐统一，不会显得杂乱无章，如图 5-59 所示。

### 3. 三元配色

在色相环上选择等距 120 度的颜色进行搭配，这样的色相组合反差大，视觉冲击力强，可达到意想不到的效果，如图 5-60 所示。

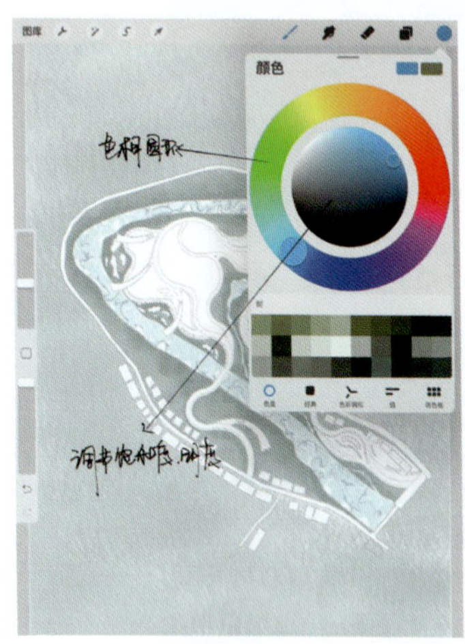

图 5-58

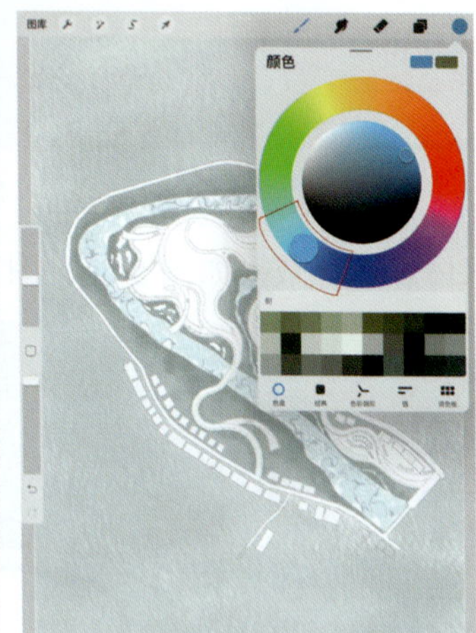

图 5-59

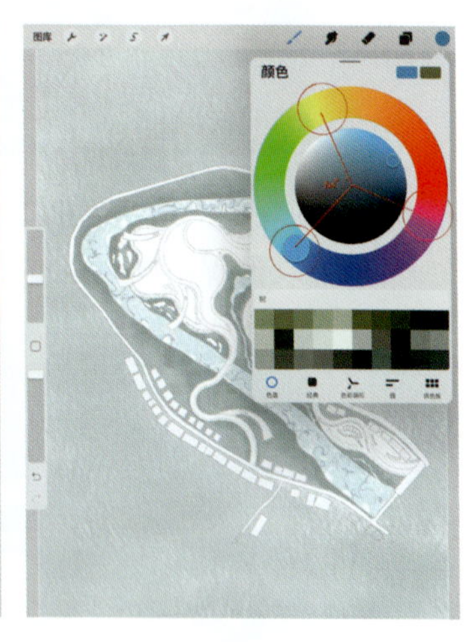

图 5-60

### 4. 互补色配色

色相环上相对的两种颜色称为互补色。使用互补色配色，视觉效果强烈，对比明显。通过调节饱和度和明度，可以增加色彩的层次感，如图 5-61 所示。

### 5. 分裂互补色配色

在色相环上选择一种颜色，找到其互补色两侧的邻近色。这种配色有很强的冲击力，色彩对比明显，如图 5-62 所示。

### 6. 四色配色

在色相环上选择两组互补色，将这些点连接成线，形成一个矩形，从而构成一个配色方案。这种配色方案冷暖对比明显，画面感丰富，如图 5-63 所示。

图 5-61

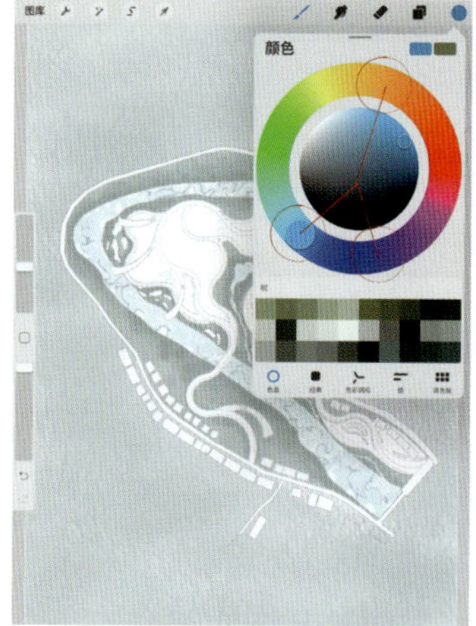


图 5-62

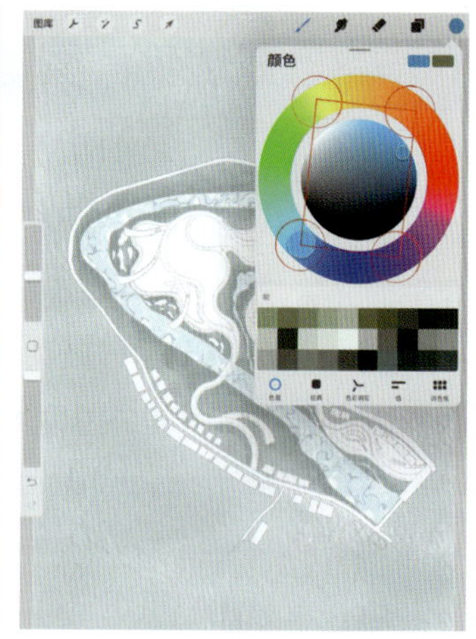


图 5-63

## • 提示 •

点击“颜色”工具，打开“调色板”界面，点击“+”工具，导入 iPad 文件中储存的色卡，如图 5-64 所示。也可以从已经成图的、配色很美的照片和文件中自动提取颜色，形成调色板组，在搭配颜色时，就可以从调色板组中挑选颜色。

图 5-64

运用以上方法，首先将平面图的大色块填充完整，这样可以增加平面图的完整度。接着，举一反三，补充其他小色块的空白区域，例如湿地、座椅、廊架等空白色块，最终得到色块完整的平面图。

色块补充完整后，可形成不同风格的色块平面图，如图 5-65 和图 5-66 所示。

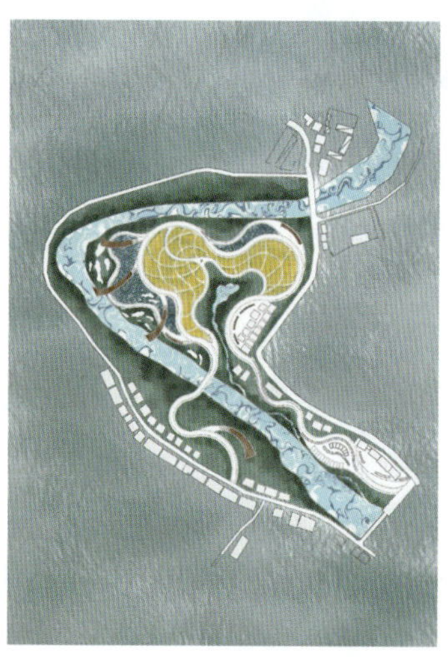

图 5-65

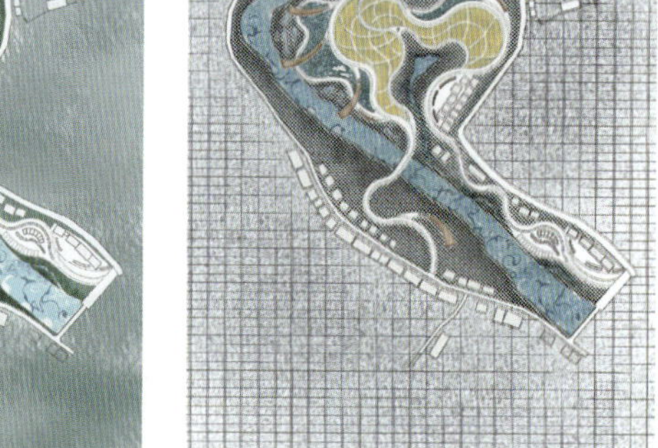

图 5-66

## 5.3 景观平面图笔刷制作方法

“工欲善其事，必先利其器。”在iPad Procreate中制作景观设计图纸时，拥有独特的、顺手的景观笔刷必将事半功倍。随书赠送的笔刷大礼包中包含多种效果的景观笔刷（景观平面元素笔刷、景观立面元素笔刷、景观肌理笔刷、景观铺装笔刷等等）。授人以鱼，不如授人以渔，读者掌握制作笔刷的方法后，就可以自行制作适合自己的、各式各样的笔刷，不仅使用起来具有满满的成就感，而且还可以让自己的图纸更加丰富细致。

### 5.3.1 制作平面树笔刷

植物是设计中组织空间、优化节点、丰富景观、营造小气候等的重要元素。优秀的景观设计者通常会利用植物来提升设计的质量，特别是在植物配置上，他们会着重设计以营造场地氛围，形成独特的景观节点。此外，他们还可能根据场地区域的植物种植来命名该场地空间。

综上所述，植物配置是风景园林景观设计必不可少的必修课，所以平面树则成为景观设计平面图绘制中十分重要的景观元素，通常占据设计总平面图的大半部分空间。平面树的绘制通常决定了总平面图的色彩基调和样式风格。

iPad Procreate中的笔刷功能十分强大，使用各种各样的笔刷可以轻松绘制出我们想象中的画面。选择和利用好笔刷工具，可以让画面处理更加方便快捷，达到事半功倍的效果。下面以景观平面树笔刷的制作为例，演示在Procreate中制作笔刷的操作过程。

【操作步骤】

01 打开Procreate的图库开始界面，如图5-67所示。

02 点击“+”工具，打开“新建画布”界面，点击“正方形”选项，如图5-68所示。

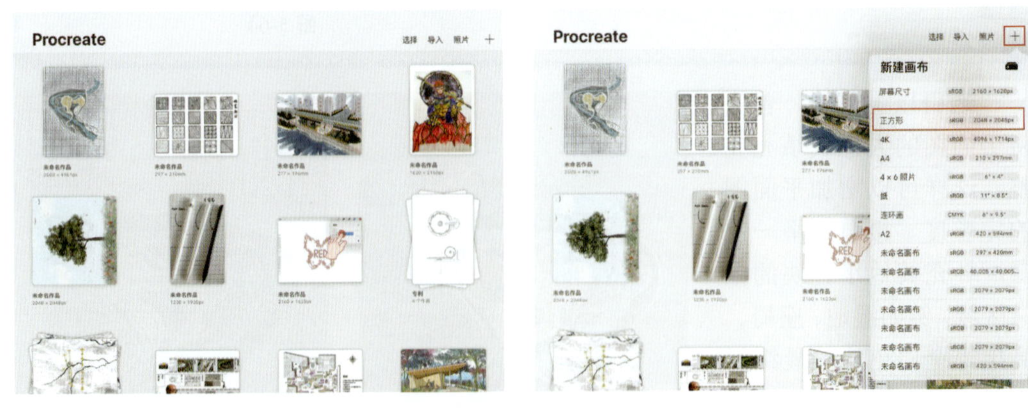


图5-67　　图5-68

03 新建一个正方形画布，如图5-69所示。在画布上绘制出想要的平面树形状（也可以在照片文件中添加一张素材资源作为笔刷形状），如图5-70所示。

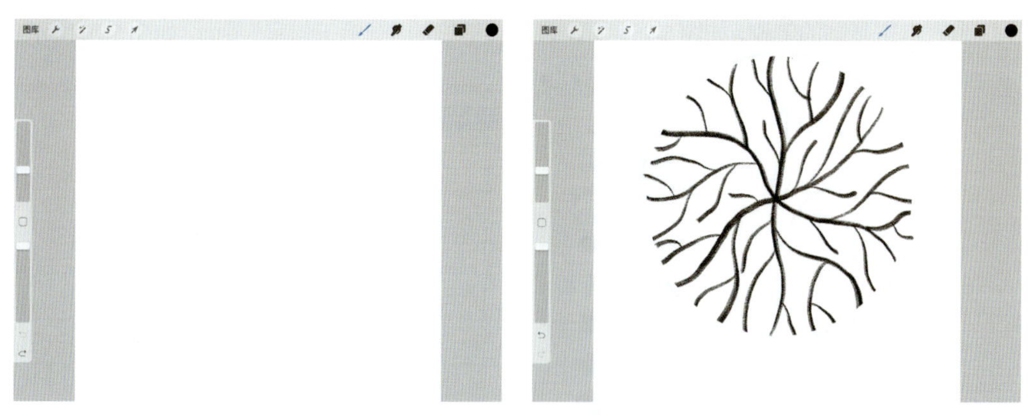


图 5-69　　图 5-70

04 绘制好平面树形状，执行三指下滑手势操作，打开“拷贝并粘贴”界面，如图 5-71 所示。

05 在“拷贝并粘贴”界面中，点击“全部拷贝”工具，如图 5-72 所示。

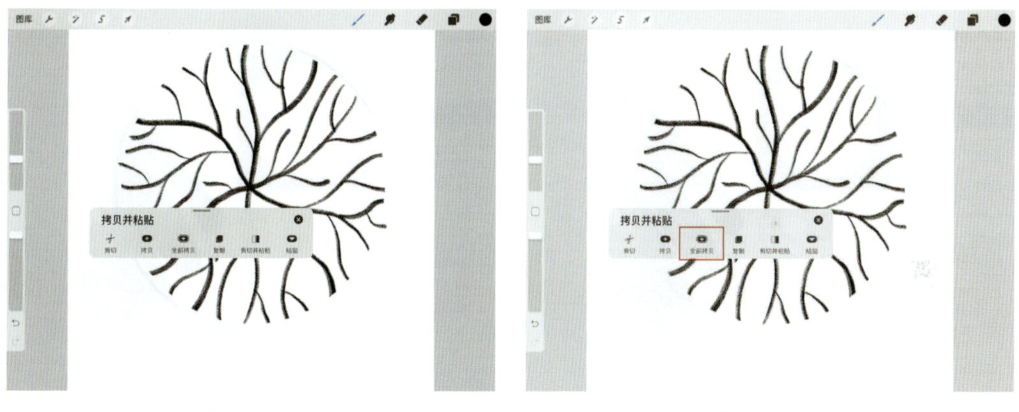


图 5-71　　图 5-72

06 点击“绘图”工具，打开“画笔库”界面，选择一个合适的笔刷，如图 5-73 所示，向左滑动笔刷并点击“复制”选项，如图 5-74 所示。

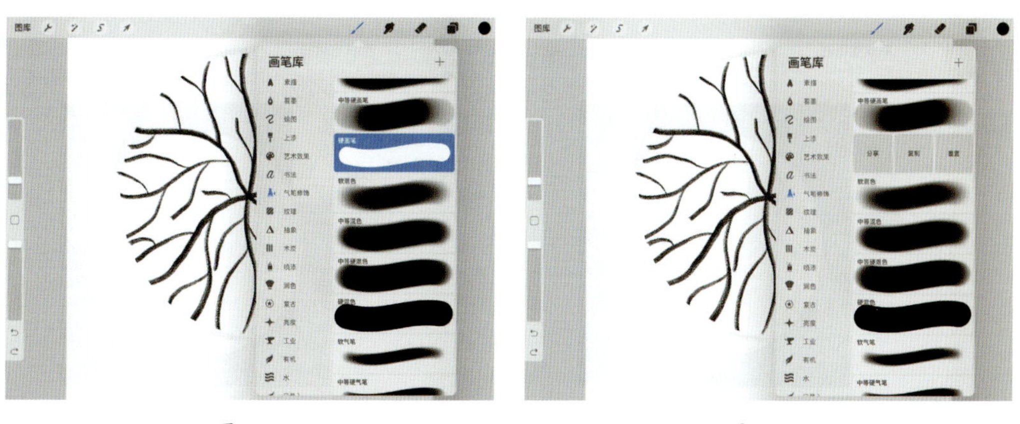


图 5-73　　图 5-74

07 点击复制的笔刷，如图5-75所示，进入该笔刷的“画笔工作室”界面，如图5-76所示。

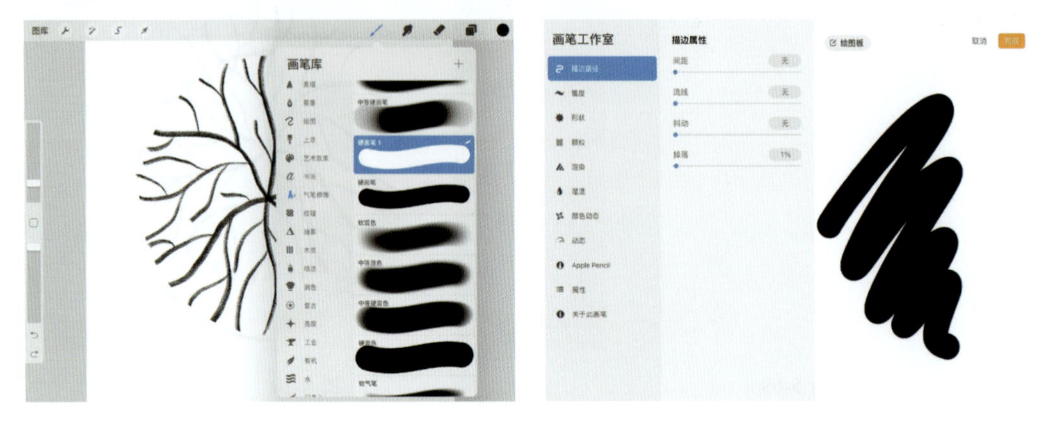


图 5-75　　图 5-76

08 在“画笔工作室”界面，点击“形状”选项，如图5-77所示。

09 打开“形状”功能界面，点击“形状来源”选项，点击“编辑”按钮，如图5-78所示。

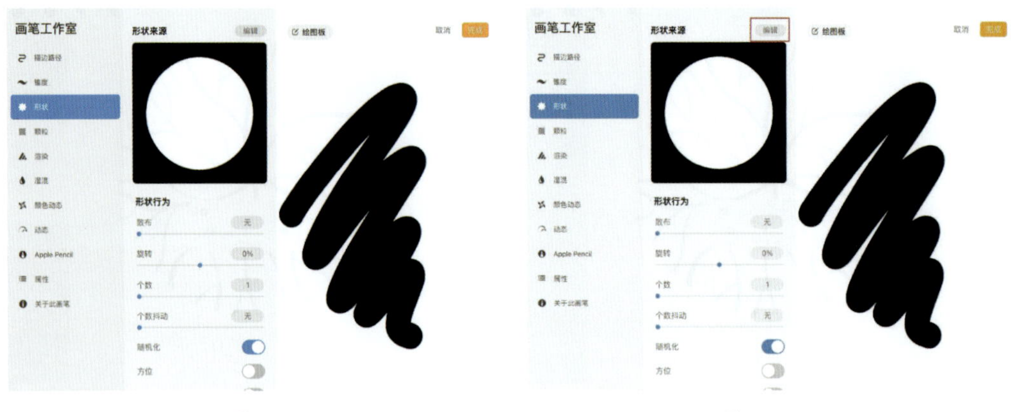


图 5-77　　图 5-78

10 进入“形状编辑器”界面，点击“导入”选项，如图5-79所示。

11 点击“粘贴”选项，将步骤05中复制的平面树粘贴到此，如图5-80所示。

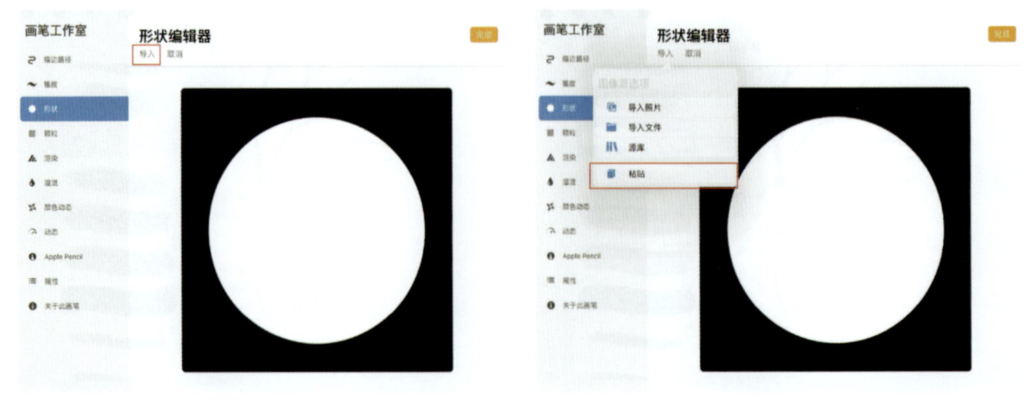


图 5-79　　图 5-80

12 如果显示的是白底的参考展示，如图 5-81 所示，双指点击参考展示，切换成黑底。

13 点击“完成”按钮，返回到“画笔工作室”界面，如图 5-82 和图 5-83 所示。

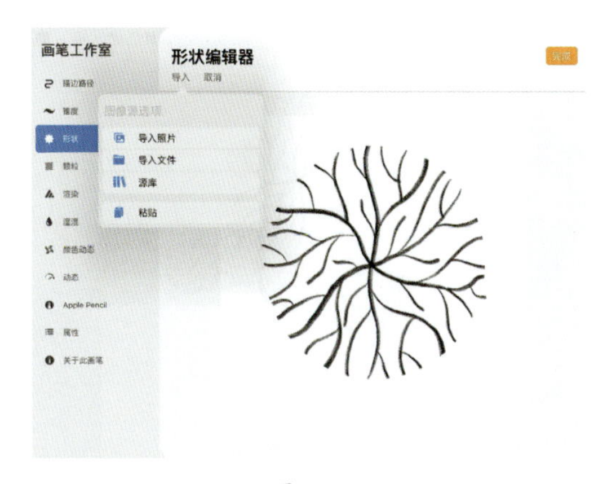


图 5-81

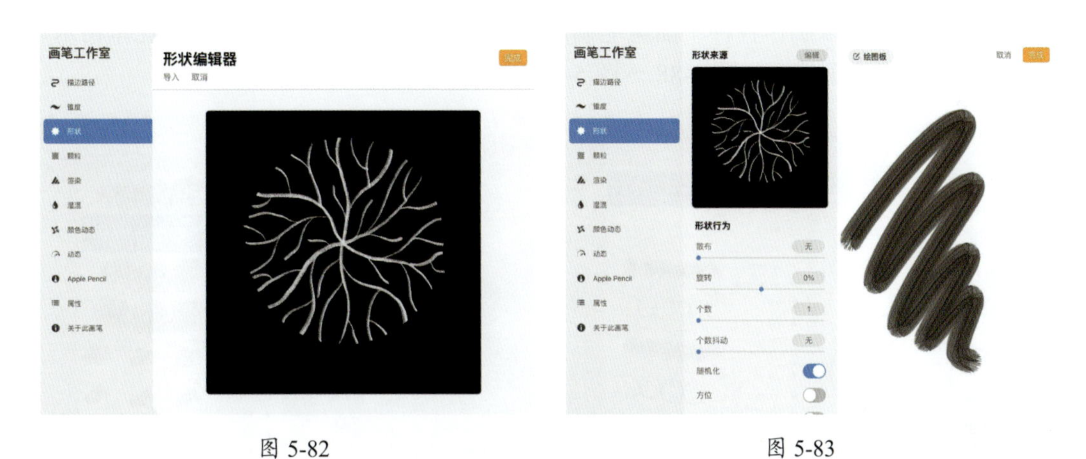


图 5-82

图 5-83

14 点击“描边路径”选项，进入“描边路径”界面，选择“描边属性”选项，滑动“间距”滑动条，调整合适的笔刷间距，如图 5-84 所示。

15 接下来自行尝试“画笔工作室”界面中的其他功能，最后点击“完成”按钮，形成一个平面树笔刷，如图 5-85~ 图 5-87 所示。

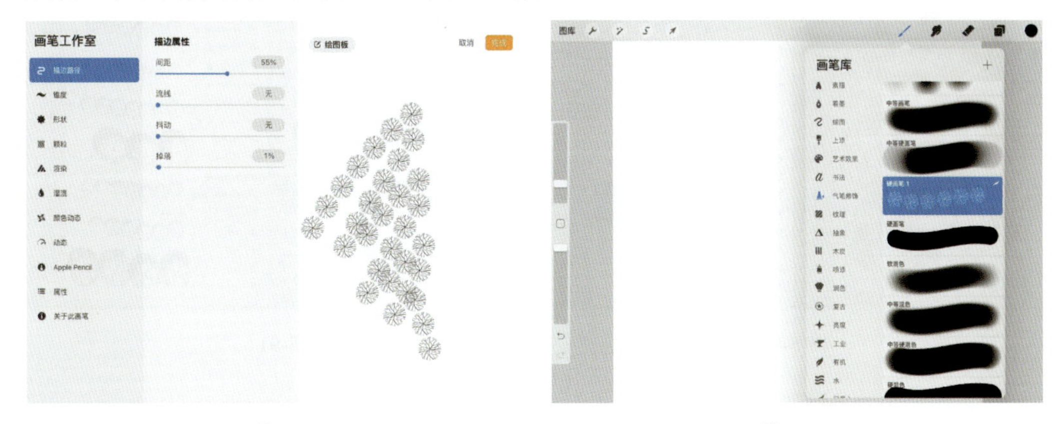


图 5-84

图 5-85

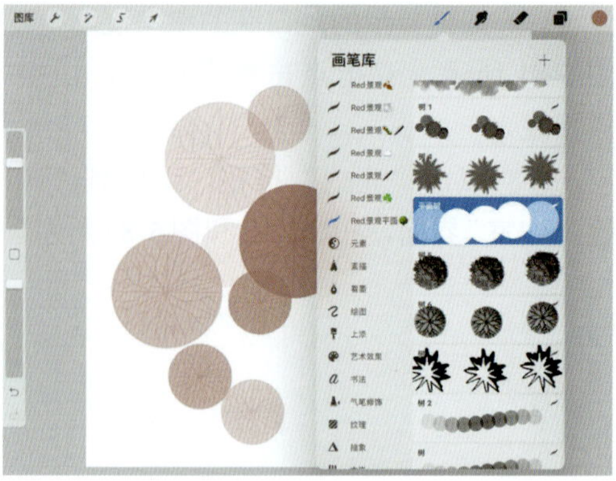

图 5-86

图 5-87

用这种方法可以制作各种平面树笔刷，也可以制作其他类型的笔刷，例如花草树木、景观设施、白云大雁等，如图 5-88 ～图 5-91 所示。

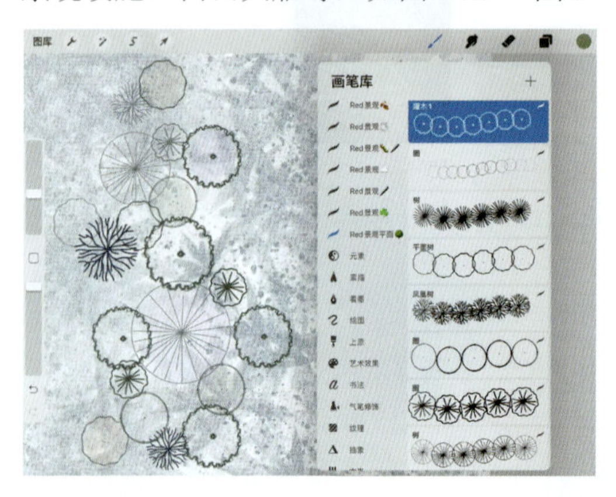


图 5-88

图 5-89

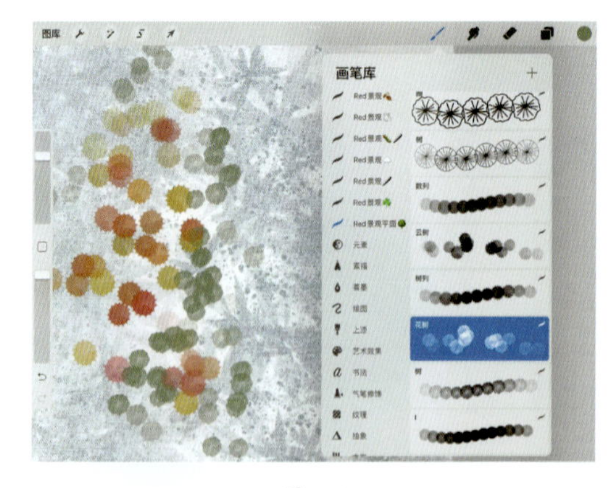


图 5-90

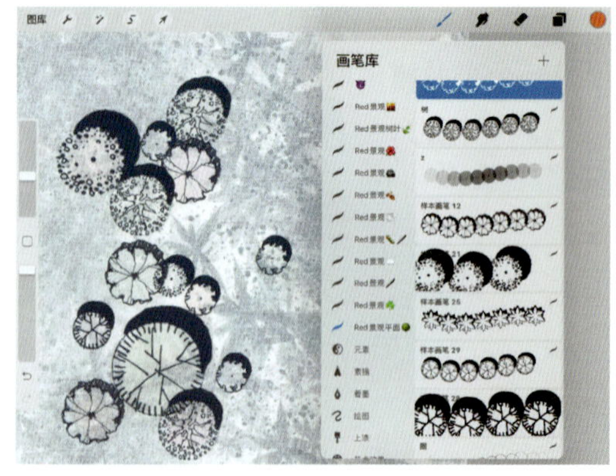


图 5-91

## 5.3.2 原有笔刷改造

【操作步骤】

01 点击“绘图”工具，打开“画笔库”界面，选择一个合适的笔刷（此处选择“书法”中的“单线”），如图 5-92 所示。

02 为了不破坏原有的笔刷，向左滑动笔刷并点击“复制”选项，得到一个复制的笔刷，如图 5-93 所示。

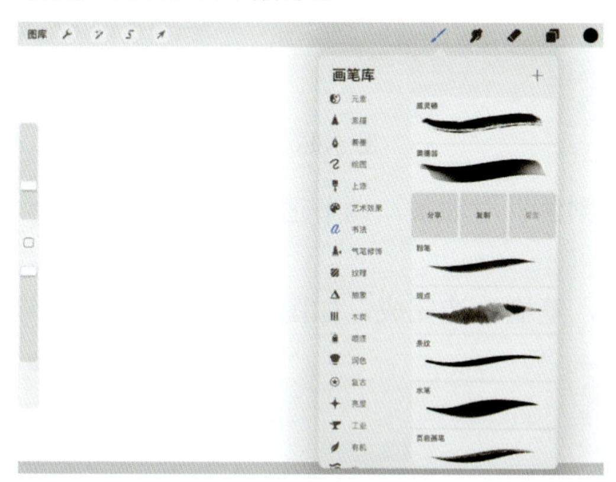

图 5-92

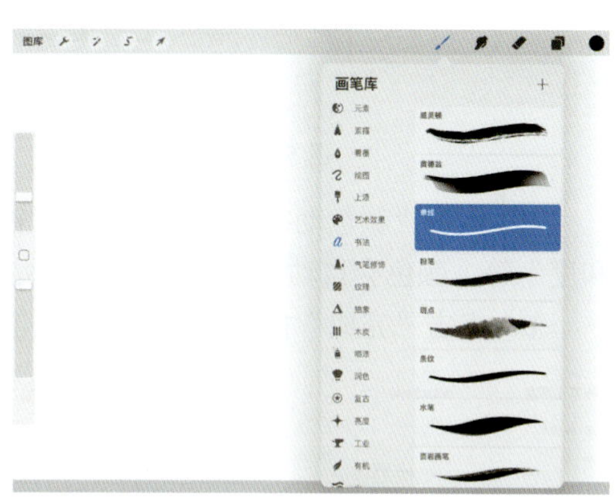

图 5-93

03 点击复制的笔刷，进入“画笔工作室”界面，如图 5-94 所示。

> **• 提示 •**
>
> 在这个界面可以改变该笔刷的属性，使其满足自己的使用需求。

图 5-94

## 5.3.3 单线笔刷改造成草坪点笔刷

下面以“书法”中“单线”笔刷的改造为例，介绍单线笔刷改造成草坪点笔刷的操作步骤。

【操作步骤】

01 进入“画笔工作室”界面，点击“描边路径”选项，根据点成线的理论，增大“间距”，即可得到等距点的笔刷，如图 5-95 所示。

02 拖动“抖动”滑动条，这些点就可以四处抖动，经过多次调节，可以得到合适的抖动大小，如图 5-96 所示。

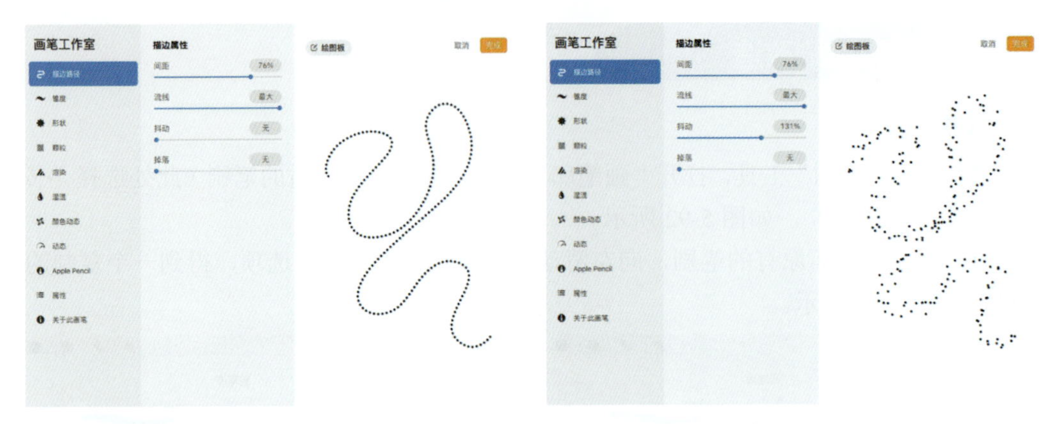


图 5-95　　图 5-96

**03** 点击“颜色动态”选项，拖动“辅助颜色”滑动条，调节适当的“色相”“饱和度”等，颜色会自动变化，如图 5-97 所示。

**04** 点击“完成”按钮，形成草坪点笔刷，笔刷改造完成，如图 5-98 所示。

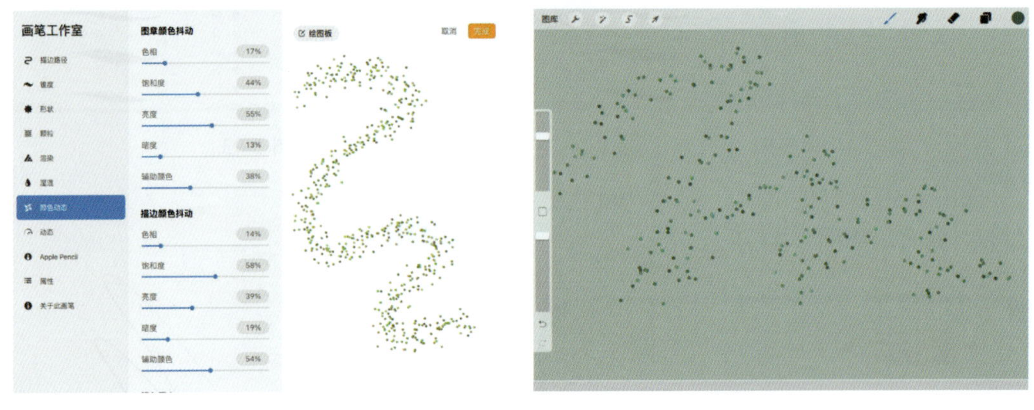


图 5-97　　图 5-98

**• 提示 •**

读者可以自行尝试调整“画笔工作室”界面的各种属性，以改造更多种类的笔刷。

### 5.3.4 制作组合笔刷

组合笔刷会更有艺术效果和更细节化，会使笔刷在原来的形状上增加细致的纹理，形成意想不到的笔刷效果。下面以制作组合格子纹理效果的平面树笔刷为例，演示制作组合笔刷的操作步骤。

**【操作步骤】**

**01** 在“画笔库”界面选择一个合适的自制平面树笔刷，如图 5-99 所示。

**02** 选择 Procreate 自带的“纹理”画笔组中的“网格”笔刷，如图 5-100 所示。

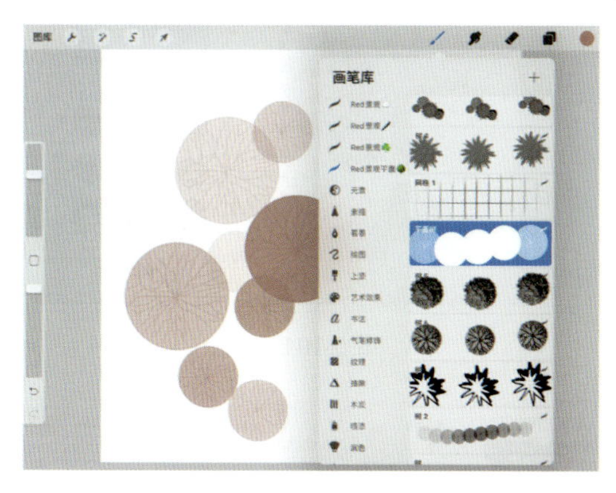


图 5-99

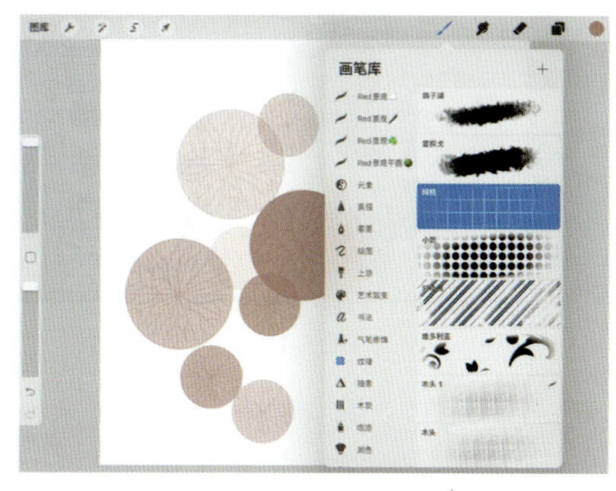


图 5-100

**03** 在“网格”笔刷上向左滑动，点击“复制”选项，如图 5-101 所示。

**04** 将复制的“网格 1”笔刷拖到之前选择的“平面树”笔刷的画笔组中，如图 5-102 所示。

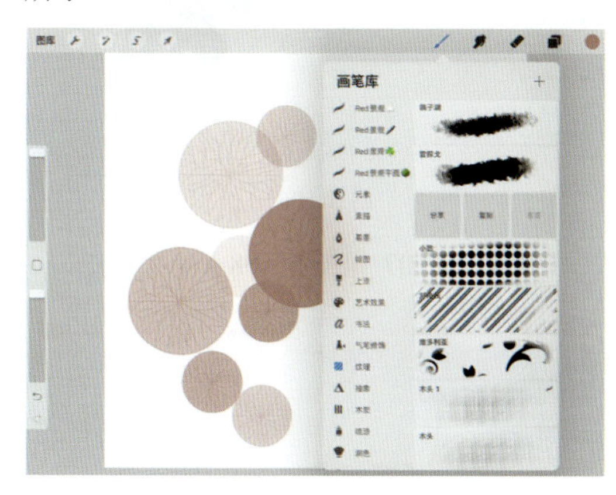


图 5-101

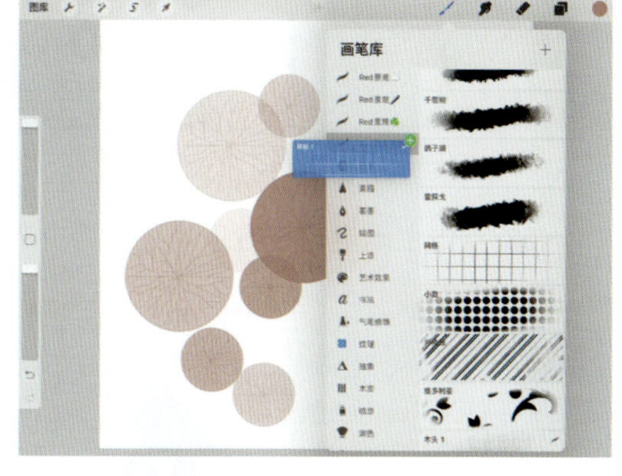


图 5-102

**05** 点击之前选择的“平面树”笔刷，如图 5-103 所示。再次向右滑动并选择“网格 1”笔刷，如图 5-104 所示。

**06** 点击“画笔库”界面右上角的“组合”工具，深蓝色选择是主画笔，浅蓝色选择是辅助画笔，如图 5-105 所示。

**07** 点击组合好的笔刷，进入组合笔刷的“画笔工作室”界面，如图 5-106 所示。

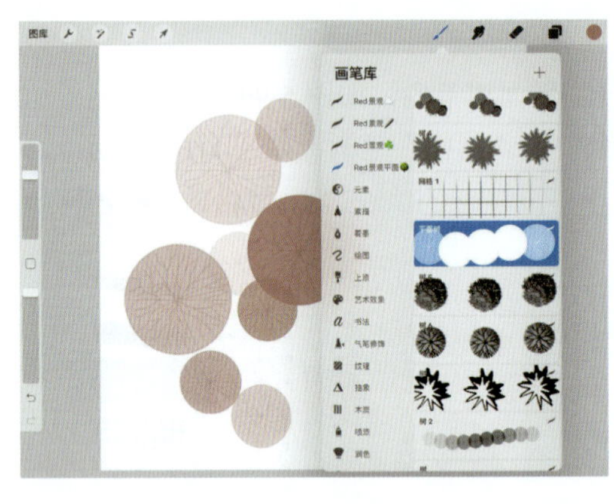


图 5-103

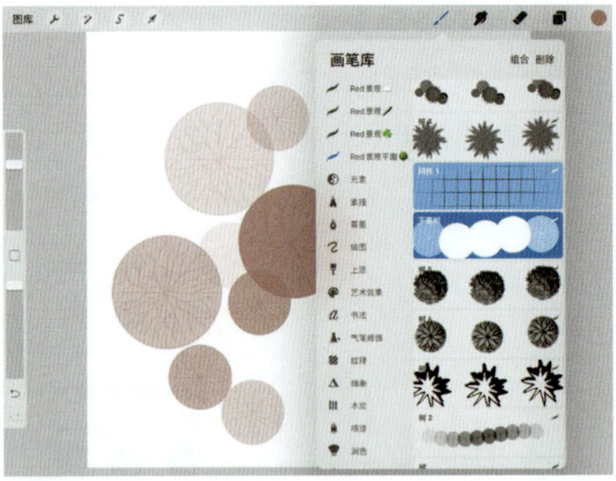

图 5-104

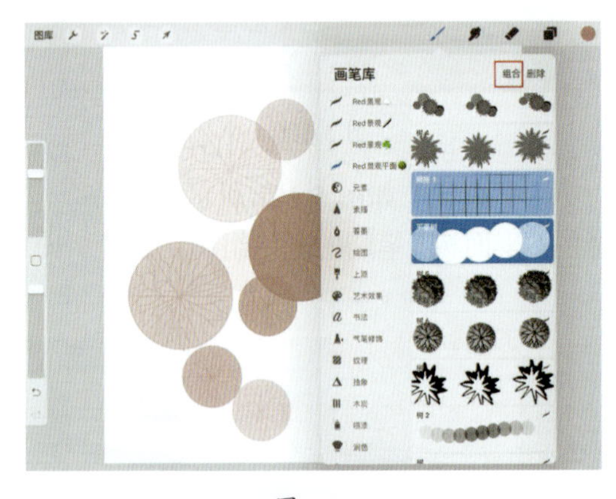


图 5-105

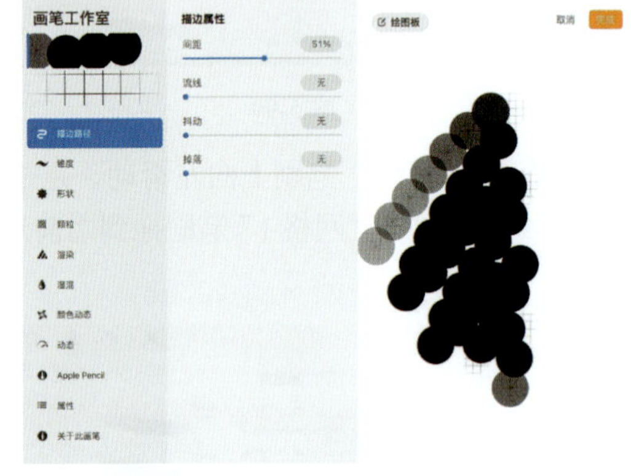


图 5-106

**08** 点击主画笔，设置适当的“合并模式”，如图 5-107 和图 5-108 所示。

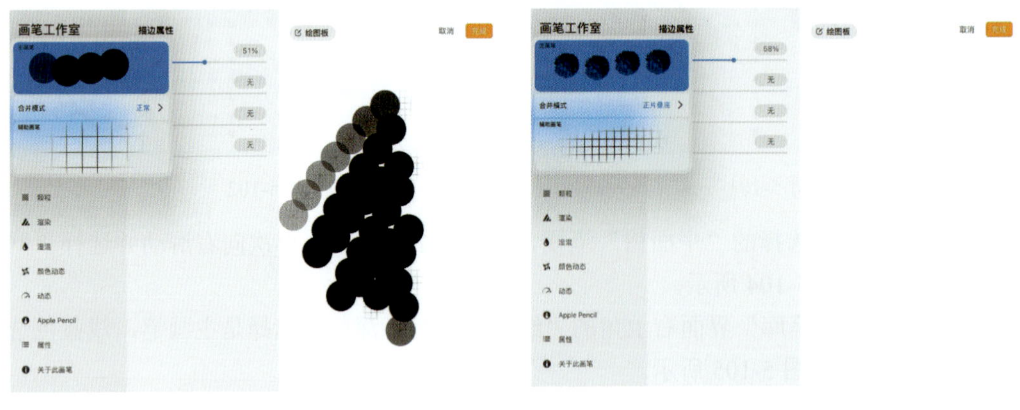


图 5-107　　图 5-108

**09** 可以点击主画笔或者辅助画笔，在“画笔工作室”界面尝试修改其不同的属性（主要可以调节“描边属性”“压力锥度”“形状来源”“颗粒来源”“渲染模式”等属性）。这里我们选择调节主画笔和辅助画笔的“描边属性”，如图 5-109 和图 5-110 所示。

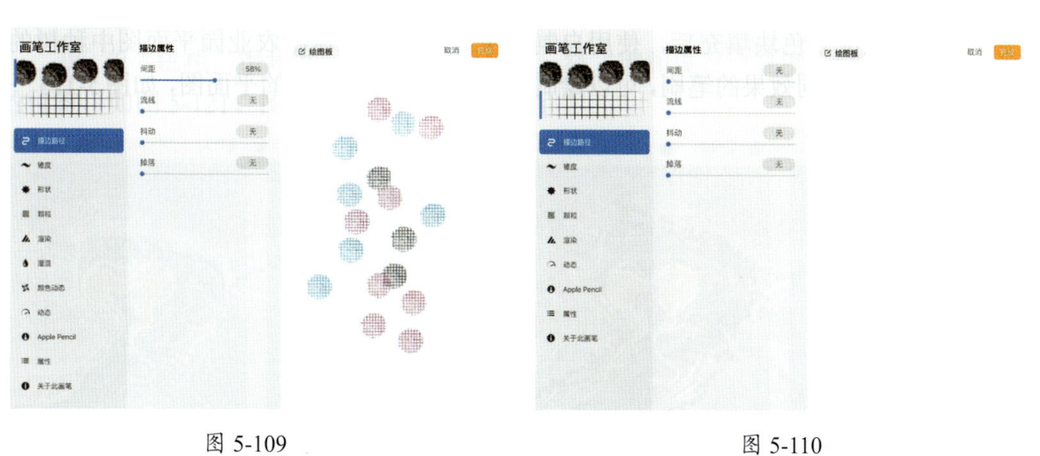

图 5-109　　图 5-110

10 点击“完成”按钮，格子纹理的平面树组合笔刷制作完成，如图 5-111 所示。

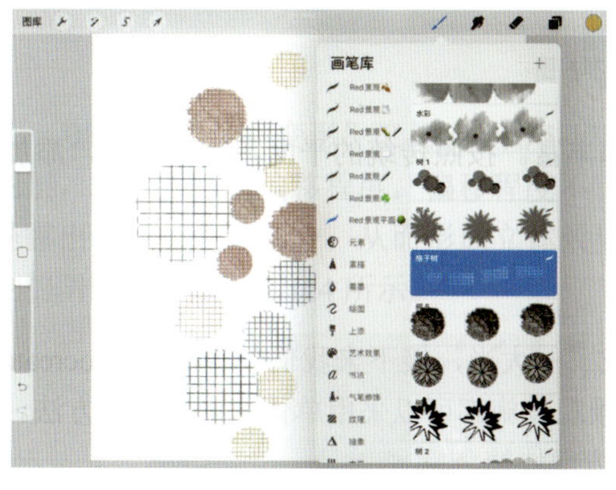

图 5-111

**• 提示 •**

在风景园林景观设计中，我们通常绘制的景观单体元素有植物（包括平面树、立面树、立体效果树）、景石（立体效果景石）、花卉（包括平面花、立体效果花）、人物（立体效果人物）等。如果我们将常用的景观单体元素制作成 Procreate 笔刷，那么在后期使用 Procreate 设计景观图纸时会更加得心应手。

## 5.3.5 种植树木

循序渐进，完成平面图的色块填充后，接下来添加植物使其丰富。可以使用自制的平面树笔刷渲染平面图。

**【景观知识充电】景观设计平面图植物种植的方式有孤植、对植、列植、群植等，运用不同的植物搭配进行植物配置，多种植物种植方式相结合，可以创造更加丰富的植物造景效果。**

点击“图层”工具，打开“图层”界面，点击“+”工具，新建图层，选择合适的平面树笔刷，在新建的图层上种植树木，如图 5-112 所示。

图 5-112

08 在“高斯模糊”功能界面中调整高斯模糊作用的阈值大小，直至植物阴影图层模糊得更加自然，如图 5-126 所示。

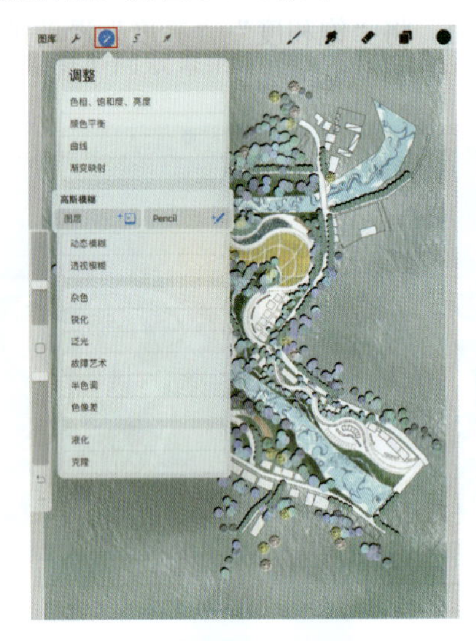

图 5-125

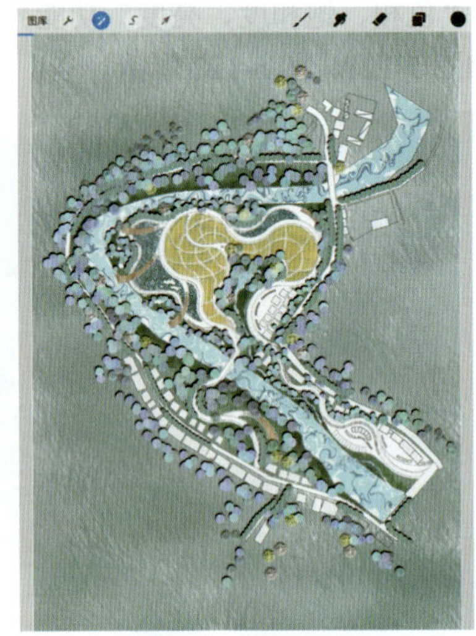

图 5-126

09 点击“图层”工具，点击植物阴影图层的 N 混合模式，如图 5-127 所示。调整植物阴影图层的不透明度，直至植物阴影图层看起来更加自然舒适，如图 5-128 所示。

10 植物阴影添加完成，如图 5-129 所示。

图 5-127

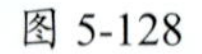

图 5-128

图 5-129

**• 提示 •**

可以按照此方法，继续为其他单独成层的景观设施添加阴影。

## 5.4.2 其他元素

关于其他元素，如未单独成图层的景观设施、房屋、水岸线、多角度的景观设施等，需要重新绘制来添加阴影，使其更具立体感。

【操作步骤】

01 点击“图层”工具，打开“图层”界面，点击“+”工具，新建图层，如图 5-130 所示。

02 将新建图层的模式设置为“正片叠底”，如图 5-131、图 5-132 所示。

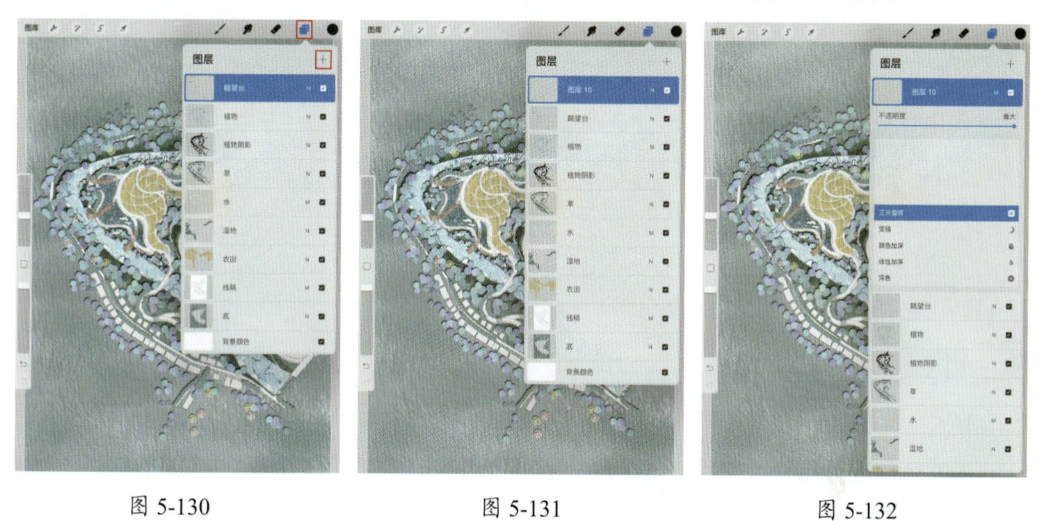


图 5-130　　图 5-131　　图 5-132

03 在“画笔库”界面选择合适的阴影笔刷（这里选择“标记”笔刷），如图 5-133 所示。

04 在新建图层上手动画出其他元素的阴影，如图 5-134、图 5-135 所示。

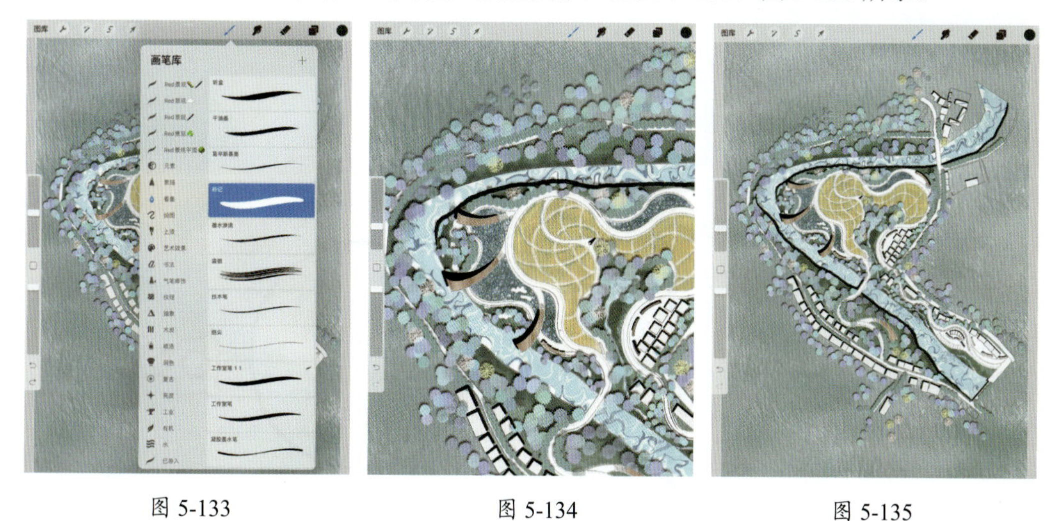


图 5-133　　图 5-134　　图 5-135

05 点击“图层”工具，打开“图层”界面，在阴影图层（即图层 10）上点击 N 混合模式，调整“不透明度”的值直至合适（如 68%），如图 5-136 所示。

**06** 调节该阴影图层和其他图层的位置，使其合理。例如，阴影图层就应该在植物单体图层或者其他景观单体图层下方，这样可以达到单体有阴影的立体效果。如图 5-137 所示。

**07** 点击“调整”工具，打开“调整”界面，点击“高斯模糊”选项，作用于“图层”。向右滑动以调节模糊阈值，直至达到舒服的视觉效果，如图 5-138 所示。

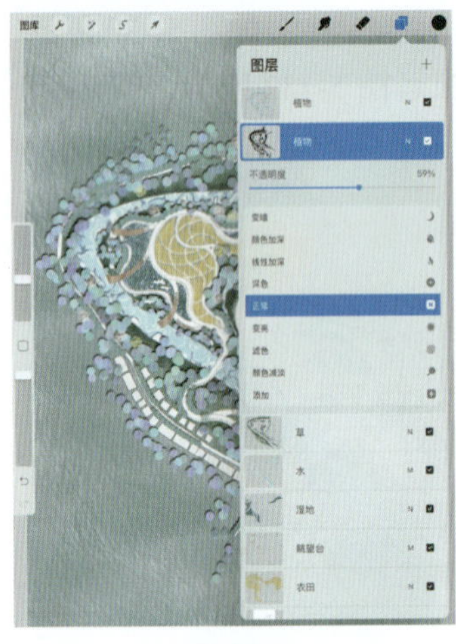

图 5-136

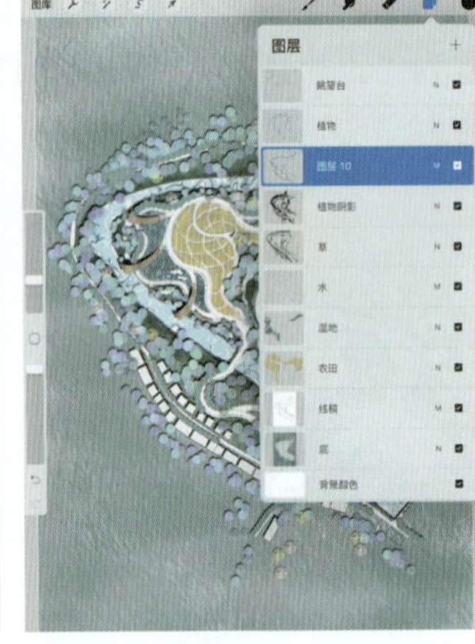

图 5-137

图 5-138

**08** 休闲农业园景观平面图手绘表现完成，如图 5-139 所示。

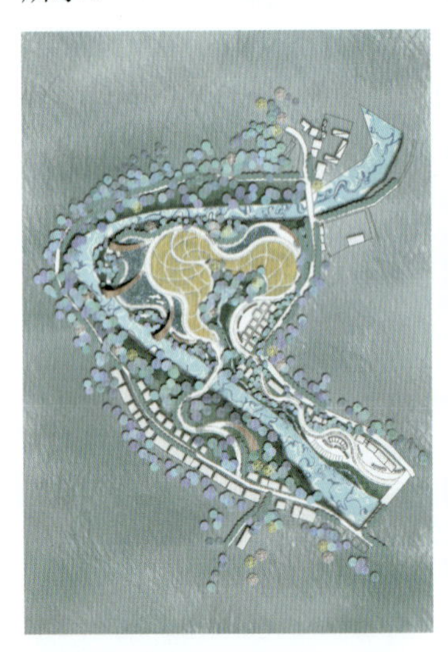

图 5-139

## • 提示 •

如果严谨一点，那么所有的单体阴影都应该是朝北方向，因为中国处于地球的北半球，太阳绕着赤道旋转时，一般呈现西北方向或者东北方向的阴影，如图 5-140 所示。

图 5-140

## 5.5 景观平面图手绘表现出图展示

笔者自绘的景观平面图手绘表现范例如图 5-141 ～图 5-149 所示。

图 5-141

图 5-142

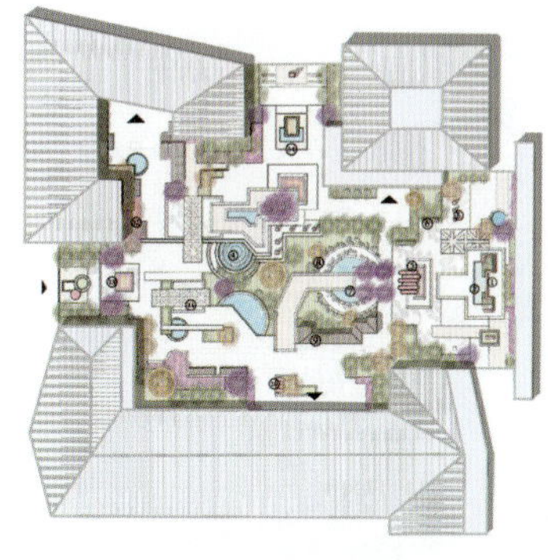


图 5-143

图 5-144

图 5-145

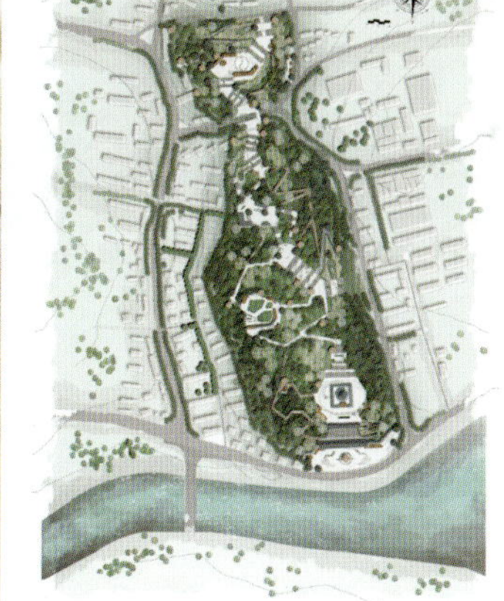

图 5-146

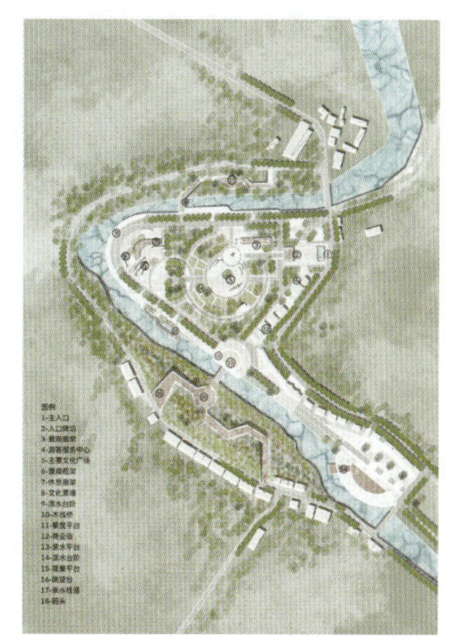

图 5-147

图 5-148

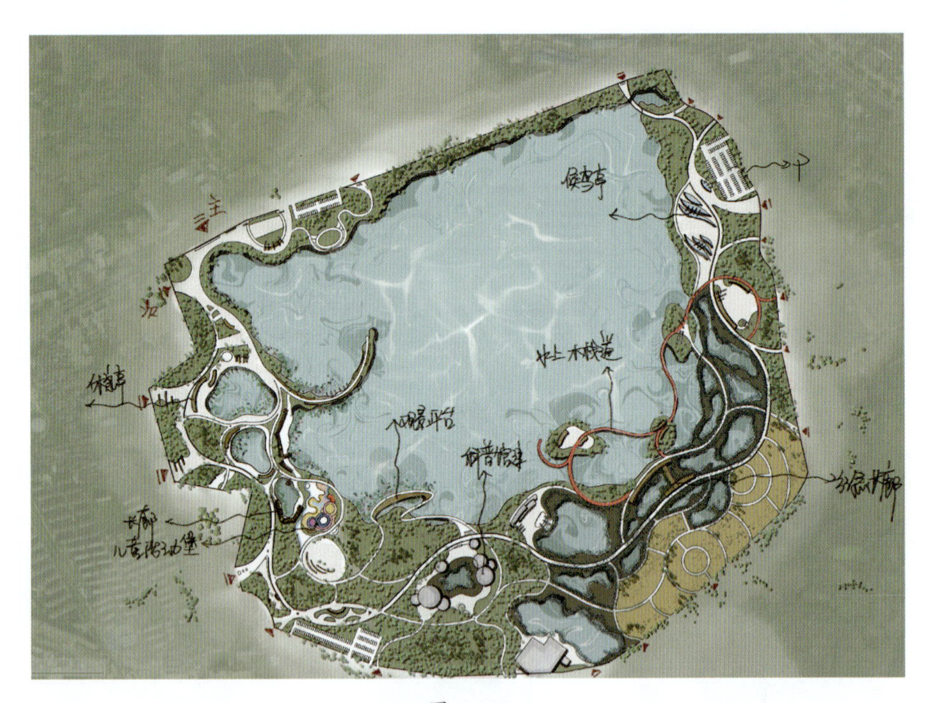


图 5-149

# 第 6 章 景观平面图进阶表现

对于竞赛和项目等任务来说，平面图的表现会更加丰富细致，iPad Procreate 景观设计的进阶操作能够提高图纸的完整性。景观总平面图是设计中最重要的部分，因为场地的功能划分、空间布局、景观特点都可以在平面图上得到详细的反映，总平面图能够清晰明了地突出设计意图，景观元素也能清楚地呈现出来。

在职景观设计师不管是参加项目评审，还是交流研讨，都会对平面图仔细研究，从中发现问题，确定整体方案或者查找缺漏，以做到尽善尽美；在校景观设计专业的学生在课程设计时，首先学习的也是总平面图的绘制，专业老师在改图时也多从总平面图下手，审视功能与形式的关系，提出改进方案。所以学习搭配出众、表现极好的平面图设计方案是十分重要的。

景观平面图的进阶表现，可以沿用第 5 章的休闲农业园平面图的线稿，对比进阶表现操作和手绘表现操作的不同之处。在之后的制图过程中，熟练掌握并运用自己喜欢的表现操作技巧即可。

休闲农业园平面图线稿示例如图 6-1 所示。

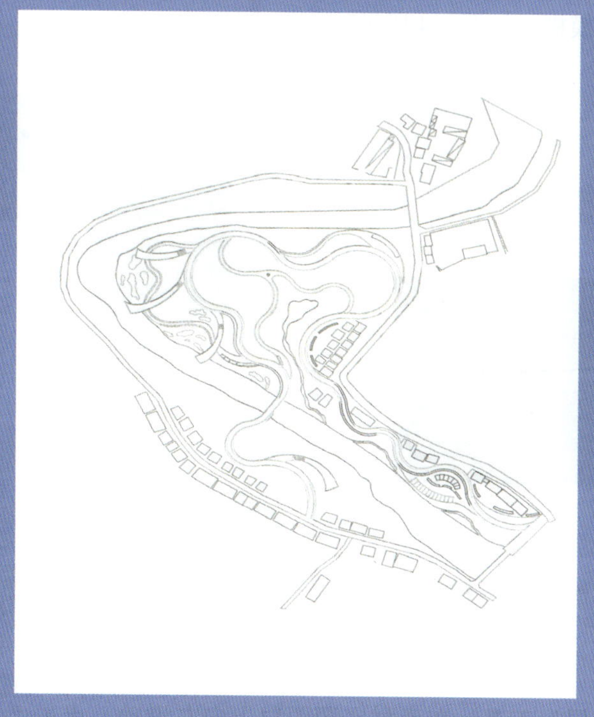

图 6-1

图 6-9

图 6-10

08 选择素材底图图层，点击“调整”工具，打开“调整”界面，点击“克隆”选项，如图 6-11 所示。

09 将“克隆”选区放置在被克隆的地方，从“画笔库”界面选择合适的笔刷，如“硬画笔”笔刷，如图 6-12 所示。

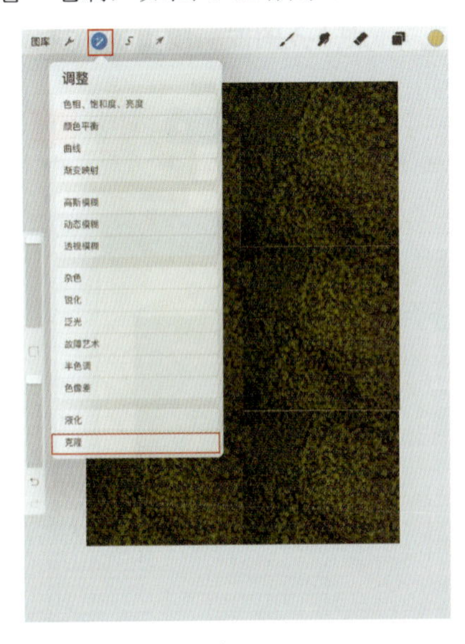

图 6-11

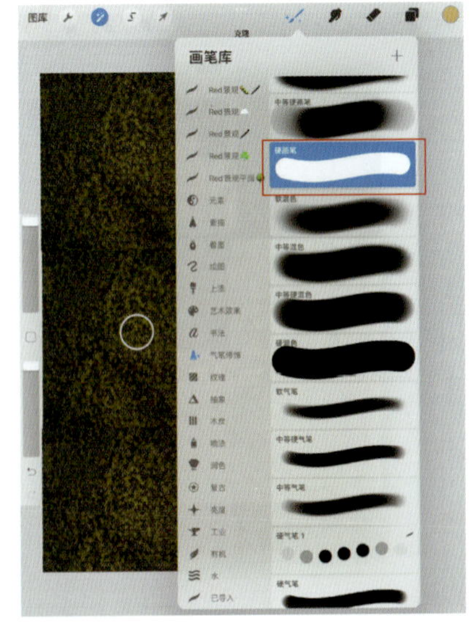

图 6-12

10 使用“克隆”工具，将复制粘贴的素材底图克隆至衔接自然，形成完整的素材底图，如图 6-13 所示。

11 点击“图层”工具，打开“图层”界面，选择素材底图图层，设置其模式为“正常”，“不透明度”为 50%，使线稿更清晰明了，如图 6-14 所示。

**• 提示 •**

iPad Procreate 软件中“克隆”工具的作用类似于 Photoshop 软件中的“仿制图章工具”。

图 6-13

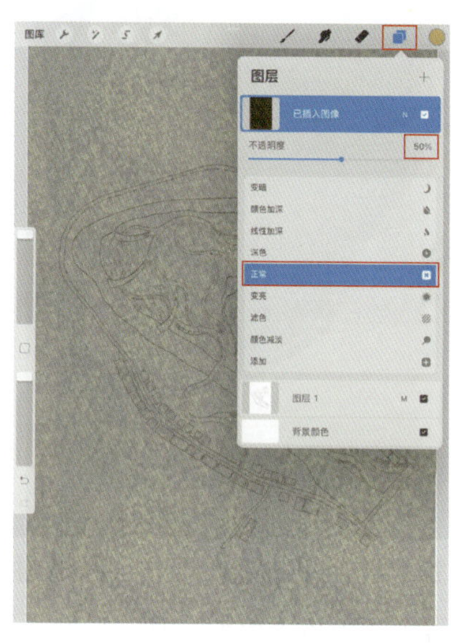

图 6-14

12 选择“线稿”图层，点击“选取”工具，如图 6-15 所示。

13 点击“选取”功能界面中的“自动”选项，再点击“添加”工具，将自动选取需要素材贴图的区域，如图 6-16 所示。

图 6-15

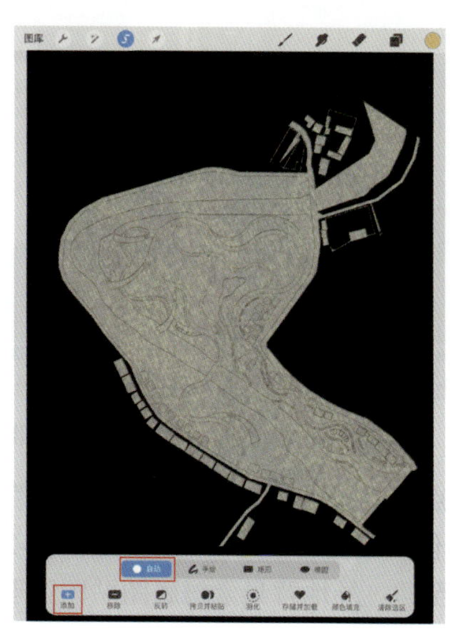

图 6-16

03 点击“图层”工具，打开“图层”界面，在草坪素材图层上向左滑动，点击“复制”选项，复制草坪素材，如图 6-26 所示。

04 点击“变换变形”工具，将复制的草坪素材移动到需要贴图的位置，如图 6-27 所示。

图 6-26

图 6-27

05 点击“图层”工具，在“图层”界面双指捏合草坪素材图层，合并图层，如图 6-28 所示。在合并后的图层上向左滑动并点击“复制”选项。点击“变换变形”工具，移动复制的草坪素材，反复操作，直至铺满需要贴图的区域。

06 选择草坪素材图层，点击“调整”工具，在“调整”界面中点击“克隆”选项，如图 6-29 所示。

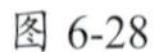

图 6-28

图 6-29

**07** 将“克隆”选区放置在被克隆的地方，在“画笔库”界面选择合适的笔刷。使用“克隆”工具将复制粘贴的草坪素材克隆至衔接自然，形成完整的草坪素材底图，如图 6-30 所示。

**08** 点击“图层”工具，在“图层”界面中选择草坪素材图层（示图中为“已插入图像”图层），设置其模式为“正常”，“不透明度”为 48%，使线稿能被看清楚，如图 6-31 所示。

图 6-30　　图 6-31

**09** 选择“线稿”图层，如图 6-32 所示，点击“选取”工具，如图 6-33 所示。

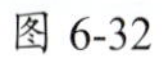

图 6-32　　图 6-33

**10** 打开“选取”功能界面，点击“自动”选项，然后点击“添加”工具，会自动选取素材贴图的区域，如图 6-34 所示。

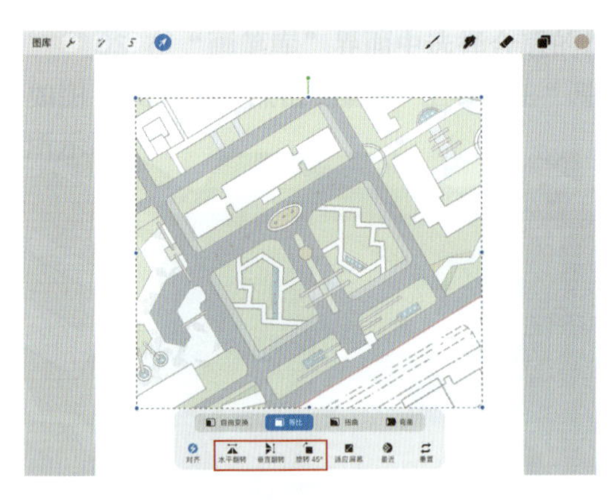

图 6-72

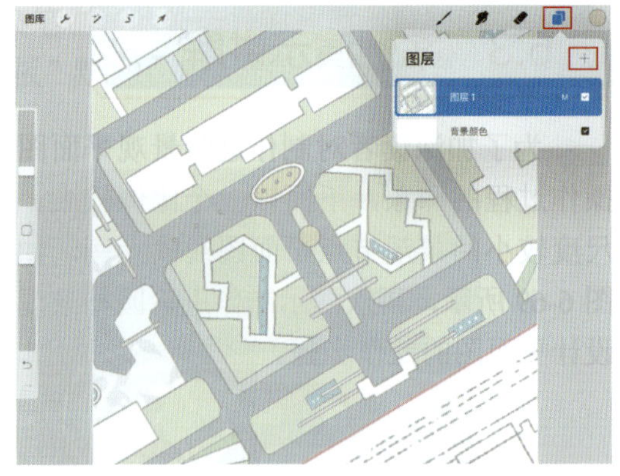

图 6-73

**05** 选择该节点平面图的背景图层（即图层 1），依次点击“选取”→“自动”→“添加”工具，如图 6-74 所示。

**06** 选择确认的建筑单体，再次点击“图层”工具，如图 6-75 所示，选择“图层 2”。

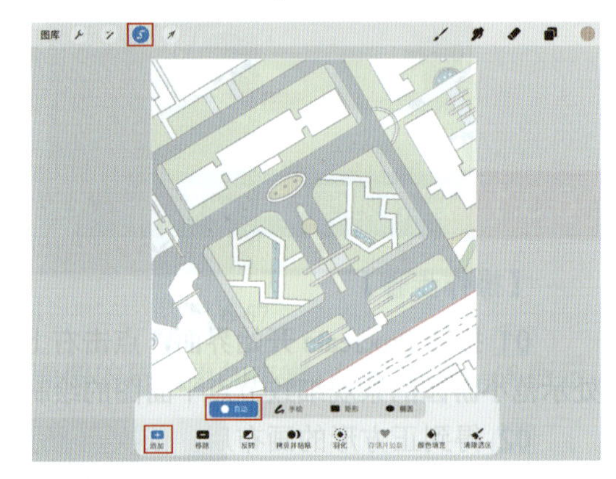

图 6-74

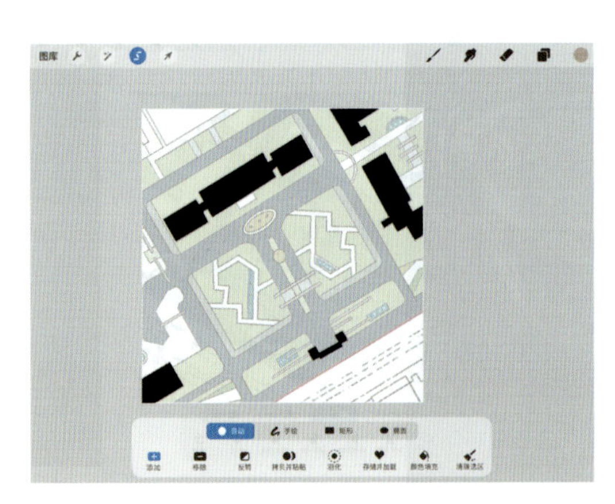

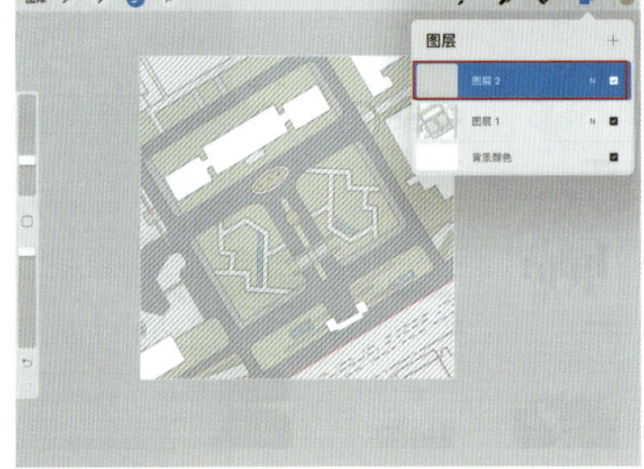

图 6-75

**07** 点击“绘图”工具，打开“画笔库”界面，选择合适的渲染建筑单体的笔刷（此处选择“艺术效果”中的“塔勒利亚”），如图 6-76 所示。

**08** 点击“颜色”工具，打开“调色板”界面，选择合适的颜色（这里选择浅色白灰色）。运用画笔，在新建图层（即图层 2）上给建筑单体填充颜色，如图 6-77 所示。

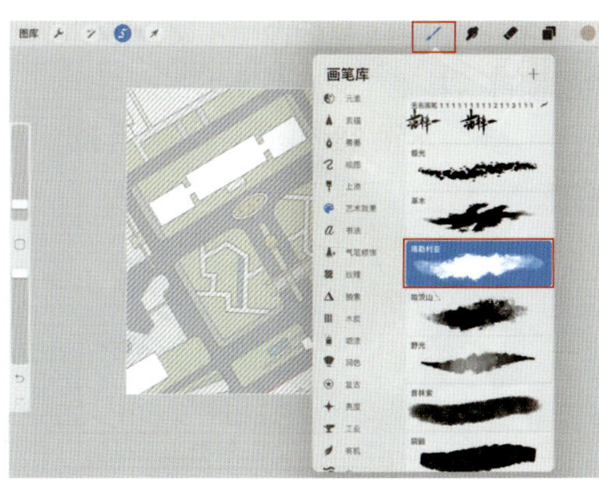


图 6-76

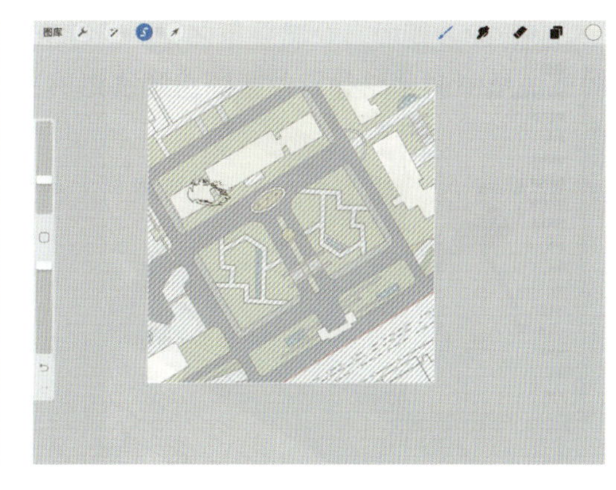

图 6-77

09 为建筑单体填充颜色后，点击“图层”工具，打开“图层”界面，选择此填充建筑单体颜色的图层（即图层 2），在图层上左滑，点击“复制”选项，复制填充建筑单体颜色的图层，调节作为建筑单体的阴影，如图 6-78 所示。

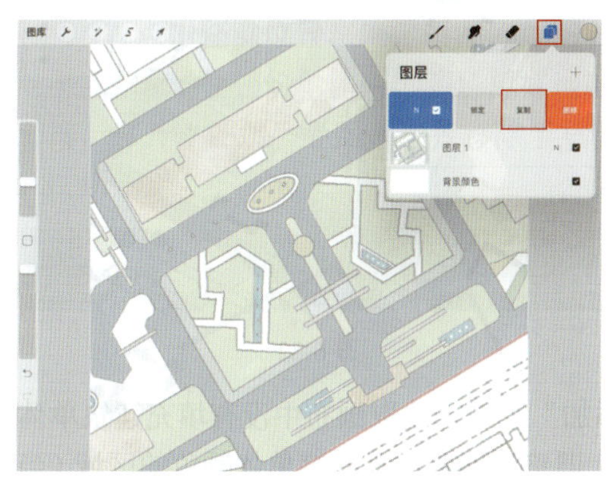


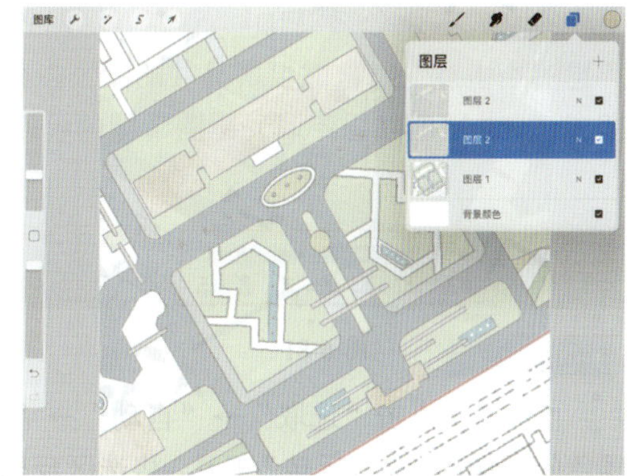


图 6-78

10 调节建筑单体阴影图层的具体操作是，选择处于下方的填充建筑单体颜色的图层，点击“调整”工具，打开“调整”界面，如图 6-79 所示。

11 点击“色相、饱和度、亮度”选项，作用于“图层”，然后将该图层的饱和度和亮度调低（此处设置“饱和度”为“无”、“亮度”为“无”），直至能表现阴影效果即可，如图 6-80 所示。

12 点击“变换变形”工具，将降低了饱和度和亮度的图层向斜上方拖动至合适的位置（此处向右上方拖动 2 毫米），形成建筑单体阴影效果，如图 6-81 所示。

13 为了确保建筑单体阴影的图层不会影响上层填充建筑单体颜色的图层，我们可以将两个图层之间重叠的部分删除，这样上层图层就不会透出下层图层的内容。点击“图层”工具，选择上层的填充建筑单体颜色的图层（即上层的图层 2），如图 6-82 所示。

打开“画笔库”界面，选择合适的刻画细节的笔刷（这里选择笔者自制的笔刷，也可以选择“著墨”中的“技术笔”），如图 6-90 所示。

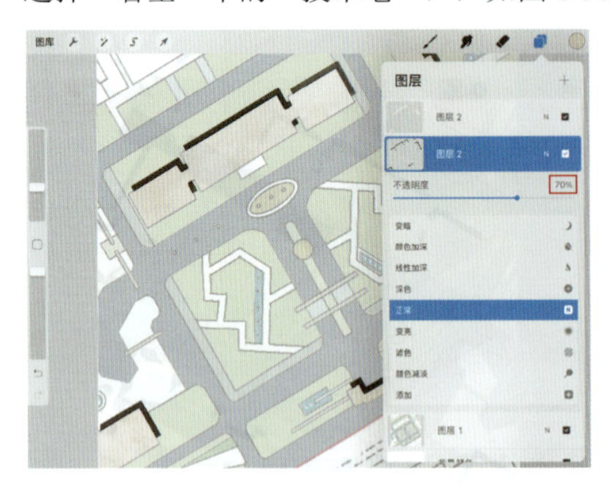


图 6-88

图 6-89

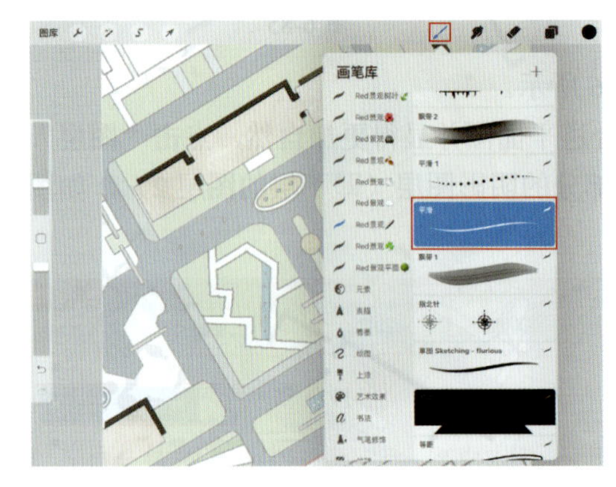


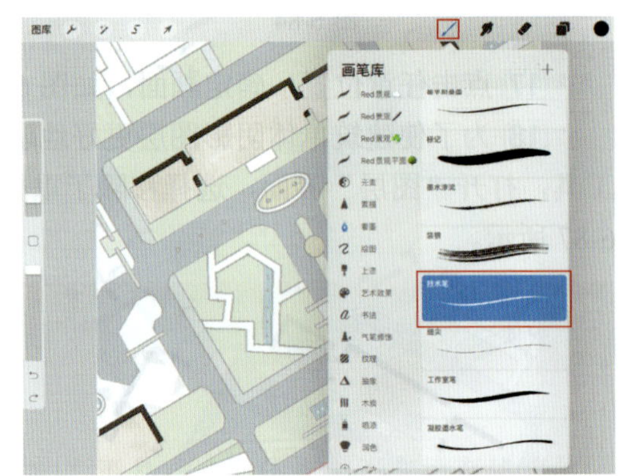


图 6-90

**22** 点击“颜色”工具，打开“调色板”界面，选择合适的颜色（这里选择黑色），效果如图 6-91 所示。

**23** 在新建图层（即图层 4）上刻画该节点平面图的细节，处理完成后，为确保图层之间不易混淆，容易分辨，可以为图层重命名，如图 6-92 所示。

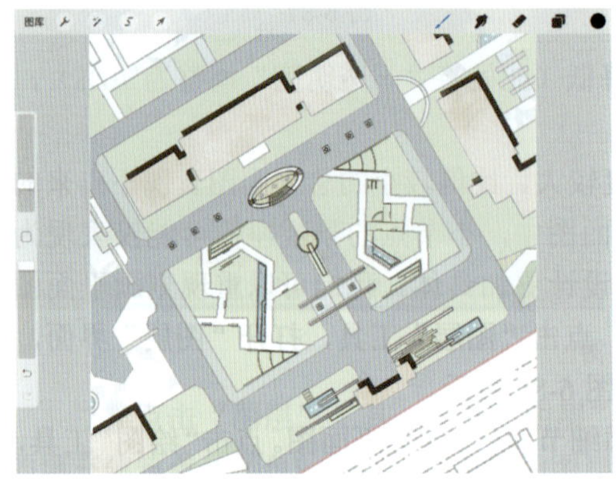

图 6-91

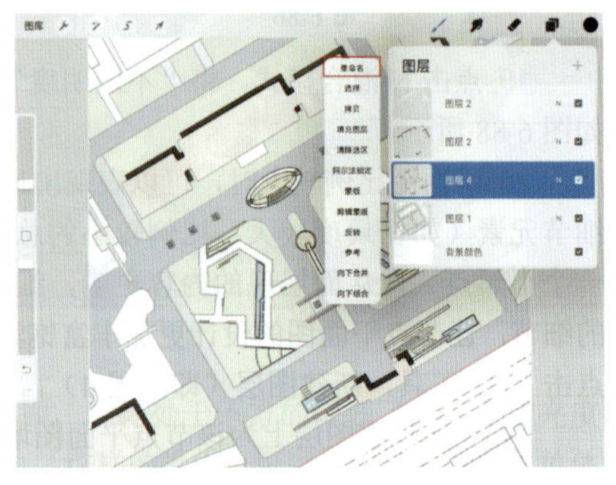


图 6-92

24 点击“图层”工具，打开“图层”界面，点击想要修改名称的图层（此处点击“图层 4”），点击“重命名”选项，在文字栏中写下想要更改的名字（此处更改为“细节”）。点击任意位置，保存重命名，确认画面，如图 6-93 所示。

25 完成节点平面图的细节刻画后，接下来对细节进行渲染处理，首先对该节点平面图的草坪进行贴图处理。依次点击“操作”→“添加”→“插入照片”选项，将草坪贴图素材插入画布中。点击“变换变形”工具，调整草坪贴图素材的尺寸，并将它拖动至适应全屏幕，或者拖动草坪贴图素材，使其覆盖节点平面图中将要渲染的草坪区域即可，如图 6-94 所示。

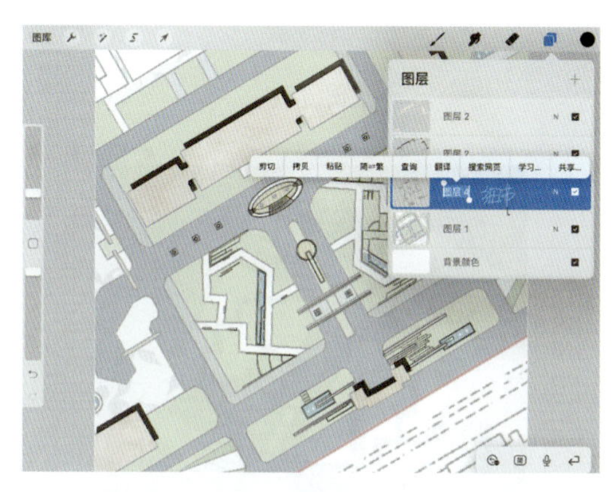


图 6-93

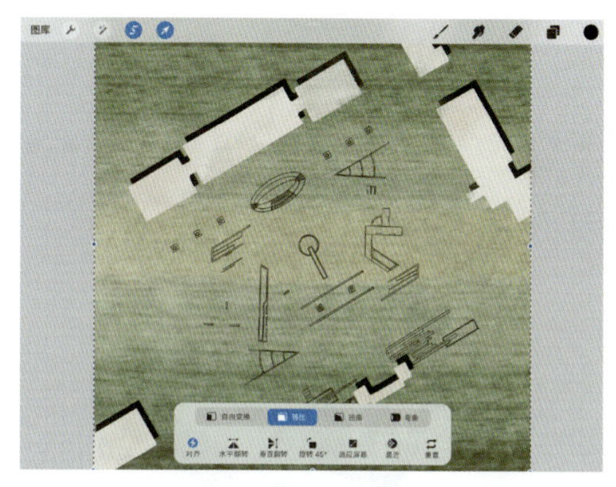

图 6-94

26 接下来对草坪贴图素材进行抠图处理，让贴图素材只覆盖节点平面图中的草坪区域。点击“图层”工具，打开“图层”界面，选择草坪贴图素材图层（即“已插入图像”图层），取消选中右侧的复选框，将该图层隐藏，如图 6-95 所示。

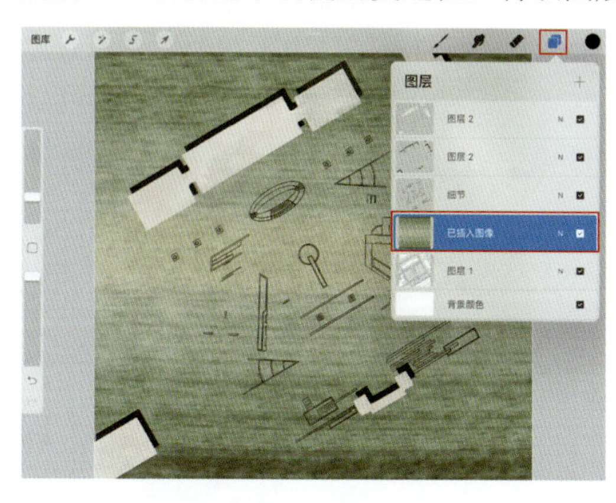


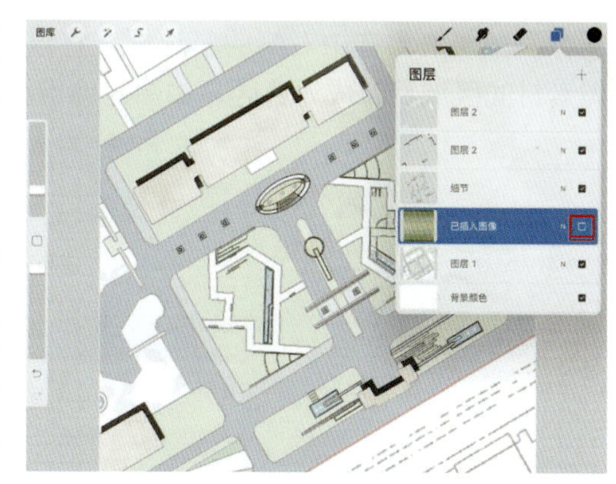


图 6-95

27 选择节点平面图线稿图层（即图层 1），在此图层中选取想要覆盖草坪贴图素材的草坪区域，如图 6-96 所示。

28 依次点击“选取”→“自动”→“添加”工具，选取想要覆盖草坪贴图素材的草坪区域，点击“反转”工具，即选取平面图中不想要覆盖草坪贴图素材的区域，如图 6-97 所示。

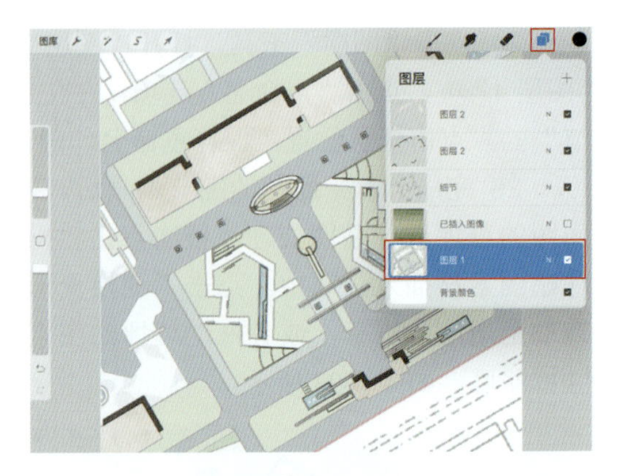

图 6-96

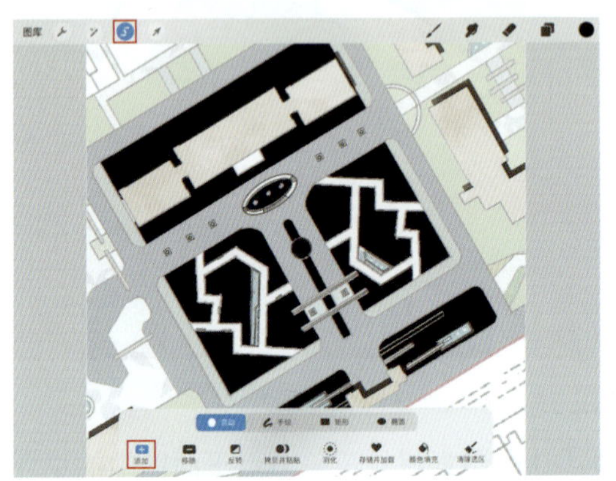

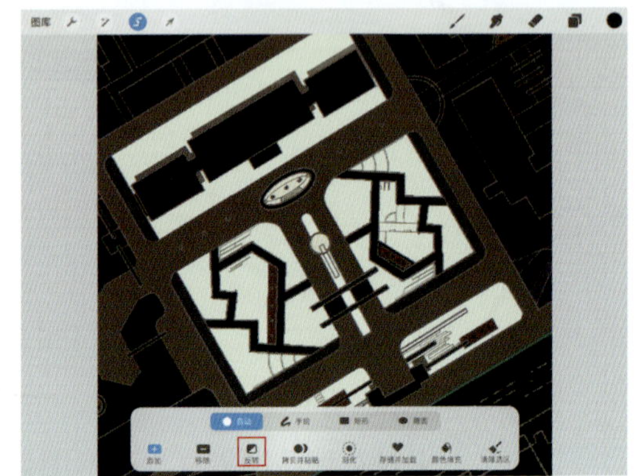

图 6-97

29 点击“图层”工具，打开“图层”界面，选择草坪贴图素材图层（即“已插入图像”图层），选中右侧的复选框，将该图层显示，即使该图层中不想要覆盖草坪贴图素材的区域反转成为选区，如图 6-98 所示。

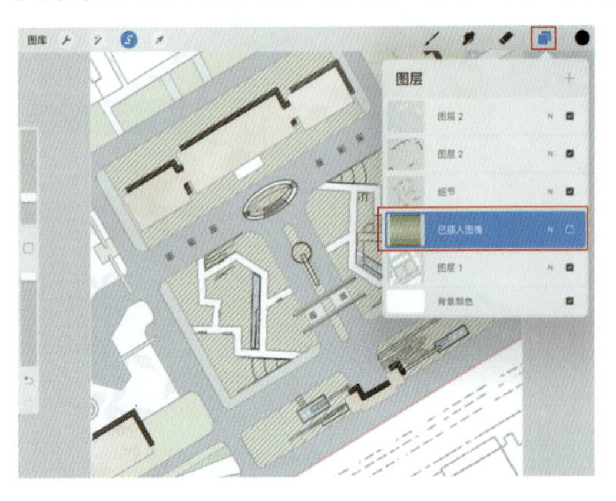

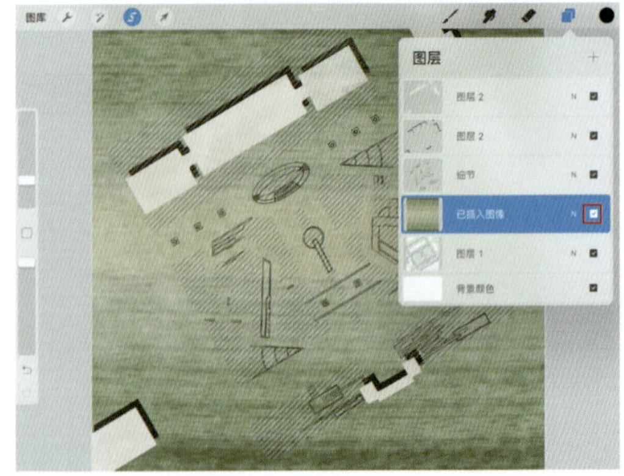

图 6-98

30 点击“变换变形”工具，将此选区拖至画布外，进行删除，如图 6-99 所示。

31 完成草坪贴图素材抠图后，该节点平面图的草坪细节处理就完成了，效果如图 6-100 所示。

图 6-99

图 6-100

## 6.3.2 水体贴图和木质平台贴图

【操作步骤】

01 依次点击“操作”→“添加”→“插入照片”选项，将水体贴图素材插入画布中。点击“变换变形”工具，将水体贴图素材的尺寸调整至适应全屏幕，或者拖动水体贴图素材，使其覆盖节点平面图中将要渲染的水体区域即可，如图 6-101 所示。

02 点击“图层”工具，选择水体贴图素材图层（即“已插入图像”图层），取消选中右侧的复选框，将该图层隐藏。选择节点平面图线稿图层（即图层 1）或者“细节”图层，然后在该图层中选取想要覆盖水体贴图素材的区域，如图 6-102 所示。

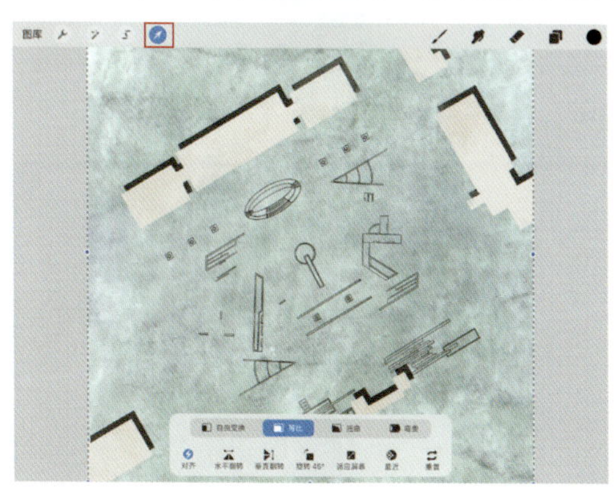

图 6-101

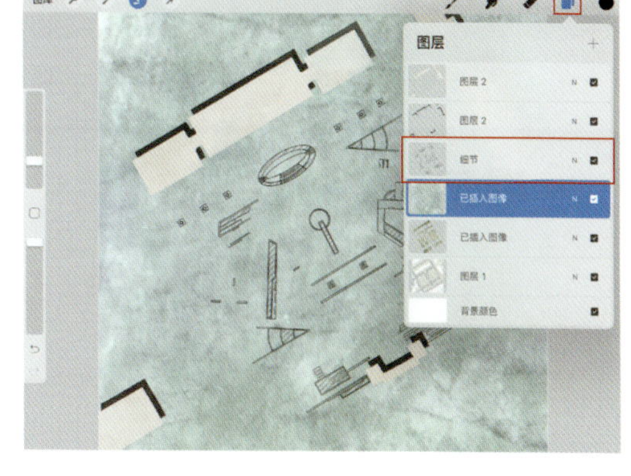


图 6-102

03 依次点击“选取”→“自动”→“添加”工具，选取想要覆盖水体贴图素材的水体区域，点击“反转”工具，选取平面图中不想要覆盖水体贴图素材的区域，如图 6-103 所示。

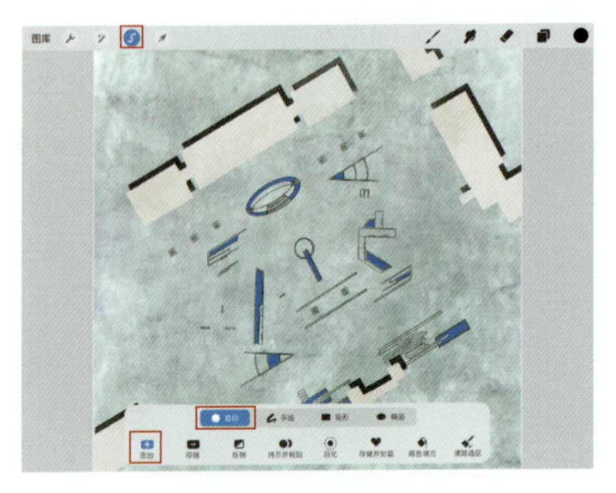

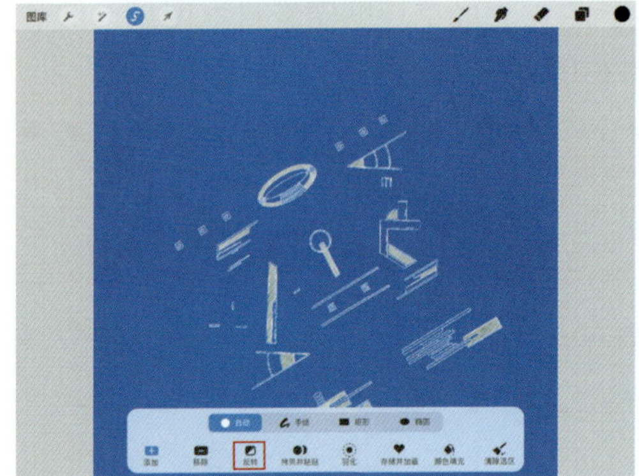

图 6-103

04 点击“图层”工具，打开“图层”界面，选择水体贴图素材图层，选中右侧的复选框，将该图层显示，即使该图层中不想要覆盖水体贴图素材的区域成为选区，点击“变换变形”工具，将此选区拖至画布外，进行删除，如图 6-104（左）所示。则该节点平面图的水体贴图细节处理就完成了，如图 6-104（右）所示。

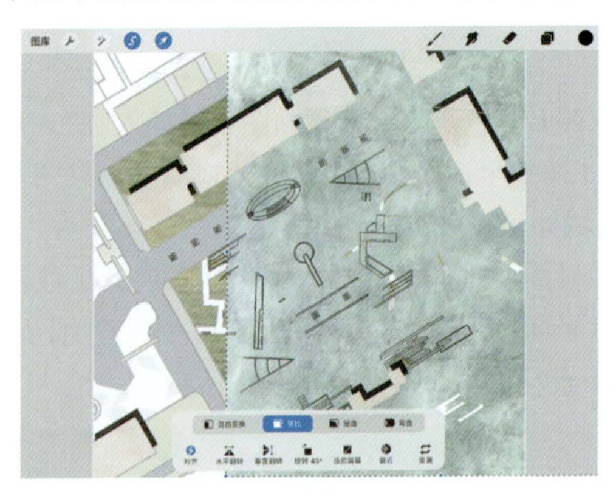

图 6-104

**• 提示 •**

木质平台贴图方法与水体贴图方法相同。木质平台贴图后的效果如图 6-105 所示。

图 6-105

## 6.3.3 植物贴图素材细节处理

草坪、水体、景观小品等景观元素的贴图处理完成后，接下来对植物进行贴图操作。在此之前，需要对植物贴图素材进行细节处理。

【操作步骤】

01 依次点击“操作”→“添加”→“插入照片”选项，将平面树贴图素材插入画布中，如图 6-106 所示。

02 点击“变换变形”工具，将平面树贴图素材调整至合适的尺寸，并且移动到合适的位置，如图 6-107 所示。

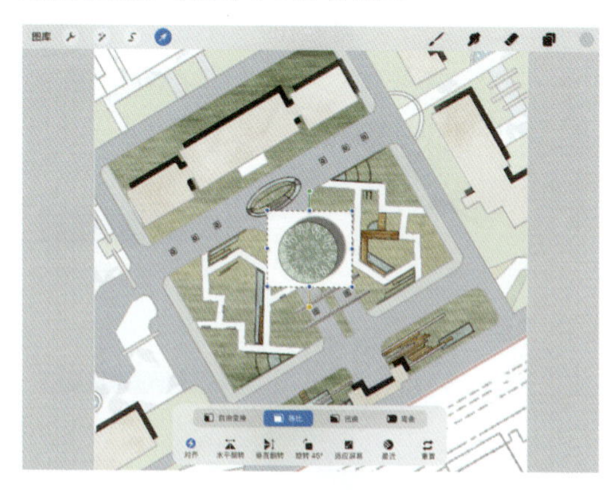

图 6-106

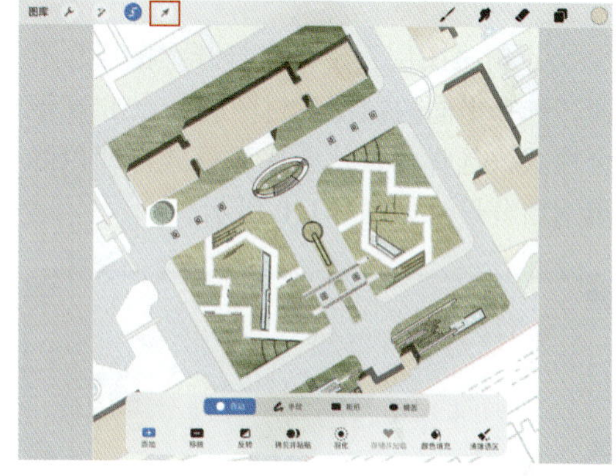

图 6-107

有的贴图素材存在抠图不完整，或者细节缺失等问题，因此需要我们后期再次对贴图素材的细节进行处理。

### 1. 细节处理方法一

【操作步骤】

01 点击“选取”工具，选取平面树贴图素材多余的空白背景，形成选区，如图 6-108 所示。

图 6-108

02 点击“变换变形”工具，将选取的多余空白背景拖至画布外，进行删除操作，如图 6-109 所示。

图 6-109

### 2. 细节处理方法二

【操作步骤】

点击“图层”工具，打开“图层”界面，选择平面树贴图素材图层。点击 N 混合模式，选择“正片叠底”模式，即可隐藏空白背景，如图 6-110 所示。

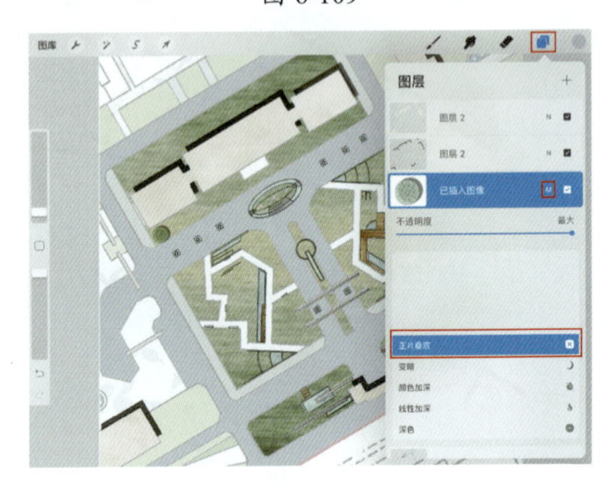

图 6-110

• 提示 •

此处使用第二种细节处理方法。

## 6.3.4 植物贴图

【操作步骤】

01 植物贴图素材的细节处理完成之后，进行植物的种植，即植物贴图。点击“图层”工具，打开“图层”界面，在平面树贴图素材图层上左滑，点击“复制”选项，选择复制的平面树贴图素材图层，点击“变换变形”工具，将平面树贴图素材调整至合适的尺寸，并且移动到合适的位置，如图 6-111 所示。

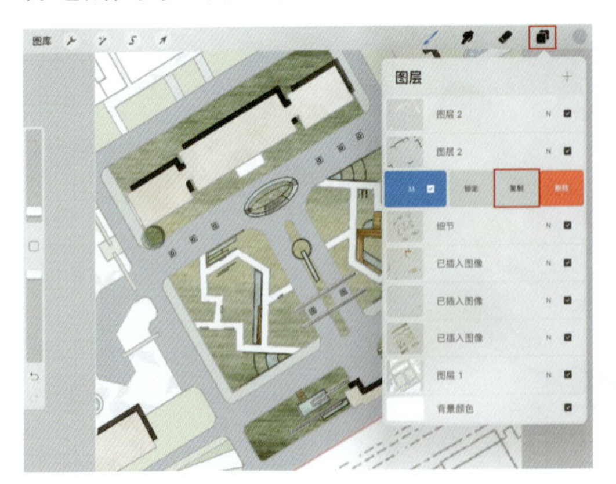

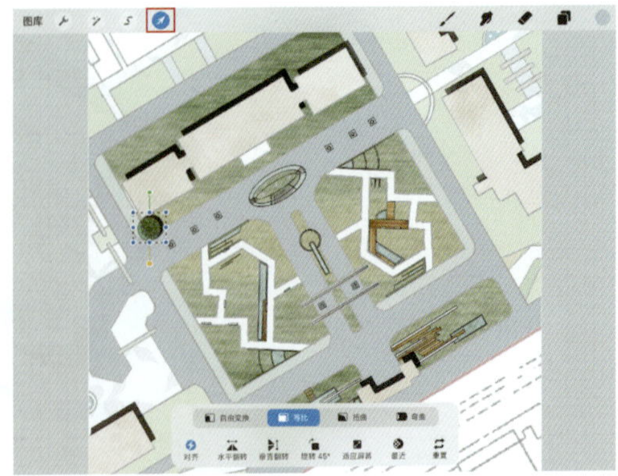

图 6-111

02 重复此步骤多次，复制贴图素材，再进行变换变形操作，直至将此样式的平面树贴图素材种植完成。点击“图层”工具，打开“图层”界面，双指捏合复制粘贴的平面树贴图素材图层，合并为一个图层（即“已插入图像”平面树贴图素材图层），如图 6-112 所示。

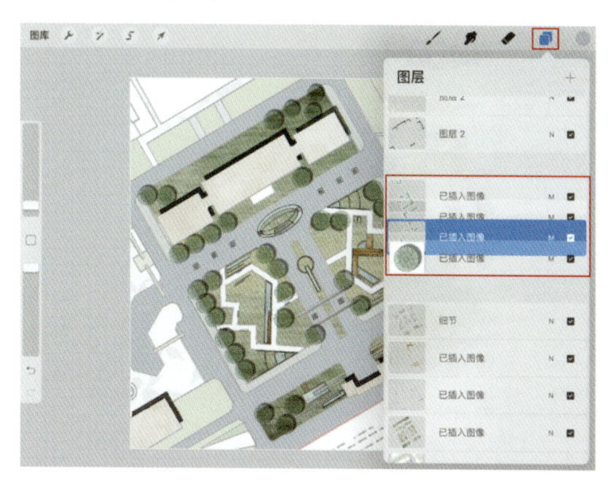

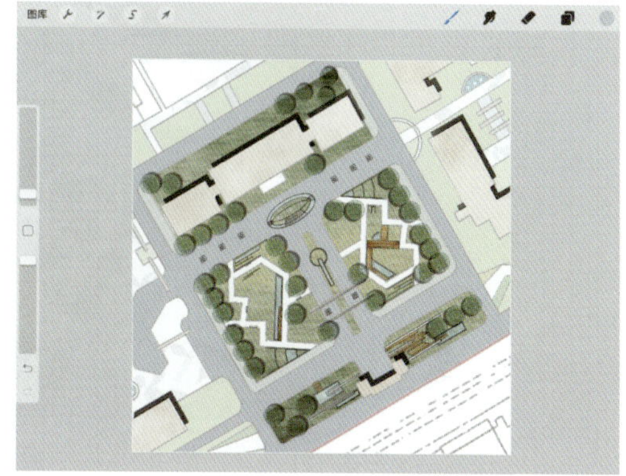

图 6-112

**• 提示 •**

可再次插入不同样式的平面树素材进行贴图操作，方法同上。

03 为了使树木配置更加丰富，可以将贴图操作和笔刷绘制操作相结合，种植不同类型的平面树，丰富平面图画面。点击“图层”工具，打开“图层”界面，点击“+”工具，新建图层（即图层 9），在该图层上绘制平面树。点击“绘图”工具，打开“画笔库”界面，选择合适的平面树笔刷（此处选择笔者自制的“阔叶树”笔刷），如图 6-113 所示。点击“颜色”工具，打开“调色板”界面，选择合适的颜色（此处选择暗黄色），使用画笔在新建的图层上种植阔叶树。

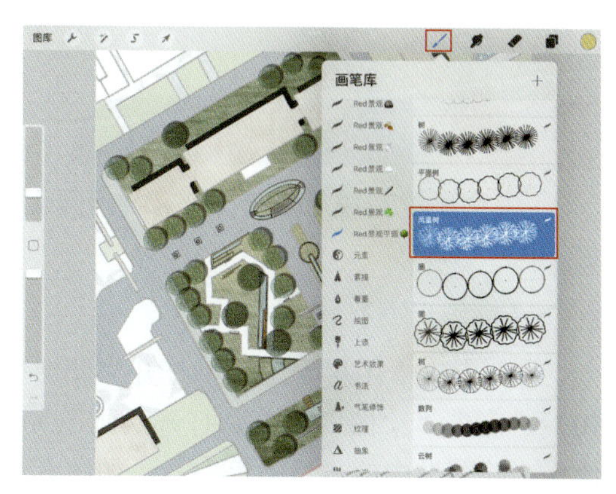


图 6-113

04 花坛也可以使用笔刷来绘制，点击“绘图”工具，打开“画笔库”界面，选择合适的花卉笔刷（此处选择笔者自制的“杜鹃花串”笔刷），如图 6-114 所示。

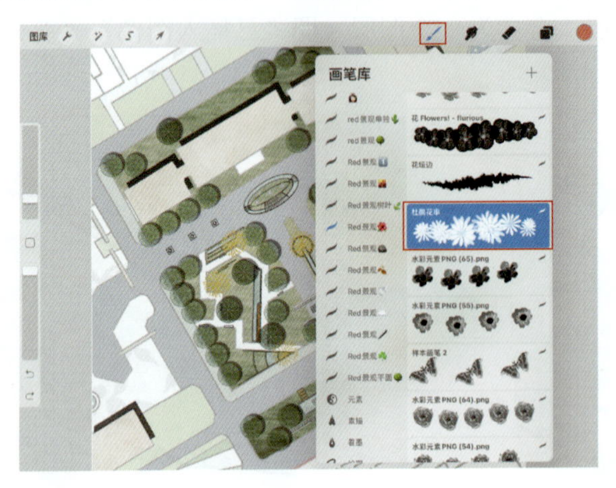


图 6-114

05 点击“颜色”工具，打开“调色板”界面，选择靓丽的花卉颜色（此处选择胭脂红），在图层 9 上绘制花卉，如图 6-115 所示。

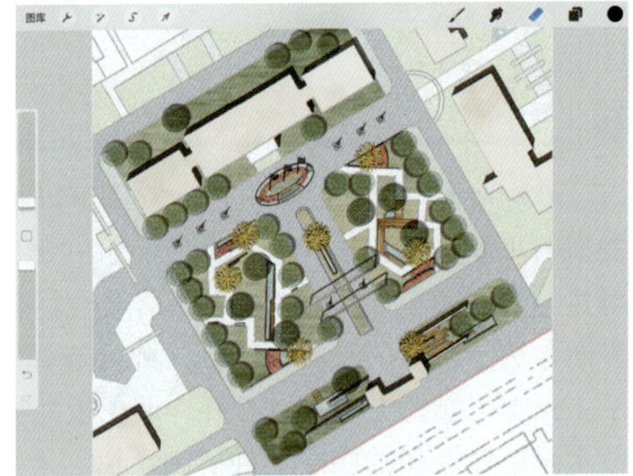

图 6-115

## 6.3.5 植物贴图阴影表达

植物配置完成后，接下来添加阴影，让画面看起来更加立体形象。具体操作步骤如下。

【操作步骤】

01 点击“图层”工具，打开“图层”界面，点击“+”工具，新建图层（即图层 10）。点击“绘图”工具，打开“画笔库”界面，选择合适的绘制阴影的笔刷（此处选择“绘图”中的“技术笔”），如图 6-116 所示。

02 点击“颜色”工具，打开“调色板”界面，选择合适的阴影颜色（此处选择黑色），在新建图层上绘制植物的阴影，如图 6-117 所示。

03 绘制完阴影后，点击“图层”工具，打开“图层”界面，选择此阴影图层（即图层 10），点击 N 混合模式，选择“正常”模式，将“不透明度”调节至舒适状态（此处调节至 70%），形成阴影效果，如图 6-118 所示。

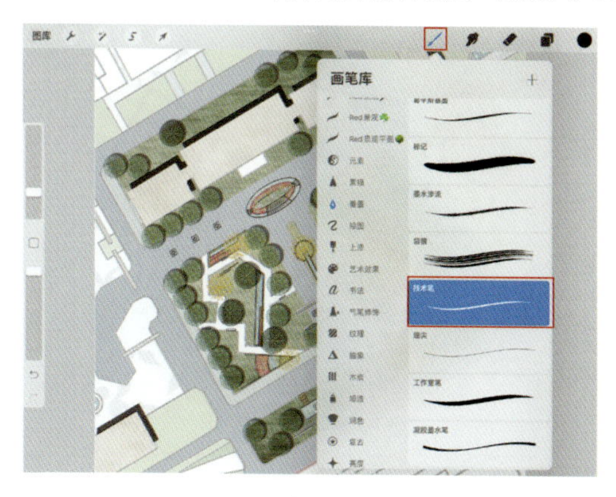


图 6-116

图 6-117

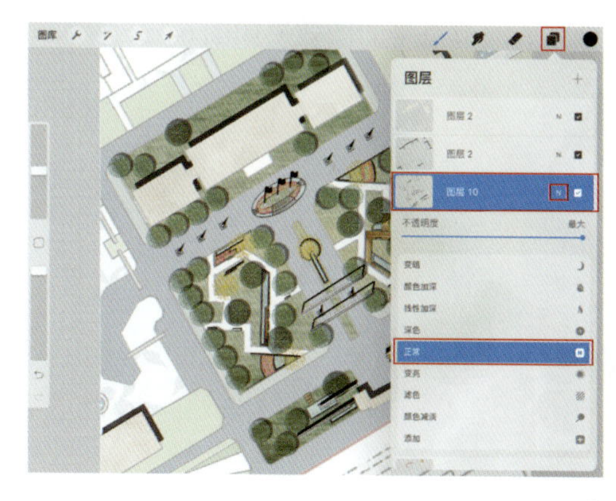


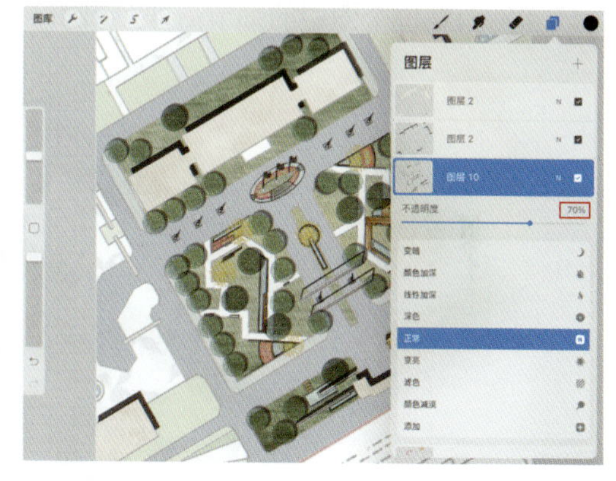

图 6-118

04 为了丰富画面的渲染效果，可以为画面添加艺术效果。点击“图层”工具，打开“图层”界面，选择节点平面图线稿图层（即图层 1），如图 6-119 所示。

图 6-119

05 依次点击“调整”→“杂色”选项，作用于“图层”，然后调整“比例”“倍频”“湍流”的值，以优化杂色效果（此处调整“比例”为35%，“倍频”为40%，“湍流”为70%），如图6-120所示。

图 6-120

06 调整每个图层的细节后即可出图。渲染完成的节点平面图效果如图6-121所示。

图 6-121

## 6.4 景观平面图进阶表现出图展示

笔者绘制的景观平面图进阶表现范例如图6-122～图6-125所示。

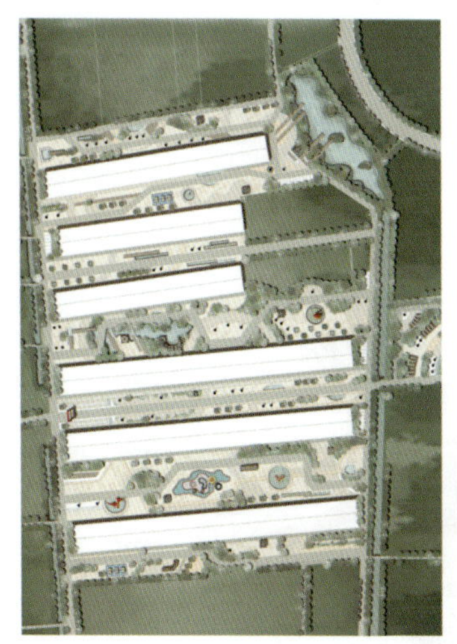

图 6-122

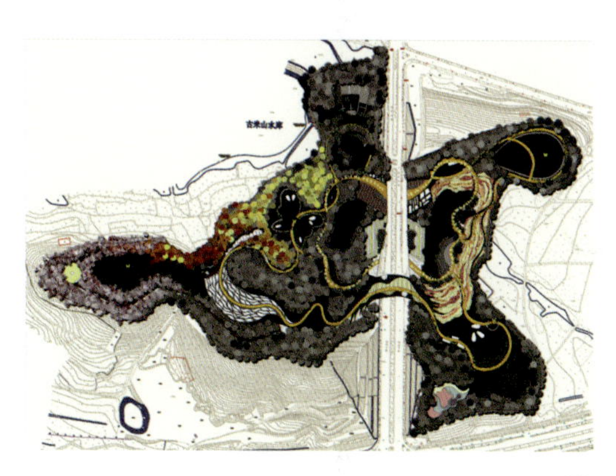

图 6-123

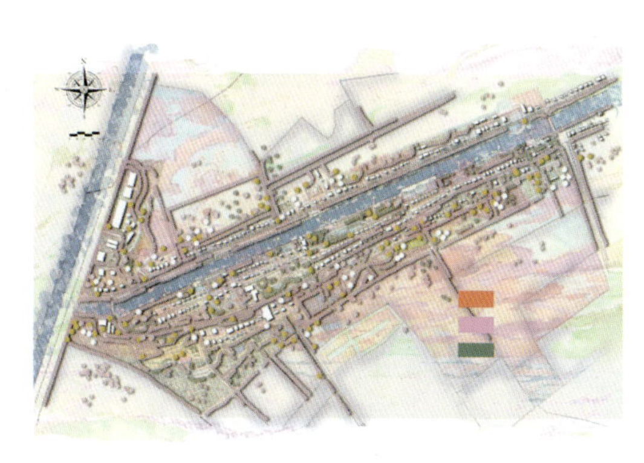

图 6-124

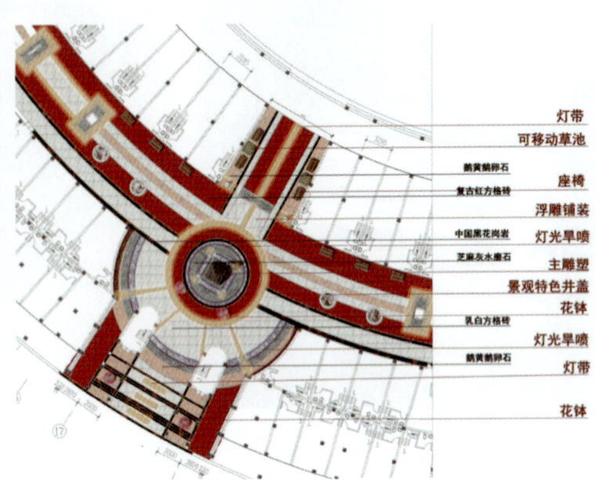
灯带
可移动草池
鹅黄鹅卵石
座椅
复古红方格砖
浮雕铺装
中国黑花岗岩
灯光旱喷
芝麻灰水磨石
主雕塑
景观特色井盖
花钵
乳白方格砖
灯光旱喷
鹅黄鹅卵石
灯带
花钵

图 6-125

# 第7章 景观效果图手绘表现

风景园林景观设计的制图，除了平面图表达外，效果图也十分重要。景观效果图包括平面图的转绘图、节点的取景效果图、整体鸟瞰图等，这些图可以表达出设计师的设计思路，使景观效果不再仅仅是设计师脑海中的场景，将设计师的设计意图和理念最直观地呈现于图纸上。

风景园林景观设计的效果图可以是利用其他软件对以平面图为底所建的白模（未加渲染或者稍加渲染的模型）进行角度取景和渲染后的出图表达，或者是手绘表达。

本节主要展示如何运用 iPad Procreate 更加快速并且准确地表达出科学的景观手绘效果图。

## 7.1 景观效果图手绘基础

效果图一般也称为透视图，是设计师的设计能力及表现能力的综合体现。方案设计或图面表现的缺点都会在鸟瞰图或者效果图上显现出来。效果图的绘制一定要做到巧妙构图、透视准确、层次分明、虚实明确、色彩淡雅等，将平面图设计方案的优点加以呈现，不够明确的地方应适当回避；效果图或鸟瞰图的绘制应将近景、中景、远景效果有层次地区别，应处理好远近、虚实的关系，用适宜的色彩渲染整体场景的氛围。

### 7.1.1 场景构图基础

构图是效果图绘制中的重要步骤，也是初学者容易忽略的内容。在一幅效果图中，只表现景物是不够的，还必须将如线形、细部、色调等元素构成，进行组织有效果的手绘表达，这就是所谓的构图，即画面中各艺术元素的结构配置方法。

构图不仅用于整幅画面的设计，也同样用于单个或成群物体的设计，这些单个或成群的物体就是构图元素。在一幅效果图中，为表现空间的深度，构图的元素一般分为以下 3 种。

（1）前景（近景）。即处在画面最前端，最靠近观察者的景物。在图面安排上，因为该部分距离人最近，所以近景要画出具体的质感和细部，如叶片的脉纹、岩石的裂纹。也可以把走向主要景观的人物作为前景，这样会使效果图更加生动灵气。须注意，近景在细部和色彩的处理上不要喧宾夺主。

（2）中景。中景指的是在空间中处于中等距离的景致，通常也是画面的主要景色。中景部分一般是画面主体，是主要表现的部分。中景需要着重刻画——明暗对比强烈、细部刻画细腻、质感清晰。中景起到过渡作用，因此要注意使整个画面和谐统一。

（3）背景（远景）。背景指的是处在空间中最远处的景致，一般起到衬托作用。只用轮廓线或暗调子来做背景，一般不进行细部刻画，色彩不宜鲜亮。远景起到突出主体的作用，给人以画面舒展、深远之感。在绘制效果图时，对景深做巧妙的处理，可以形成具有深度感和距离感的图面效果。

景观效果图手绘表现中近景、中景和远景的构图分析，如图 7-1 和图 7-2 所示。

图 7-1

图 7-2

## 7.1.2 配景元素手绘表现

【景观知识充电】众所周知，园林景观一般由植物、建筑、山石、水体、景观小品等元素组成。我们不仅需要掌握绘画技巧，懂得运用科学的、艺术的表达方式，懂得景观元素的协调，而且还要掌握各种不同元素的特点，这样才能正确地体现设计的意图，让作品得到人们的认可，实现作品的价值。

景观手绘技法的训练和培养，不仅仅是对设计技术基本功的培养，也有利于快速提高设计者的出图速度。

### 1. 植物配景

在效果图中，植物的刻画给画面带来生气。植物的表现可以分为远、中、近三个层次，根据不同的层次，可以采用不同的表现方法。可以运用乔木、灌木、草坪、花卉等互相组合搭配形成远景、中景、近景，丰富效果图的画面。

要注意观察树木的形状和生长规律，注意层次的变化，树木要有立体感，层次感。另外，线条的抑扬顿挫也是主观情感的表达，要学会慢慢地培养这种感觉，让线条具有感情色彩。

（1）植物基本线条练习如图 7-3 所示。

（2）植物基本轮廓形态如图 7-4 所示。

图 7-3　　　　图 7-4

（3）其他高大植物的表达如图 7-5 和图 7-6 所示。

图 7-5　　　　图 7-6

（4）其他灌木植物的表达如图 7-7 和图 7-8 所示。

图 7-7　　　　图 7-8

### 2. 景石配景

在用线条表现形体的时候，应注意表现对象的物理特征。物体的材质有光滑、粗糙、坚硬、柔软之分，在表现时要加以区分，要有意识地去表现。例如，坚硬的景石用线要挺直、刚硬，如图 7-9 所示。

图 7-9

### 3. 山体地形

在效果图中，山体的表现可以用简单的线条勾勒轮廓，然后再沿着山体的纬线或者经线的脉络添加颜色，同时要注意向阳面和背阴面光影的不同。阴影的准确使用是表示地形的一大利器。由于阳光的照射，不同高度的物体必将在低于它的物体上产生阴影，地形的高差变化也能通过阴影得到准确的表现。准确的阴影关系不仅对地形重要，对于任何能产生阴影的物体也同样重要，都需要有明确的描绘，如图 7-10 和图 7-11 所示。

图 7-10

图 7-11

### 4. 水体配景

生动的水体表现会给效果图增加生机。水体效果的刻画需要注意两点：水体线条的流畅性以及色彩的细腻与丰富。在效果图中生动地表现水体的灵动效果需要勤加练习，把握水体的线条和色彩氛围，如图 7-12 和图 7-13 所示。

图 7-12

图 7-13

**• 提示 •**

景观效果图手绘提升练习的 4 个思路。

（1）景观单体元素练习。

（2）组合练习（单体之间的组合成图）。

（3）临摹抄绘（抄绘优秀的效果图案例，在抄绘时，学习表现手法和设计思路）。

（4）自由创作（通过平面图转绘、照片手绘渲染、实景写生等练习，提高自己的效果图表达能力）。

### 7.1.3 景观单体元素手绘表现

对于景观设计者或者喜爱绘制景观效果图的读者，为了更加熟练、高效地绘制出丰富优美的景观效果图，平时可以通过多临摹和练习绘制景观组合单体来提升技能，这将有助于更好地营造整体的空间效果。

**05** 点击“操作”工具，打开“操作”界面，点击“画布”工具，点击“编辑 绘图指引”选项，进入“绘图指引”界面，打开“辅助绘图”选项，点击“完成”按钮，如图 7-31 所示。这样在图层 2 上的线条就会跟着透视线绘制进行辅助作图。

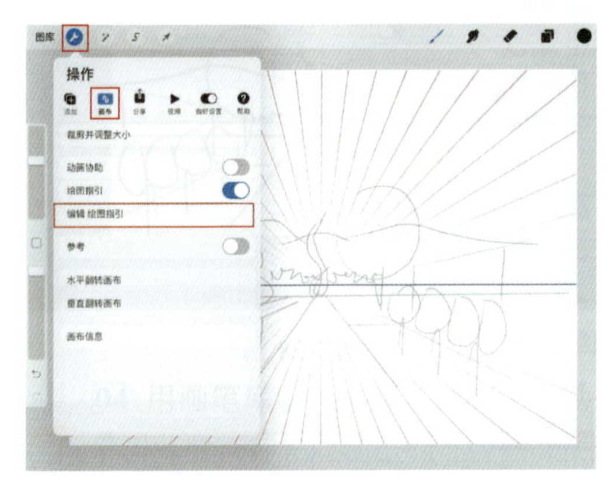

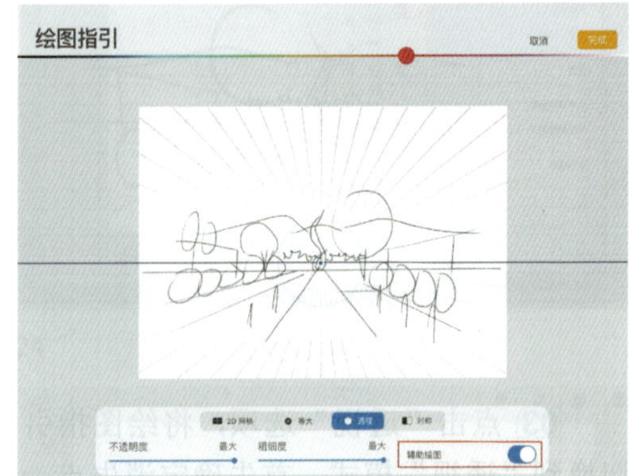


图 7-31

## 7.2.3 景观元素刻画

【操作步骤】

**01** 点击“绘图”工具，打开“画笔库”界面，选择合适的笔刷（这里选择“著墨”中的“葛辛斯基墨”），如图 7-32 所示。点击“颜色”工具，选择合适的颜色（这里选择黑色）。

**02** 使用画笔库中的笔刷在图层 2 上绘制透视效果的景观单体，并对场景中的透视线条构图进行细化完善，如图 7-33 所示。

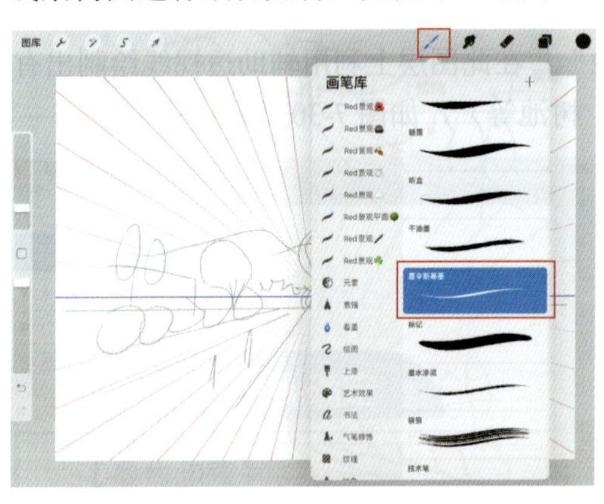


图 7-32

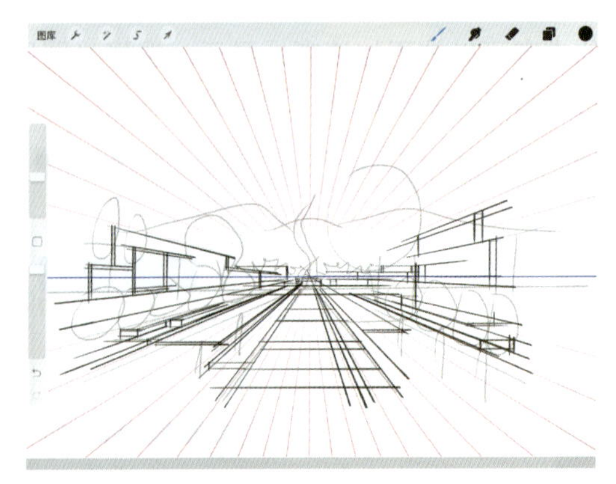

图 7-33

**03** 场景中透视效果的景观单体绘制完成之后，即可添加场景中的植物以及其他景观元素。点击“图层”工具，打开“图层”界面，点击“+”工具，新建图层（即图层 3）。在图层 3 上进行植物等景观元素的绘制，并且进行场景中景观元素的刻画，处理近景、中景和远景的关系，如图 7-34 所示。

图 7-34

04 整个场景的景观元素绘制完成之后，即可擦除透视效果的景观单体中的多余线条。点击“图层”工具，打开“图层”界面，选择“图层 2”。点击“擦除”工具，选择合适的橡皮工具（此处选择的是“著墨”中的“工作室笔”），对图层 2 中景观单体中的多余线条进行擦除，如图 7-35 所示。

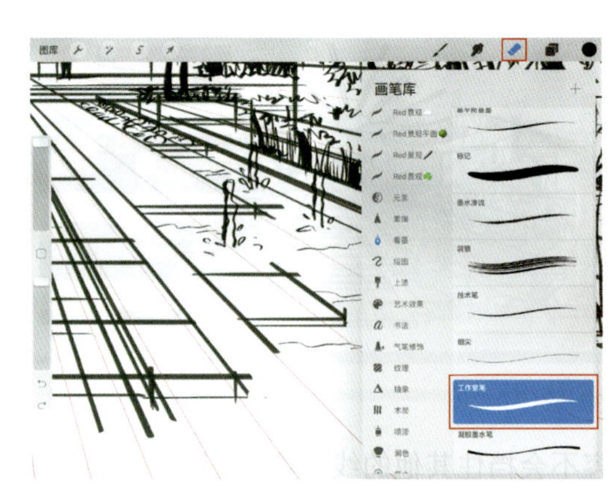

图 7-35

05 至此，整个场景的效果图手绘表现已经完成，关闭透视辅助工具。点击“操作”工具，打开“操作”界面，点击“画布”工具，点击“编辑 绘图指引”选项，关闭“辅助绘图”选项，点击“完成”按钮。再次点击“操作”工具，打开“操作”界面，点击“画布”工具，将“绘图指引”选项关闭。操作完成后的效果如图 7-36 所示。

图 7-36

图 7-41

图 7-42

图 7-43

图 7-44

图 7-45

图 7-46

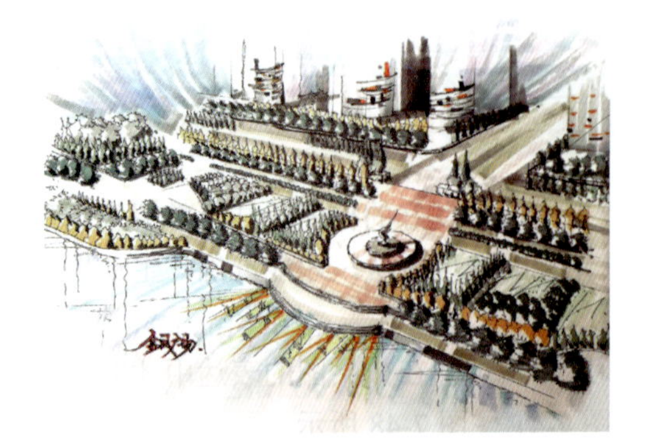

图 7-47

图 7-48

# 第 8 章 景观效果图进阶表现

景观效果图通常可以理解为设计者将景观效果的设计意图和构思进行形象化再现的一种形式。效果图的绘制主要有计算机渲染与手绘两种基本方式，通常手绘表达和计算机渲染同样重要。手绘可以更加生动、形象地记录作者的创作激情，并将其注入作品之中；计算机渲染则更加真实准确，并且效果表达更加高级出彩。利用 iPad Procreate 软件可以绘制出介于手绘表达效果和计算机渲染效果之间的景观效果图。

本章展开讲解使用 Procreate 软件绘制效果图进阶表现的操作方法，主要有运用软件工具提升手绘质感和速度以及利用软件的渲染功能烘托已经导出的景观模型或者素材，从而制作出氛围感十足的景观效果图。

## 8.1 景观效果图手绘进阶表现

利用 iPad Procreate 软件的强大功能绘制景观效果图，比纯手绘方式方便快捷很多。手绘效果图的进阶表现主要有以下两种方式。

第一种是利用 Procreate 的透视等功能构建效果图画面的构图，然后运用软件中的笔刷等工具，绘制出效果图的景观元素。

第二种则是在 Procreate 中直接插入写生图片或者现实照片，然后使用软件中的工具进行照片的转绘。

### 8.1.1 景观配景元素 iPad 表现

植物是风景园林景观设计中的重要设计元素，在效果图的表达中起着关键作用。在纸上能够实现的手绘表现，在 iPad 上同样可以实现。本节以乔木植物为例，展示在 iPad 上绘制景观配景元素的表达技巧。

【操作步骤】

01 新建画布后，点击“绘图”工具，打开“画笔库”界面，选择“植物树干画笔”笔刷，如图 8-1 所示。

**• 提示 •**

本书提供了笔者自制的景观笔刷，读者可以自行导入，也可以根据之前的笔刷制作教程自行制作相应的笔刷。

石、云彩、人物等，都有相应的笔刷素材，利用好这些素材，可以事半功倍。

在 iPad Procreate 中利用画笔库中的笔刷绘制部分景观配景元素的表达参考如图 8-12 ～图 8-22 所示。

图 8-12

图 8-13

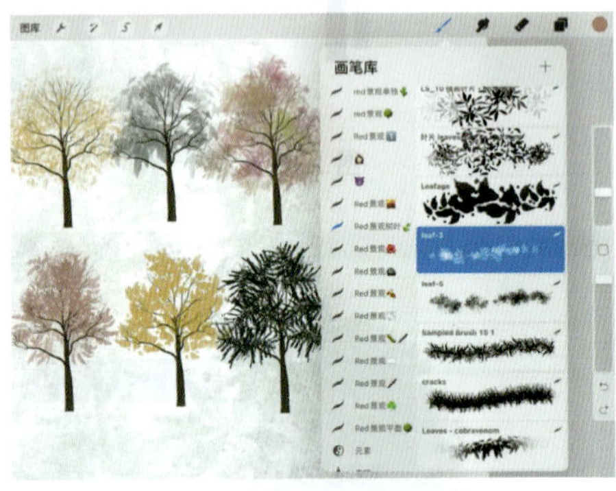

图 8-14

图 8-15

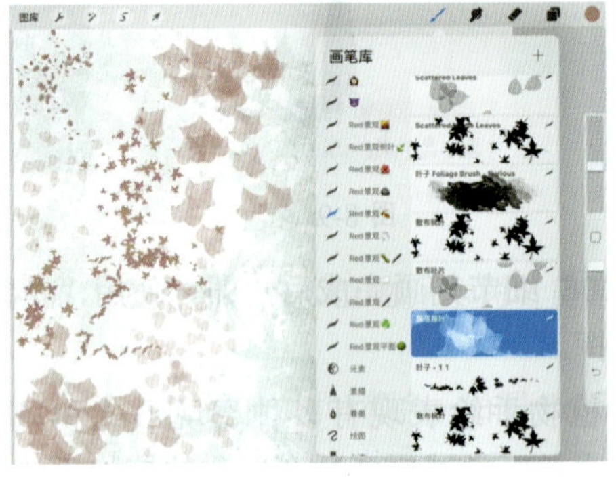

图 8-16

图 8-17

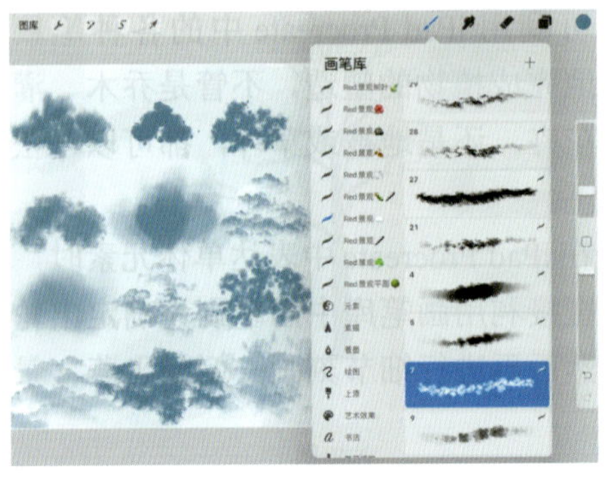

图 8-18

图 8-19

图 8-20

图 8-21

图 8-22

## 8.1.2 园林景观照片转绘

正如高尔基所说：“学习并不等于就是摹仿某些东西，而是掌握技巧和方法。”了解景观配景元素的绘制方法之后，学会利用丰富的笔刷，以及科学的透视构图技巧，在今后的 iPad 效果图绘制中将会更加得心应手、游刃有余。

临摹照片或者杂志上的图片，要比实地写生简单得多，因为照片转绘的练习不会受到实地写生时可能遇到的如天气、光线等外在环境的影响。此外，拍摄照片时照相机的取景框已经控制了构图，因此可以通过临摹照片体会构图方法，练习景观单体以及配景元素的表现技巧。

上文中提到，可以通过临摹照片来锻炼手绘效果图的表现技巧，运用 iPad Procreate 可以事半功倍，这种操作被称为照片转绘。下面以景观建筑经典作品——流水别墅的实景照片（见图 8-23）为例，演示在 iPad Procreate 中进行照片转绘的方法。

图 8-23

09 为了更加细致地表现照片转绘效果图，我们可以调出参考照片，刻画照片时会更加心手相应。点击“操作”工具，打开“操作”界面，如图 8-36 所示。

10 点击“画布”工具，打开“画布”界面，打开“参考”选项，如图 8-37 所示。

图 8-36

图 8-37

11 显示“参考”界面，此时该界面是整张画布的预览，如图 8-38 所示。

12 点击“图像”选项，调出“图像”界面，点击“导入图像”按钮，插入所转绘的照片，如图 8-39 和图 8-40 所示。

图 8-38

图 8-39

图 8-40

13 在此参考框内可以放大或缩小观察照片，按住参考框上方操作位可以随意移动参考照片的位置，如图 8-41 和图 8-42 所示。

图 8-41

图 8-42

**14** 利用参考照片，细致地刻画效果图，如图 8-43 所示。线稿勾勒完成后，可以再次点击“图层”工具，打开“图层”界面，新建图层，对画面进行细节刻画，并填充颜色等。最好将每个元素都分层处理，这样方便修改，如图 8-44 所示。

图 8-43

图 8-44

**15** 使用各种笔刷刻画效果图细节，最后进行调整，完成照片转绘。使用 iPad Procreate 可以方便快捷地修改图像，形成同一场景但是不同效果的图片。例如，改变色调和树叶颜色，完成表现春夏秋冬不同季节的组图，如图 8-45 ～图 8-48 所示。

图 8-45

图 8-46

图 8-47

图 8-48

为了加深读者对照片转绘手绘操作及处理方法的理解，下面以笔者实拍的一张建筑群照片为底图，再次演示使用 iPad Procreate 进行照片转绘的方法。

## 8.2 景观效果图素材应用进阶表现

绘制景观效果图的难点在于素材的摆放，这是一件复杂的工作。景观效果图的绘制不仅需要制作团队拥有庞大的素材库，还需要团队成员具备专业的美术功底及对景观效果图的深刻理解。使用二维的景观素材制作三维的效果图是件比较困难的事。

使用 iPad Procreate 制作景观效果图时，不仅可以实现手绘效果和照片转绘，还可以通过素材的拼贴创作来形成具有立体感的贴图风格效果图，或者通过渲染景观模型来烘托出效果图的氛围感。

### 8.2.1 空间创造效果图

空间创造效果图表现是相对复杂的效果图制作，可以通过各种图片素材的拼贴，创造出设计者心中的场景。掌握这种方法后，可以轻松创作出不同风格的效果图，充分发挥 iPad Procreate 的强大功能，以达到效果图出色展示的目的。

绘制景观效果图需要美术功底，因为素材在画面中的处理需要考虑近实远虚及透视比例的素描关系，以及近纯远灰和色调的统一与对比的色彩关系。如果其中某一方面出了问题，就会导致观者感到整体效果不好、存在问题，这其实就是违反了美术规律，也就是视觉习惯。此类问题将直接影响设计的成功与否。

【操作步骤】

01 选择合适的画布尺寸，新建画布。在“画笔库”界面选择合适的创建空间草稿的笔刷，在“调色板”界面中选择合适的创建空间草稿的颜色，如图 8-49 ～图 8-51 所示。

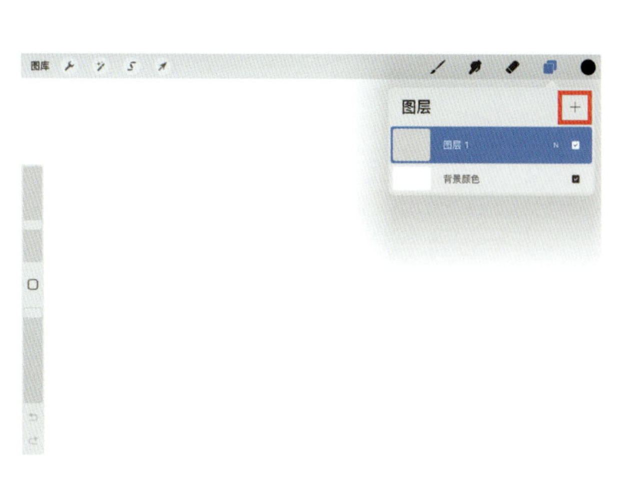


图 8-49

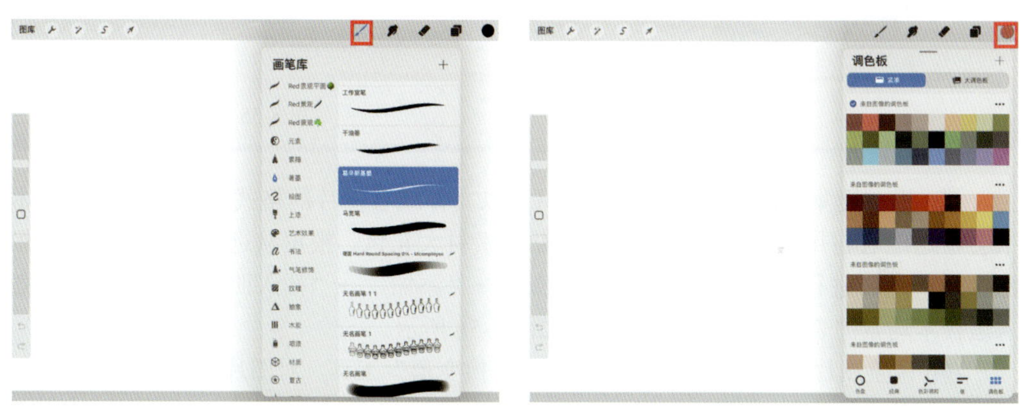


图 8-50　　图 8-51

02 在画布上勾勒出简单的空间效果，相当于基础草稿，如图 8-52 所示。可以进行再次完善，将草稿细化，如图 8-53 所示。

图 8-52　　图 8-53

**• 提示 •**

点击“图层”工具，打开“图层”界面，选择勾勒的草稿图层，如图 8-54 所示。点击该图层的 N 混合模式，将图层的“不透明度”降低至 40%，确保其对之后的贴图操作无干扰，如图 8-55 所示。

图 8-54

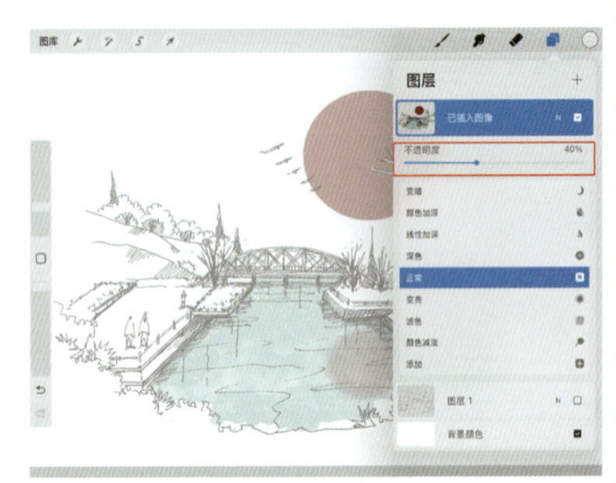

图 8-55

**03** 提前搜集符合该场景的贴图素材，以文件或者图片的格式保存至 iPad 中。本书会赠送笔者自用的风景园林景观设计贴图素材大礼包。根据从远到近的视觉空间景深关系，逐步进行贴图。依次点击“操作”→“添加”→“插入照片”选项，首先插入适合本场景的表现远景的图片素材，如图 8-56 所示。

**04** 调整图片素材的大小，可以点击“变换变形”工具，对图片素材的尺寸、方位等进行调整，如图 8-57 所示。

图 8-56

图 8-57

**05** 按照以上步骤，依次插入不同空间层次的图片素材。例如，插入天空图片素材之后，再插入远处山体的图片素材，然后插入远处景观桥的图片素材以及远处植物的图片素材等，如图 8-58 ～图 8-60 所示，对素材依次堆叠并进行处理。

图 8-58

图 8-59

图 8-60

**06** 对于插入的图片素材，按照不同的景深关系、方位等进行处理操作，才能创建更加协调的空间关系。使用“变换变形”工具，或者“操作”界面的“液化”等工具，对插入的图片素材进行处理。例如，对花坛、草池等图片素材做变形处理，如图 8-61 和图 8-62 所示。使用“选取”工具，选取不需要的素材，然后移除。当然，也可以直接用“擦除”工具对图片素材进行抠图处理。

图 8-61

图 8-62

下面以步行街内庭景观设计的 SketchUp 模型视角图片的渲染为例，讲解具体的操作步骤，如图 8-73 所示。

图 8-73

【操作步骤】

01 打开 Procreate，在开始界面，点击“照片”工具，将模型视图导入，如图 8-74 和图 8-75 所示。

图 8-74

图 8-75

02 观察现有模型视图中缺少的部分，在网络上或者素材库中挑选所对应的图片贴纸。此模型视图中缺少的细节如图 8-76 所示。

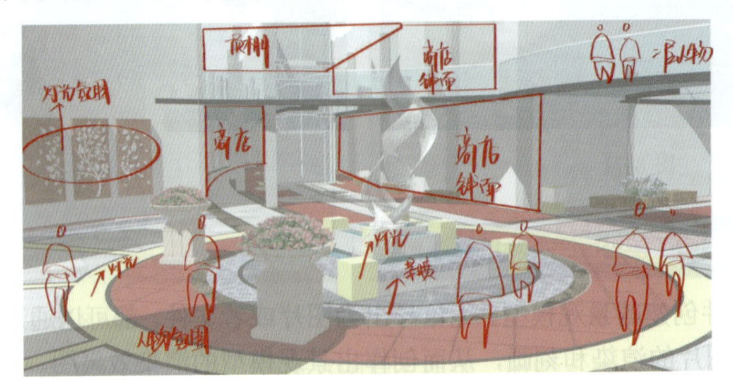


图 8-76

**03** 通过贴图操作，将不完善的部分用贴图补充完整，效果如图 8-77 所示。

**04** 贴图补充完整后，进行场景效果图的细节刻画，增加丰富度，如图 8-78 所示。

图 8-77

图 8-78

**• 提示 •**

在渲染模型视图时，为了使效果图画面更加丰富，除了必要的景观元素外，还可以添加光影、人物、动物等元素。

**05** 最后调整图片的光影，并导出模型渲染效果图，如图 8-79 所示。

图 8-79

### 8.2.3 鸟瞰图模型渲染表现

鸟瞰图能较完整地展现场地中的各个风景园林要素以及它们之间的关系，呈现出清晰直观的画面。在绘制大幅景观的鸟瞰图时，通常要借助三维模型软件来设计基本

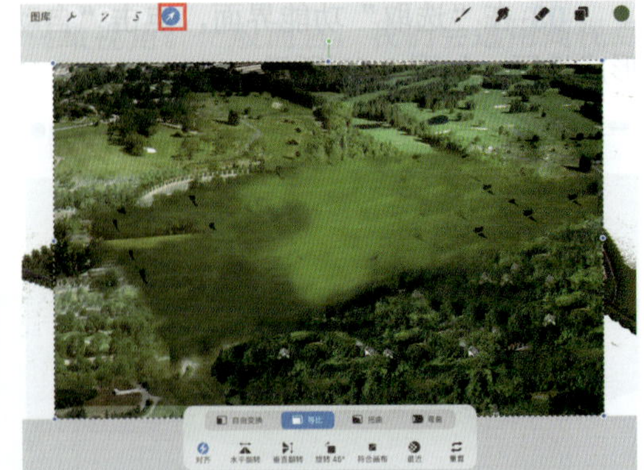


图 8-85

图 8-86

图 8-87

08 在“图层”界面选择密林贴图素材图层（即图层 1）。依次点击“调整”→“克隆”选项，将“克隆”选区移动至合适的密林区域，如图 8-88 所示。

09 点击“绘图”工具，打开“画笔库”界面，选择合适的画笔笔刷（这里选择“气笔修饰”中的“硬混色”），将“克隆”选区下的密林区域克隆至其他区域，直至将周边环境克隆完整自然，形成和谐的周边环境画面，如图 8-89 所示。

图 8-88

图 8-89

10 点击“图层”工具，打开“图层”界面，点击“+”工具，新建图层（即图层 3），如图 8-90 所示。

11 点击“绘图”工具，打开“画笔库”界面，选择合适的绘制云朵的笔刷（这里选择笔者自制笔刷），如图 8-91 所示。点击“颜色”工具，选择白色。

图 8-90

图 8-91

12 在刚才新建的图层（即图层 3）上使用云朵笔刷在画布四周绘制出云彩，如图 8-92 所示。

13 点击“图层”工具，打开“图层”界面，选择绘制了云彩的图层（即图层 3），点击 N 混合模式，将“不透明度”降低（此处调整为 50%），如图 8-93 所示。

图 8-92

图 8-93

14 为了丰富云彩的层次，使画面更加形象生动，可点击“图层”工具，打开“图层”界面，点击“+”工具，新建图层（即图层 4）。在此图层上，继续使用云彩笔刷叠加云彩层次，如图 8-94 所示。

图 8-94

15 为了增强鸟瞰效果图的画面感，可以增添光照效果，光线的渲染会使整个画面更加真实贴切、更加柔和、更加有氛围感。点击“图层”工具，打开“图层”界面，点击“+”工具，新建图层（即图层 5），在此新建图层上渲染光照，如图 8-95 所示。

图 8-95

16 点击“绘图”工具，打开“画笔库”界面，选择铺装渲染笔刷（这里选择笔者自制的污渍笔刷）。点击“颜色”工具，打开“颜色”界面，选择暖色调的颜色。如图 8-96 所示。

图 8-96

17 在新建的图层（即图层 5）上绘制出光照氛围，如图 8-97 所示。

18 点击“图层”工具，打开“图层”界面，选择光照渲染图层（即图层 5），点击 N 模式混合，将“不透明度”调整至合适的水平（这里调整至 75%），设置混合模式为“添加”，让光照渲染效果更加自然，如图 8-98 所示。

图 8-97

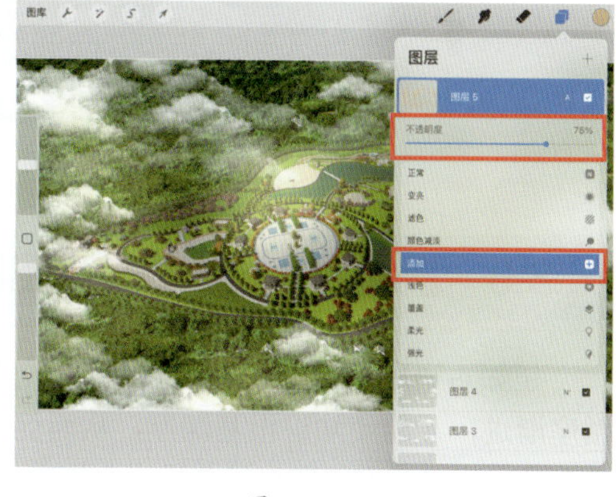


图 8-98

19 添加灵动的飞鸟可以增加画面的生动感，并且可以增强整个画面的俯瞰进深感。点击“图层”工具，打开“图层”界面，点击“+”工具，新建图层（即图层 6），如图 8-99 所示。

20 点击“绘画”工具，打开“画笔库”界面，选择笔刷渲染飞鸟（这里选择笔者自制的飞鸟笔刷）。点击“颜色”工具，选择白色。在图层 6 上绘制出飞鸟，如图 8-100 所示。

图 8-99

图 8-100

21 至此，鸟瞰效果图制作完成，然后导出为图纸格式的文件，如图 8-101 所示。

图 8-101

## 8.3 景观效果图进阶表现出图展示

正如古语所言：“水之积也不厚，则其负大舟也无力。”只有扎实地学习知识并循序渐进，才能使知识根基深厚，从而促进自身的成长。打好基础，掌握知识后，要学会举一反三，方能取得显著进步。笔者自绘的景观效果图进阶表现范例如图 8-102 ～图 8-108所示。

图 8-102

图 8-103

图 8-104

图 8-105

图 8-106

图 8-107

## 9.1.1 渲染剖立面分析图

在设计过程中，理想的工作流程是平面图、立面图、剖面图同步进行并相互参照。然而，对于很多设计者而言，难以在短时间内把平面与竖向的关系处理得面面俱到、滴水不漏。设计时往往是经过简单的草图构思后，先确定平面图，再绘制剖立面图。重要的是设计要尽可能多方面地展示构思方案的优点和深度。

【景观知识充电】景观竖向设计又被称为地形设计，是景观设计中的一项重要内容。竖向设计的目的有许多，比如丰富场地景观、遮挡影响观感的构筑物、优化排水与交通系统以及丰富场地流线等。在面对有较大高差的地形，如陡坎、角度较大的坡地、悬崖等场地时，往往需要通过竖向设计来改造场地，以适应人的活动需求，增加场地的可达性。在风景园林设计中，非常重要的一项内容是对立面和竖向的处理。剖面图通过展示界面剖线，揭示诸如地形、水体、植物等设计要素的细节，从不同角度补充了补充平面图。剖面图和立面图能清晰地反映竖向关系、细部设计等。剖面图往往能传达大量的设计信息，因此它的绘制方法显得非常重要。

使用不同软件创建的景观模型，可以通过其他建模软件的功能来生成所需的剖面视图，并将其导出为图片或者文件。然后，可以用 iPad Procreate 对此剖面视图进行渲染和刻画，从而创作出景观模型的剖切分析图。在绘制的过程中，选择的剖切位置和立面应具有代表性，能够表现出不同景观元素之间的前后层次关系。

下面以小游园的 SketchUp 空间模型剖面视图（见图 9-1）的渲染为例，展示绘制剖立面分析图的操作步骤。

图 9-1

【操作步骤】

**01** 打开 Procreate 软件，在开始界面点击“+”工具，在“新建画布”界面选择合适的画布尺寸，此处选择 4K，如图 9-2 所示。

**02** 新建画布后，依次点击“操作”→“添加”→“插入照片”或者“插入文件”选项，导入模型的剖面视图，如图 9-3 所示。

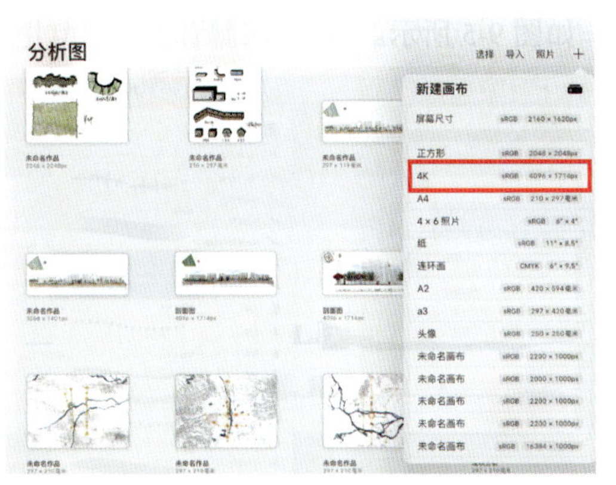

图 9-2

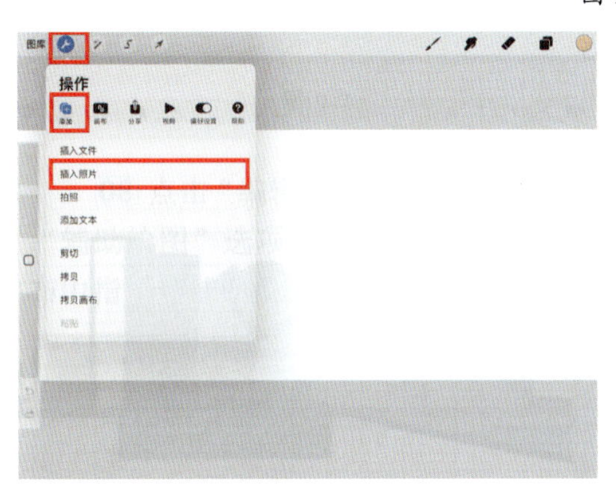


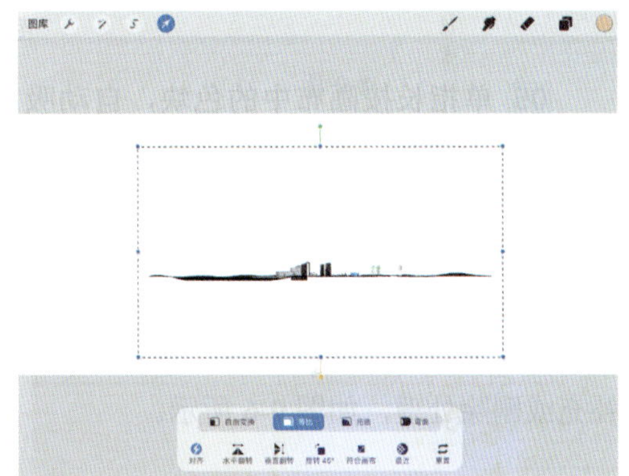


图 9-3

03 点击“变换变形”工具，将模型剖面视图调整至合适大小，使得画面看起来比较舒适。注意，在使用“变换变形”工具调整画面大小时，使用“等比”变换，以确保比例协调不失衡，如图 9-4 所示。

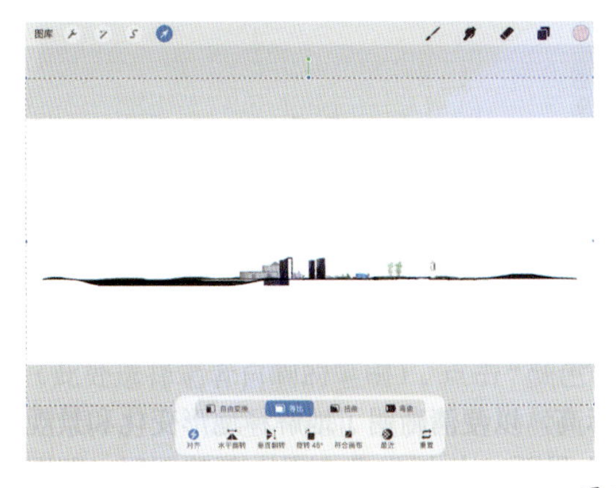

图 9-4

04 使用“擦除”工具或者“绘图”工具（“擦除”工具选择“气笔修饰”中的“硬混色”笔刷，“绘图”工具选择笔者自制的笔刷），刻画导入的模型剖面视图的细节，

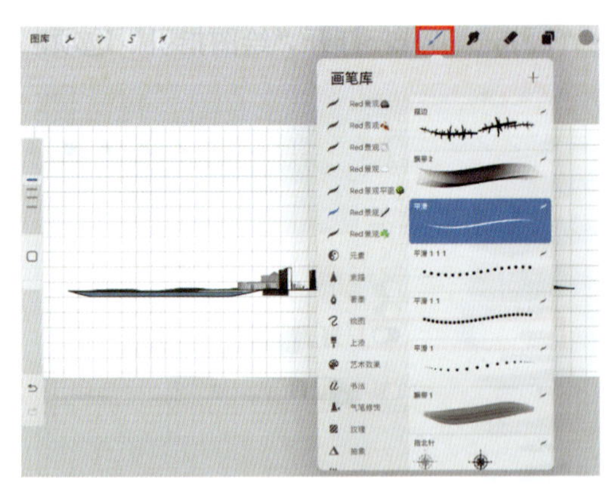


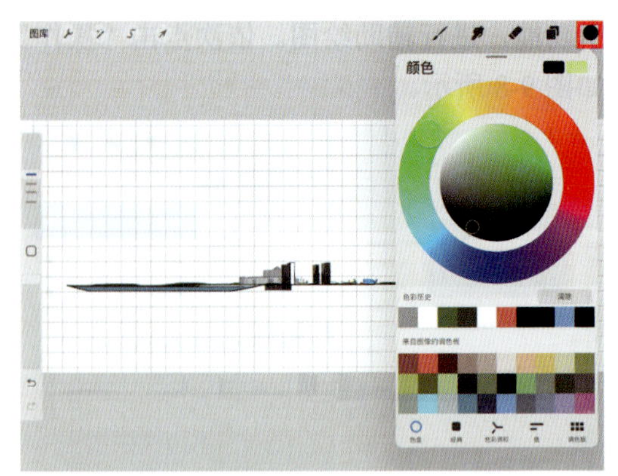


图 9-11

11 在图层 2 上绘制剖切注解线，此时使用“绘图”或者“擦除”工具，只能按照网格绘图辅助进行操作，如图 9-12 所示。

12 绘制完剖切注解线后，可点击“操作”→“画布”工具，关闭“绘图指引”选项，以方便后续的操作，如图 9-13 所示。

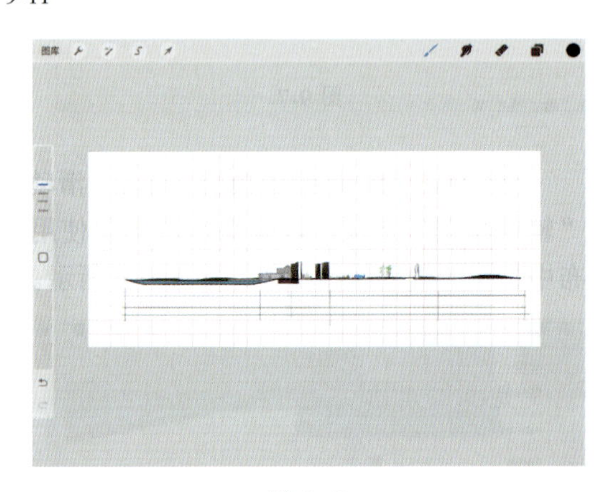

图 9-12

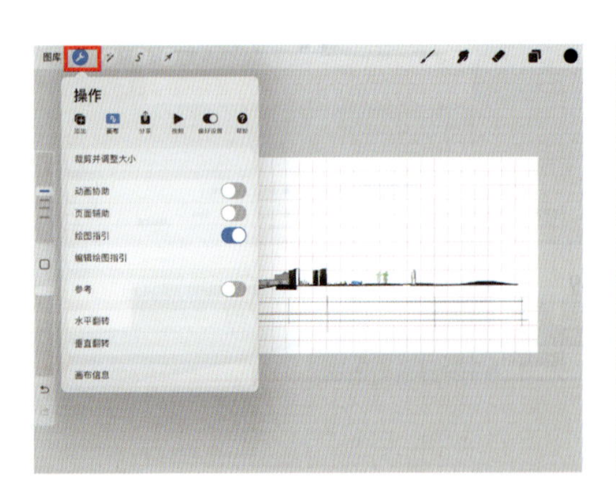


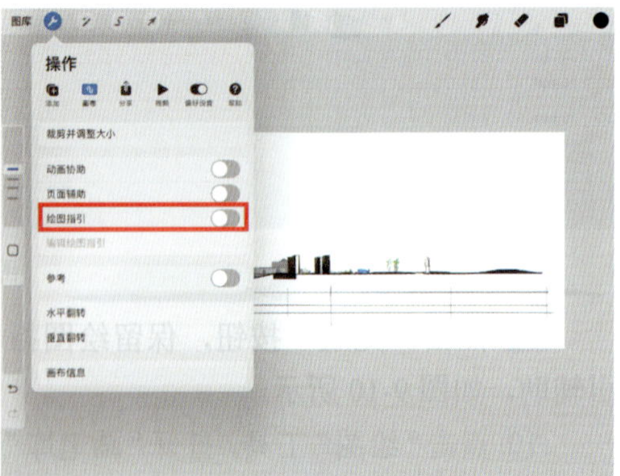


图 9-13

13 在绘制剖立面分析图时，可以在剖切地面下方渲染出土地层材质。在剖立面分析图中，特别是在驳岸或者滨河区域，应详细区分不同的材质。点击“图层”工具，打开“图层”界面，点击“+”工具，新建图层（即图层 3），进行土地层材质的绘制，如图 9-14 所示。

14 此处示范添加夯土层材质的操作步骤。点击“绘图”工具，打开“画笔库”界面，选择合适的绘制土地材质的笔刷，此处选择“纹理”中的“千层树”笔刷。点击“颜色”工具，打开“颜色”界面，选择合适的土地层的颜色。如图 9-15 所示。

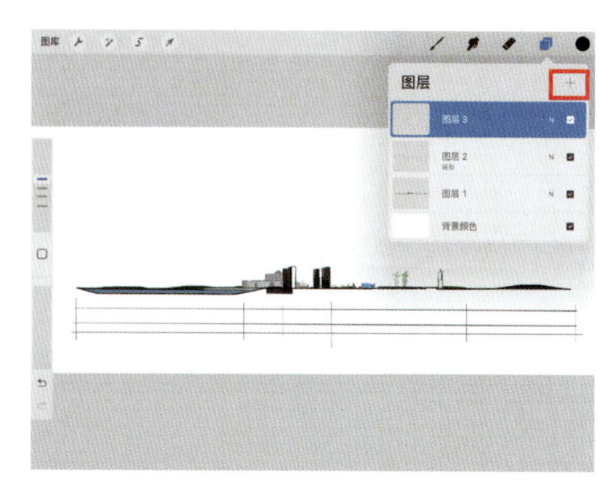


图 9-14

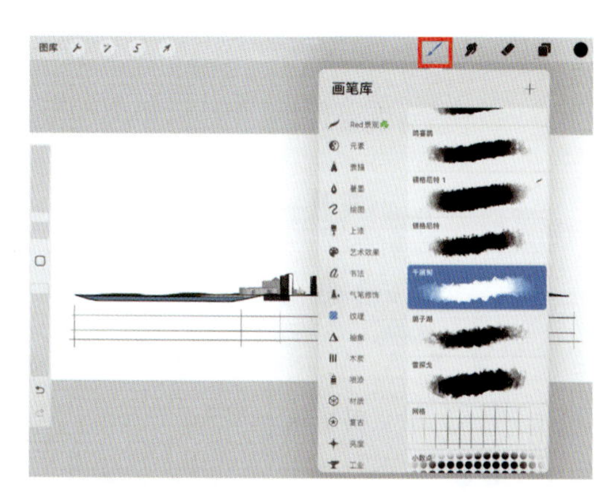

图 9-15

15 然后在图层 3 上绘制土地层，如图 9-16 所示。

16 观察画布现状，调整至最佳。可以看到土地层图层中有部分内容覆盖到剖面视图图层上，我们可以对其进行处理。将模型剖面视图图层（即图层 1）中多余的白色背景删除，然后将模型剖面视图图层拖至土地层图层（即图层 3）上方，即可遮挡住土地层图层中溢出的部分，如图 9-17 所示。

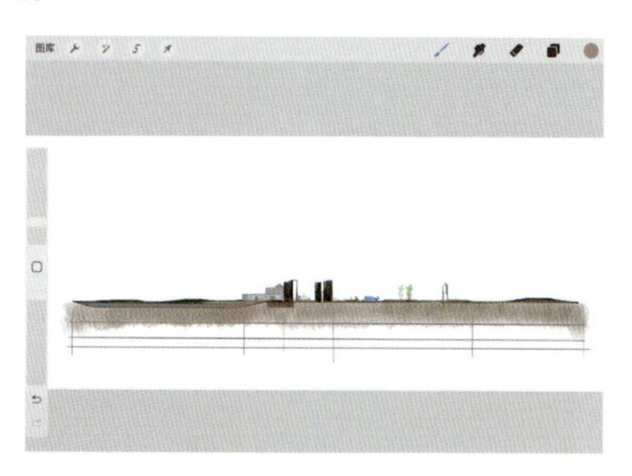


图 9-16

17 具体操作是，点击“图层”工具，打开“图层”界面，选择模型剖面视图图层（即图层 1），依次点击“选取”→“自动”选项（关闭“颜色填充”选项），选取模型剖面视图图层中多余的背景部分，形成概念选区，如图 9-18 所示。

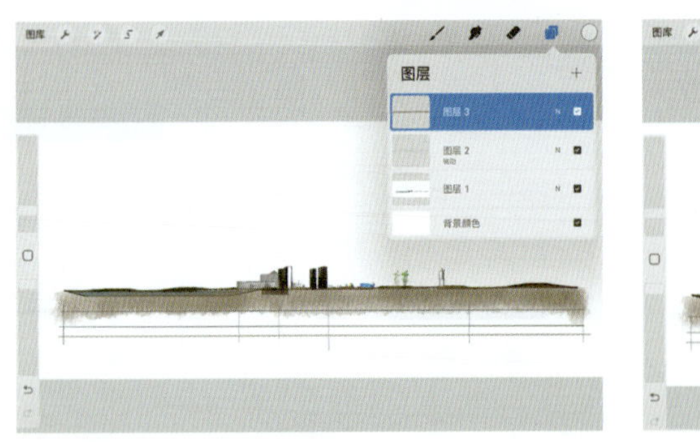

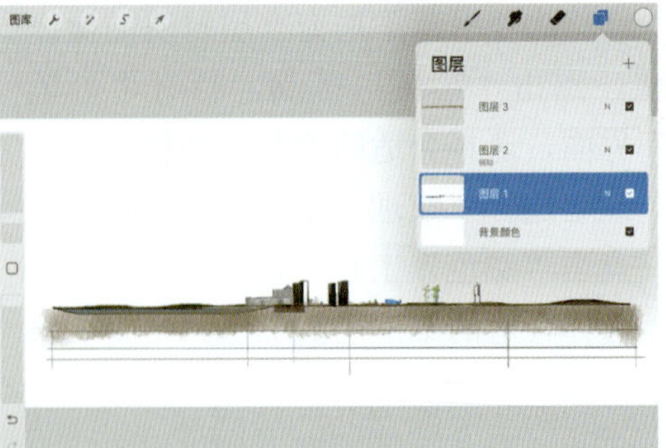

图 9-17

18 点击“变换变形”工具，将上一步选取的选区拖至画布外，进行删除。点击“图层”工具，打开“图层”界面，拖动土地层图层（即图层 3）至模型剖面视图图层（即图层 1）下方，如图 9-19 所示。

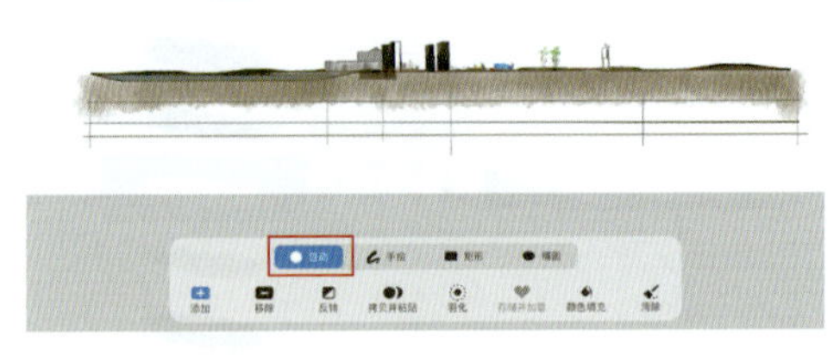

图 9-18

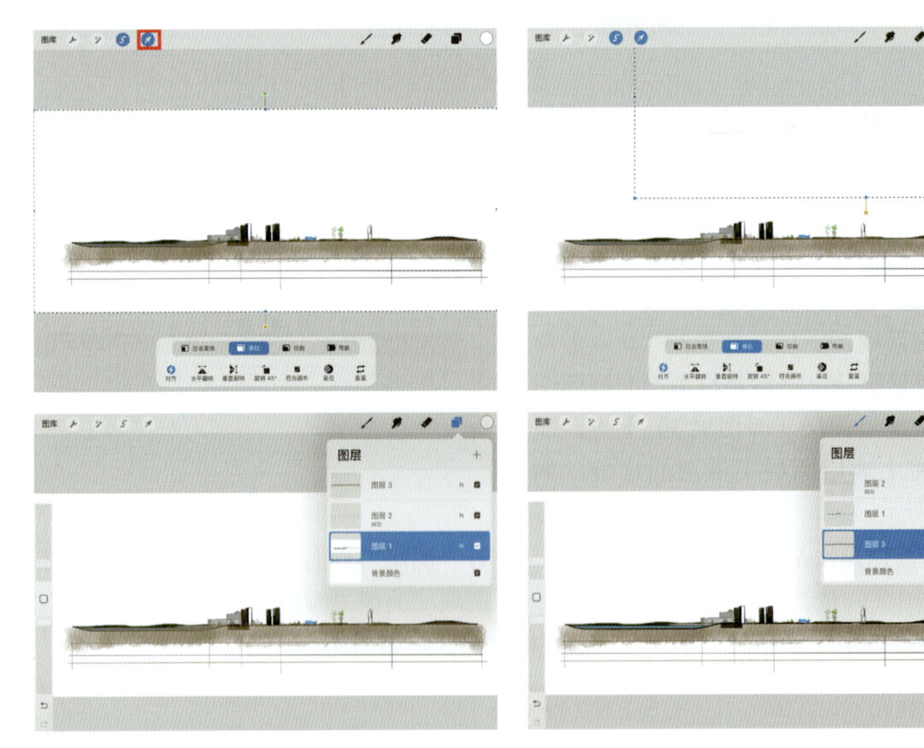

图 9-19

19 在“图层”界面中选择土地层图层（即图层 3），点击“擦除”工具将土地层图层中多余的部分擦除，并进行细节处理。土地层图层与模型剖面视图图层融合完成，如图 9-20 所示。

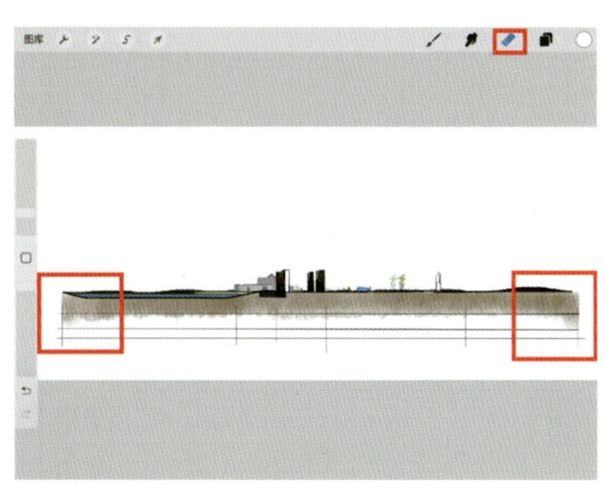

图 9-20

20 通过标高，可以进一步精确表述高程及高差的关系。添加配景元素，如人物、车辆、云彩、飞鸟、树木等可以增强图面的尺度感，活跃气氛。根据场地需求，可增加山体或者建筑等背景元素。此模型剖面视图是城市绿地设计，所以增加居民楼贴图作为背景。依次点击“操作”→“添加”→“插入照片”或者“插入文件”选项，插入居民楼贴图素材，如图 9-21 所示。

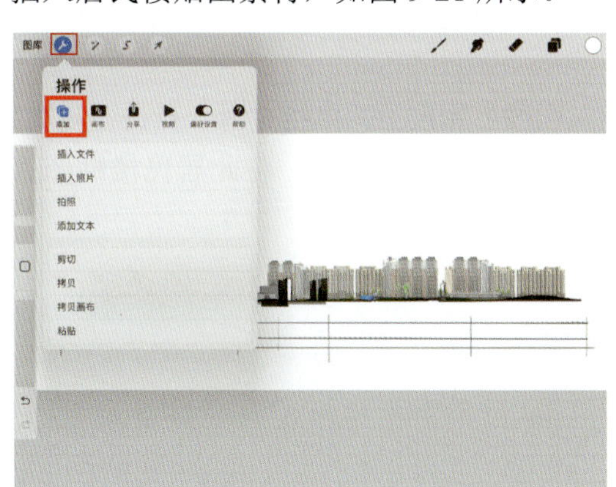


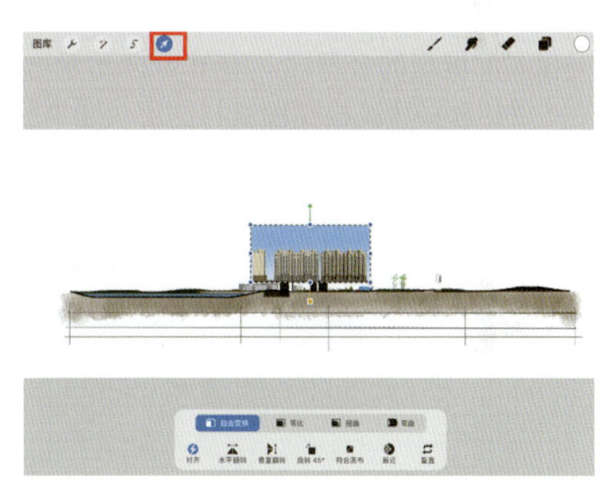

图 9-21

21 使用“变换变形”工具，将居民楼贴图素材移至合适的位置，并且调整至合适的尺寸，如图 9-22 所示。

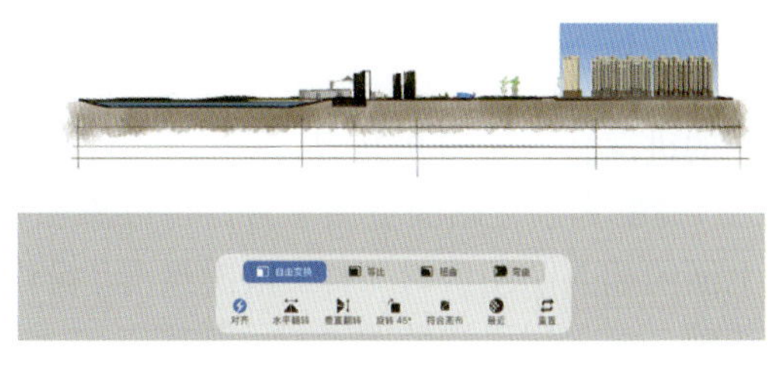

图 9-22

22 有的贴图素材会存在抠图不完整或者细节缺失等问题，需要我们后期再次对贴图素材的细节进行处理。点击“选取”工具，选取居民楼贴图素材中多余的天空区域，形成选区。点击“变换变形”工具，将选取的选区拖至画布外，进行删除，如图 9-23 所示。

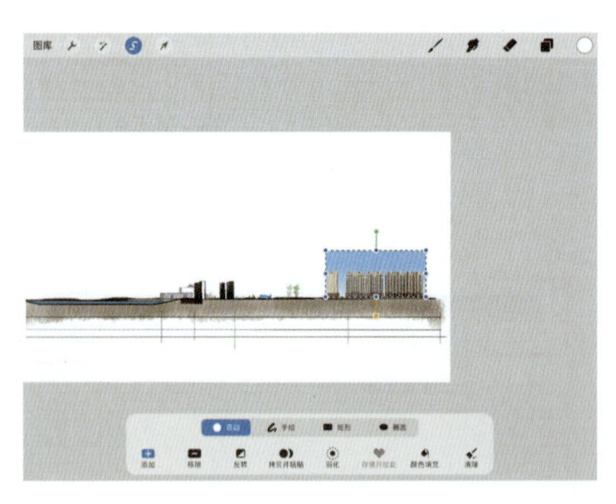
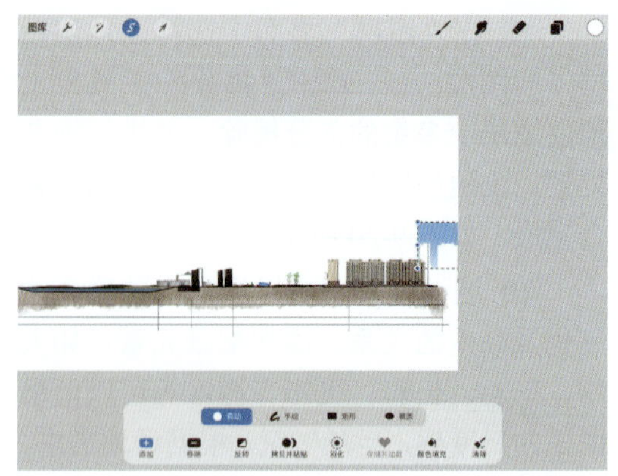

图 9-23

23 处理完贴图素材后，点击“图层”工具，打开“图层”界面，选择居民楼贴图素材图层（即“已插入图像”图层），将该图层拖至模型剖面视图图层（即图层 1）下方，以便露出剖面视图，形成居民楼在剖切面后方的远近进深关系，调整图层位置，确保画面展现的合理性，如图 9-24 所示。

24 选择居民楼贴图素材图层（即“已插入图像”图层），单指左滑，点击“复制”选项。选择复制的居民楼贴图素材图层，点击“变换变形”工具，将此居民楼贴图素材拖动到合适的位置，如图 9-25 所示。

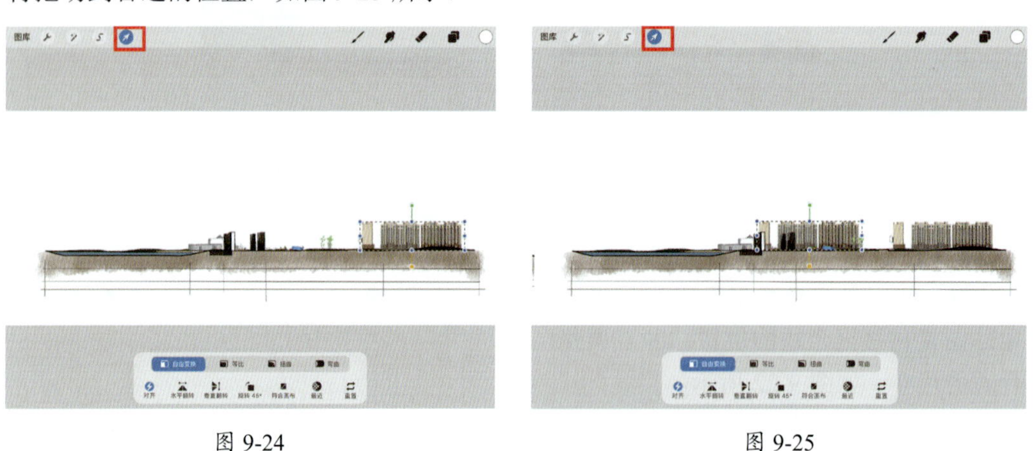

图 9-24　　图 9-25

25 反复执行复制操作，可以形成居民楼群的背景，丰富画面效果，并增强剖面视图的进深感，如图 9-26 所示。

26 为了让画面更加丰富，可以添加多种类型的居民楼贴图素材，具体操作方法与上面的插入贴图素材一样。依次点击“操作”→“添加”→“插入照片”或者“插入文件”选项，插入居民楼贴图素材，如图 9-27 所示。

27 使用“变换变形”工具，将居民楼贴图素材移动至合适的位置，并且调整至合适的尺寸。对贴图素材的细节进行处理，点击“选取”工具，选取居民楼贴图素材中多余的天空区域，形成选区。点击“变换变形”工具，将选取的选区拖动至画布外，进行删除，如图 9-28 所示。处理完贴图素材后，点击“图层”工具，打开“图层”界面，选择该居民楼贴图素材图层（即“已插入图像”图层），将该图层拖动至模型剖面视图图层（即图层 1）下方，以便露出剖面视图，形成居民楼在剖切面后方的远近进深关系，调整图层位置，确保画面展现的合理性。

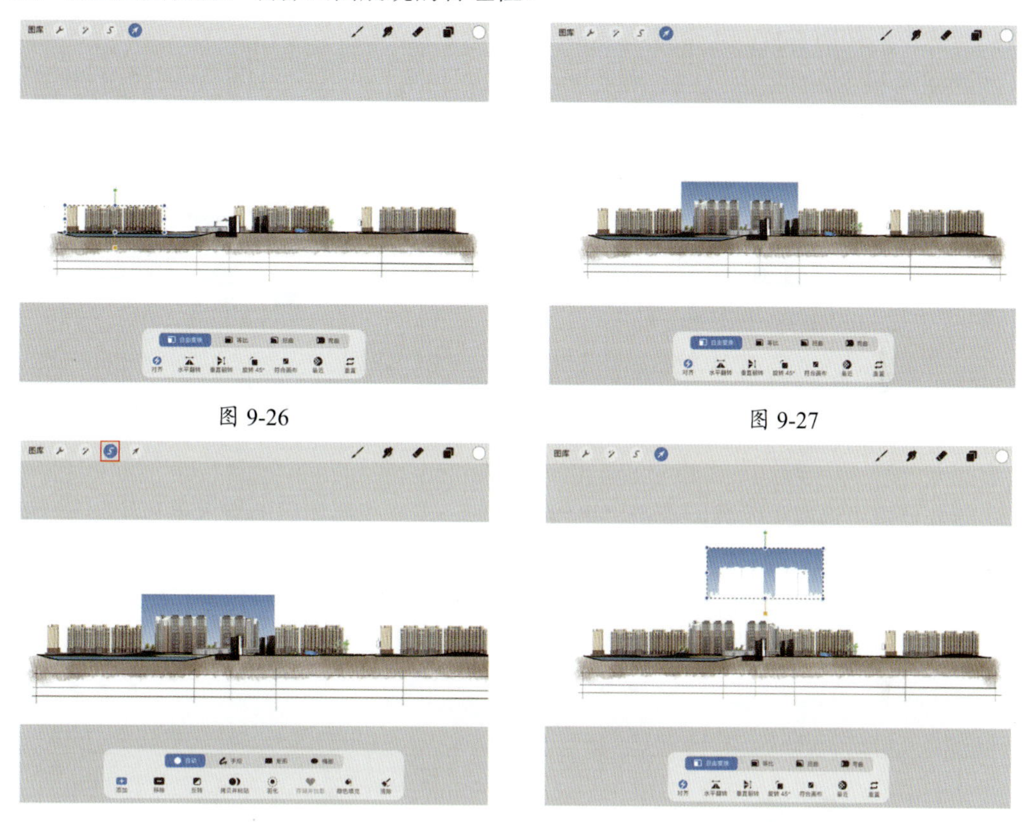

图 9-26　　图 9-27

图 9-28

28 选择该居民楼贴图素材图层（即“已插入图像”图层），单指左滑，点击“复制”选项，选择复制的居民楼贴图素材图层。点击“变换变形”工具，将此居民楼贴图素材拖动至合适的位置，如图 9-29 所示。

29 反复执行复制此操作，可以形成居民楼群的背景，增强剖面视图的进深感，如图 9-30 所示。

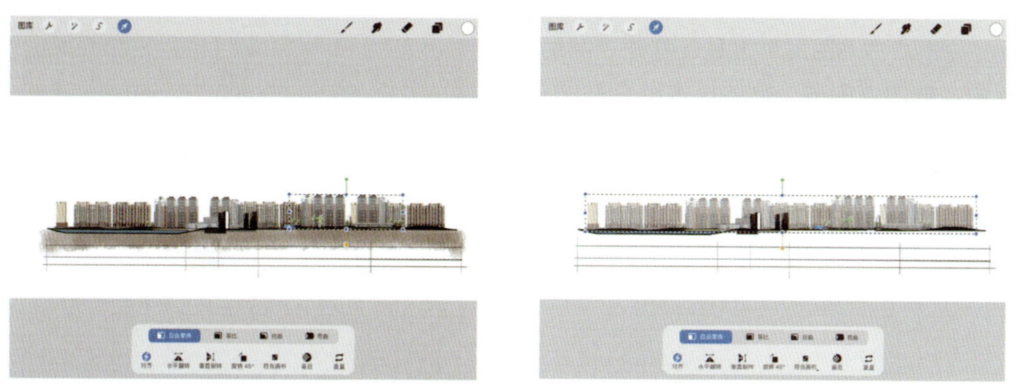

图 9-29　　图 9-30

30 背景贴图素材添加完成后，添加树木贴图素材，渲染剖面视图。依次点击“操作”→“添加”→“插入照片”或者“插入文件”选项，插入树木的贴图素材。此次插入的树木贴图素材是多个单体树木的组合图片，如图 9-31 所示。接下来演示如何处理这种类型的贴图素材，并将它完美地利用起来。

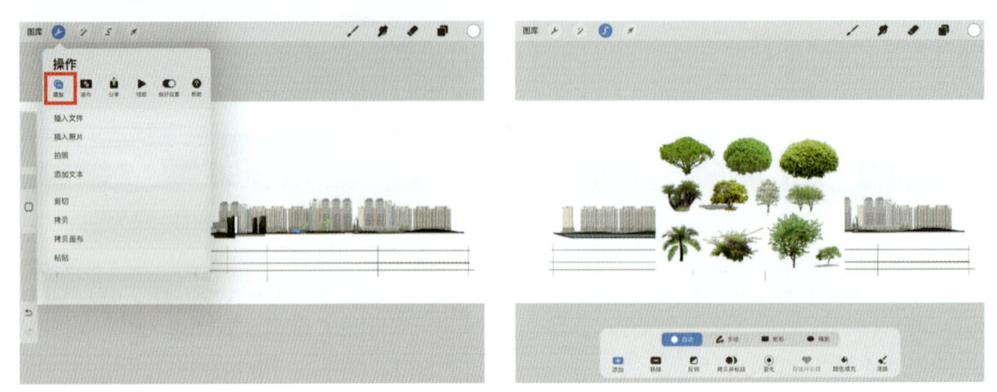

图 9-31

31 点击“选取”工具，点击“手绘”选项，围绕想要使用的树木单体绘制一个闭合选区。点击“拷贝并粘贴”工具，则被选择的树木单体会自动转换为一个选区图层，我们便可以单独使用该图层。可以多次对组合贴图素材中的其他单体进行“选取”和“拷贝并粘贴”操作，不会破坏之前插入的多个单体树木组合贴图素材。如图 9-32 所示。

图 9-32

32 点击“图层”工具，打开“图层”界面，取消选中多个单体树木组合贴图素材图层（即树木的“已插入图像”图层）右侧的复选框，隐藏该图层，以方便后期的操作，如图 9-33 所示。

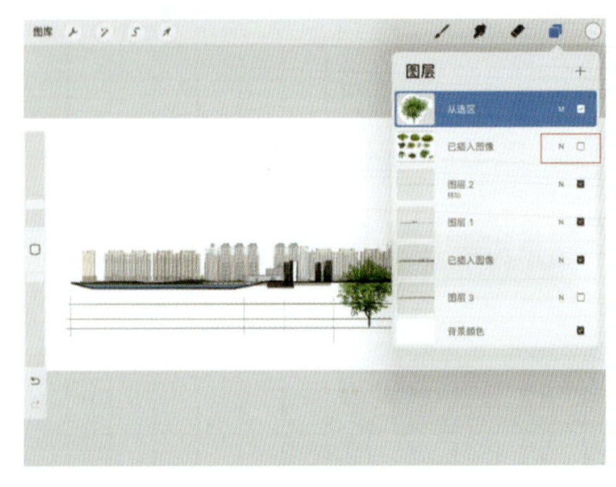

图 9-33

33 选择单个的树木选区图层（即“从选区”图层），点击 N 混合模式，点击“正片叠底”选项，使得选区的白色背景隐藏，显示出下方图层的内容，方便对该树木选区的位置进行调整，如图 9-34 所示。

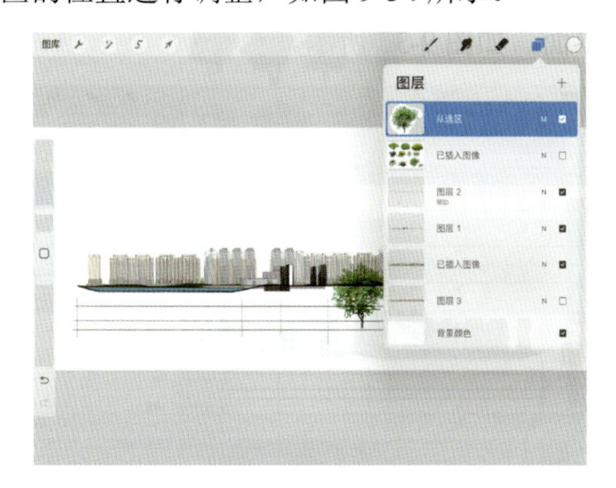
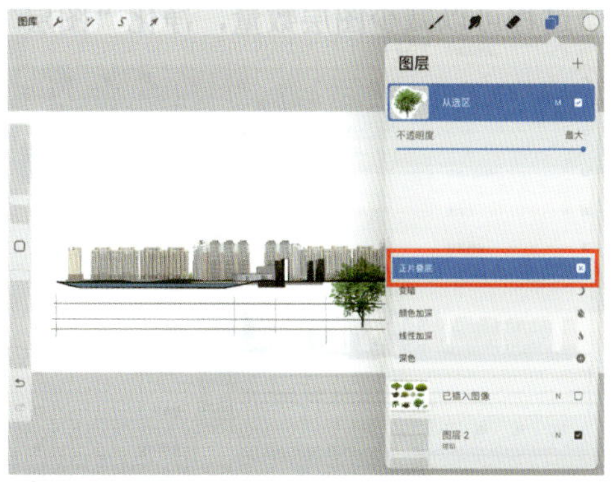

图 9-34

34 依次点击“变换变形”→“等比”选项，将此树木选区调整至合适的大小，使用等比变换功能，可以确保树木选区的比例保持不变，避免出现变形或失衡的情况，如图 9-35 所示。

图 9-35

35 点击“图层”工具，打开“图层”界面，选择该树木选区图层（即“从选区”图层），单指左滑，点击“复制”选项。点击“变换变形”工具，将复制的树木选区移动至合适的位置。反复执行此操作，如图 9-36 所示。

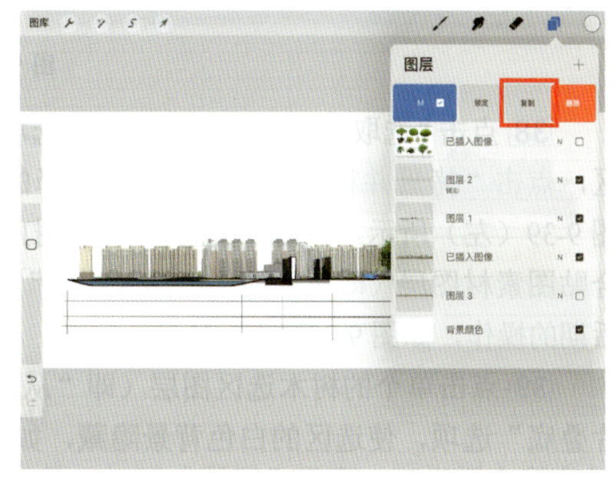

图 9-36

**47** 点击 Aa 样式变换，可调整字体的样式，点击“尺寸”，可输入固定尺寸大小（此处可将 132 pt 改为 20 pt）。也可在此界面变换文字的颜色、字体、样式等，如图 9-48 所示。点击“完成”按钮确定。

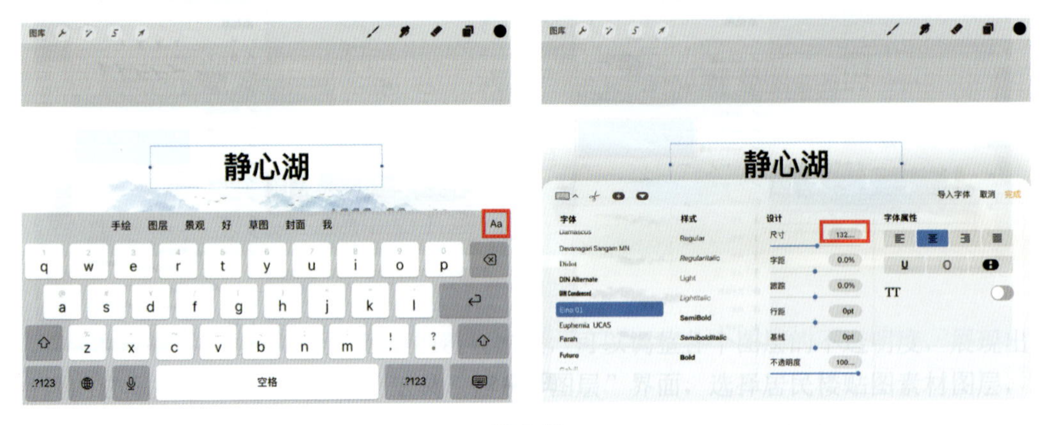

图 9-48

**48** 点击“变换变形”工具，拖动文字至合适的位置。反复执行此操作（添加文字，变换文字的大小和样式，并移动文字的位置），添加注解完成，如图 9-49 所示。

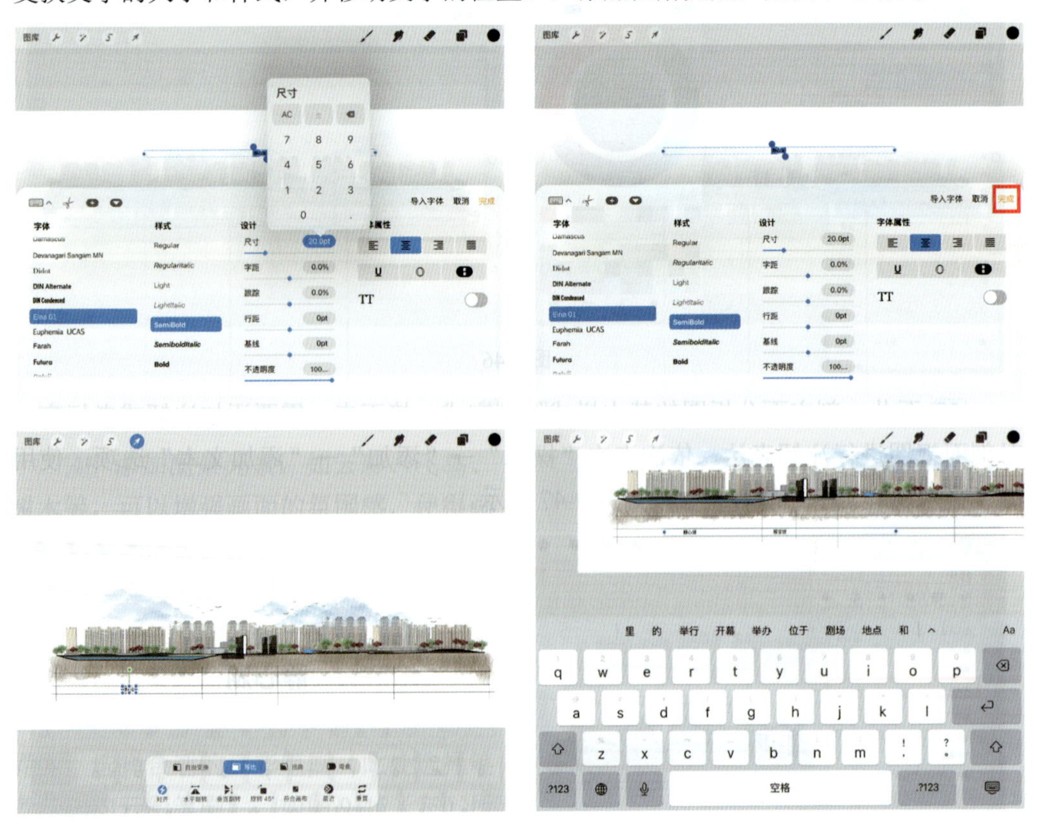

图 9-49

49 可以添加能够展示此剖面视图在平面图中的具体剖切位置的分析图示，使画面更加立体，表达的信息更加全面。点击“操作”→“添加”→“添加文件”或者“添加照片”选项，插入平面图，如图 9-50 所示。

图 9-50

50 需要对插入的平面图进行细节处理。点击“选取”工具，选取平面图中多余的部分，形成选区，点击“变换变形”工具，将选取的选区拖至画布外，进行删除，如图 9-51 所示。

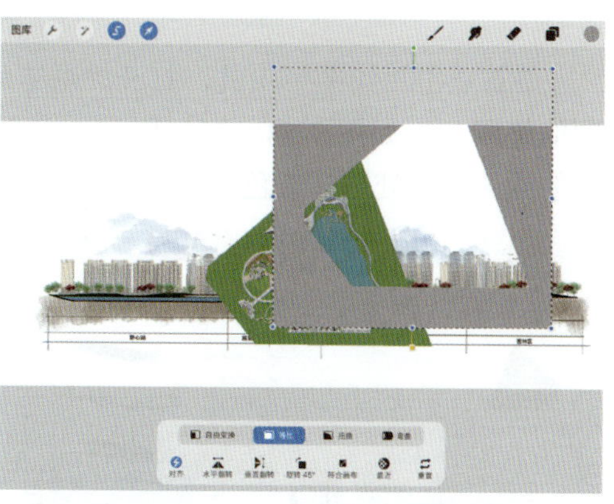

图 9-51

51 点击“变换变形”工具，将此平面图移动至合适的位置，并调整至合适的大小。此处缩小平面图并且将其放置在画面的左上角，如图 9-52 所示。

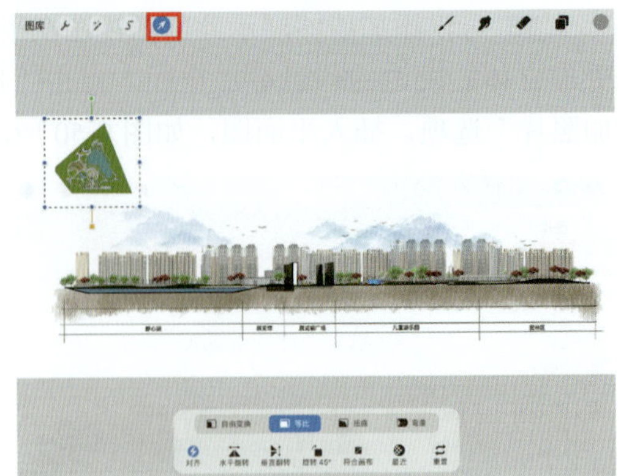

图 9-52

52 在平面图上进行剖切符号的标注，要遵循“长剖短看”的原则，即长线是剖切位置的示意，短线指示观看此剖面画面的角度。点击“图层”工具，打开“图层”界面，点击“+”工具，新建图层（即图层 16），如图 9-53 所示。

图 9-53

53 点击“绘图”工具，打开“画笔库”界面，选择合适的笔刷（此处选择笔者自制的笔刷），如图 9-54（左）所示。点击“颜色”工具，打开“颜色”界面，选择合适的颜色（此处选择红色）。在图层上绘制剖切符号，如图 9-54（右）所示。

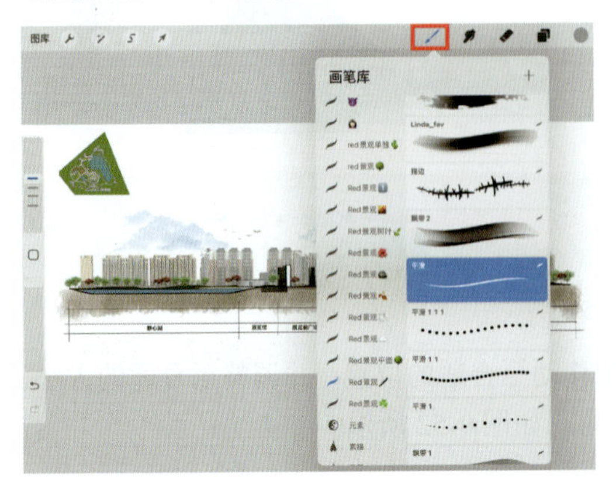

图 9-54

**54** 点击“绘图”工具，打开“画笔库”界面，选择合适的指北针笔刷（此处选择笔者自制的指北针笔刷），在图层上，绘制指北针，补充平面图信息，如图 9-55 所示。

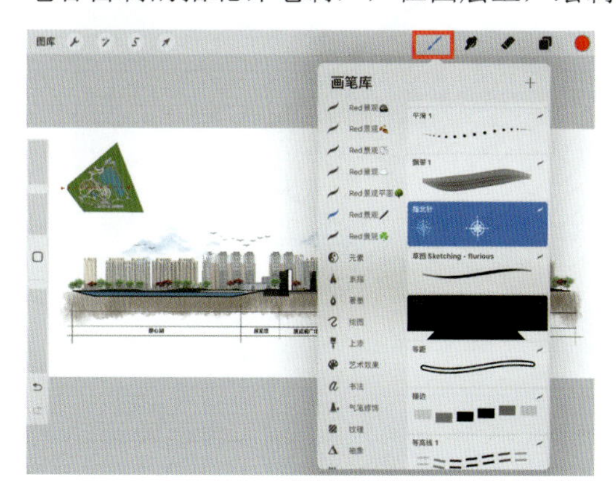

图 9-55

**55** 模型剖面视图渲染完成，导出图纸，如图 9-56 所示。

图 9-56

在 iPad Procreate 中，可以制作简单的分析图，这个过程与制作景观效果图相似。首先，在画布中勾勒出所需分析图的初步草稿，然后对分析图的细节进行刻画和创作。可以添加贴图、文字等元素，也可以用画笔自行绘制。掌握这些技能需要时间和实践，只有不断地学习和练习，才能达到心手相应、触类旁通的效果。

## 9.1.2 渲染功能分区分析图

功能分区分析图的主要作用是清晰地反映场地的空间规划和使用需求的设计。功能分区分析图是景观设计中不可或缺的图纸，它和场地平面结构相呼应，通过展示场地类型和功能分区，从而明确场地的人群需求以及空间利用需求。

下面以校园景观的 SketchUp 空间模型（见图 9-57）为例，介绍使用 Procreate 制作场地的功能分区分析图的操作步骤。

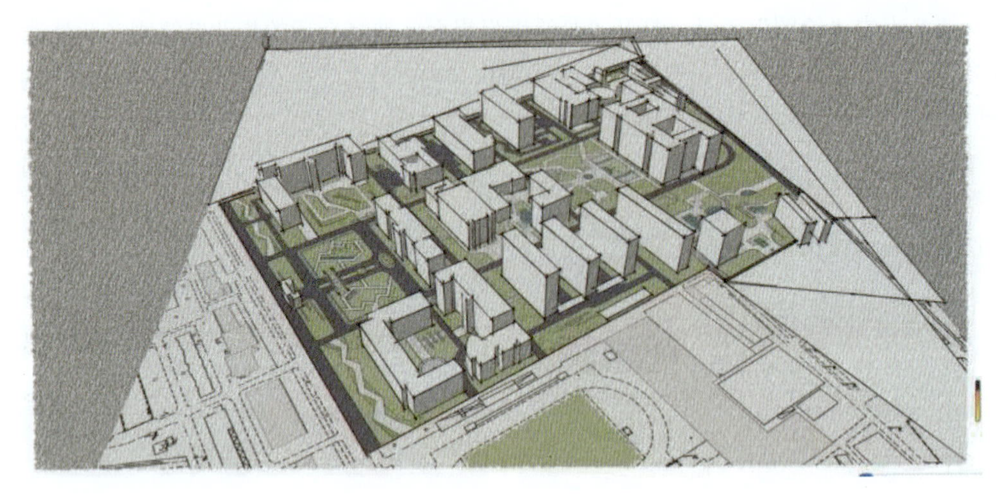

图 9-57

【操作步骤】

01 打开 Procreate，在开始界面点击“+”工具，选择合适的画布尺寸，此处选择 A4，新建 A4 画布，如图 9-58 所示。

02 进入新建画布的画布界面，由于 iPad 界面是横版状态，双指捏合画布将其旋转以适应屏幕，如图 9-59 所示。

图 9-58

图 9-59

**03** 依次点击“操作”→“添加”→“插入照片 ”或者“插入文件”选项，将校园景观的 SketchUp 空间模型图纸插入 Procreate 画布界面中，如图 9-60 所示。

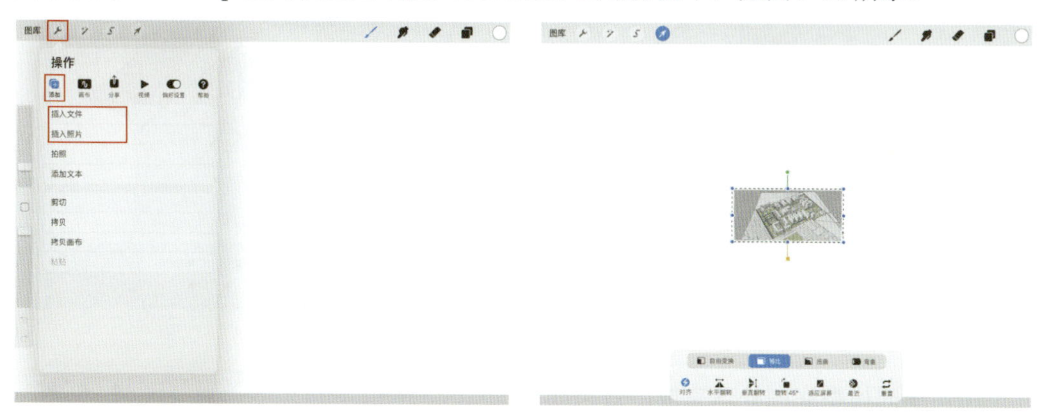


图 9-60

**04** 点击“变换变形”工具，点击“等比”选项，将插入的图纸调整至合适的大小，如图 9-61 所示。

**05** 由于导出的校园景观 SketchUp 空间模型图纸没有经过处理，因此需要我们将它多余的周边环境删除，制作出一张干净的底图。点击“选取”工具，点击“手绘”选项，在此画布界面中围绕校园景观的鸟瞰空间模型绘制一个闭合选区，再次点击“反转”工具，即可使空间模型以外的周边环境区域形成选区，如图 9-62 所示。

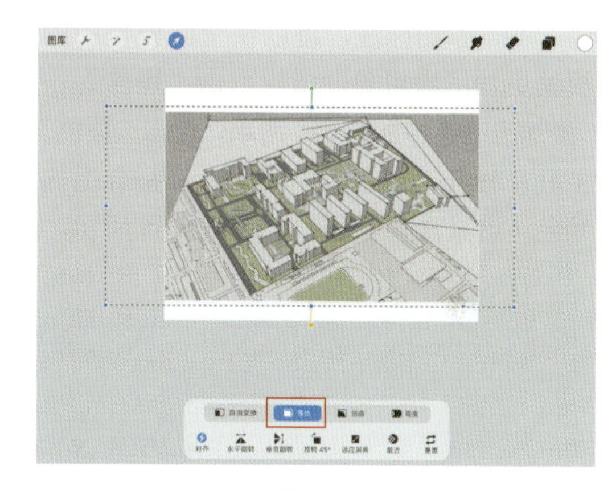


图 9-61

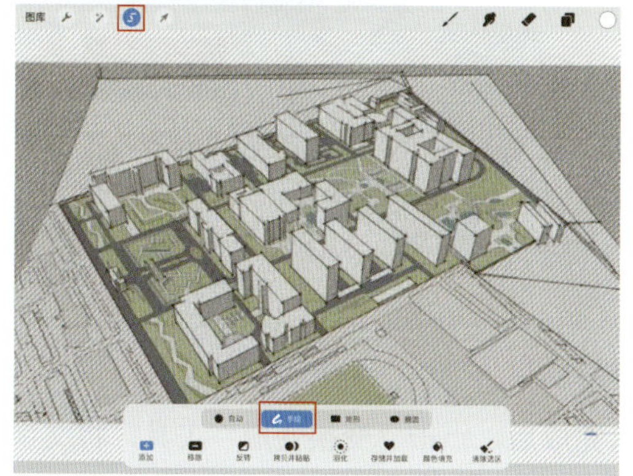

图 9-62

**06** 点击“变换变形”工具，将周边环境选区拖至画布外，进行删除，如图 9-63 所示。

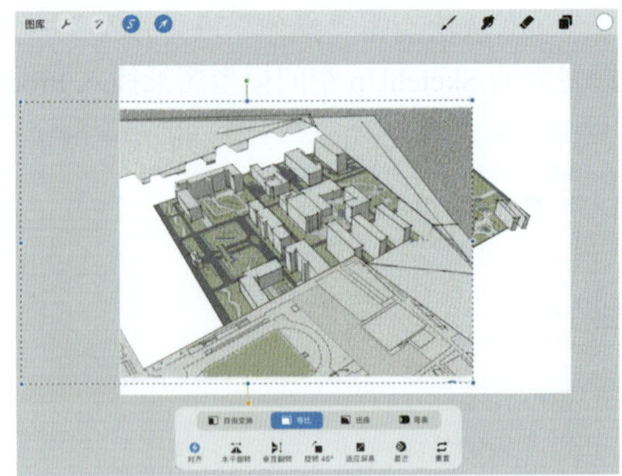

图 9-63

07 空间模型底图处理完成，效果如图 9-64 所示。

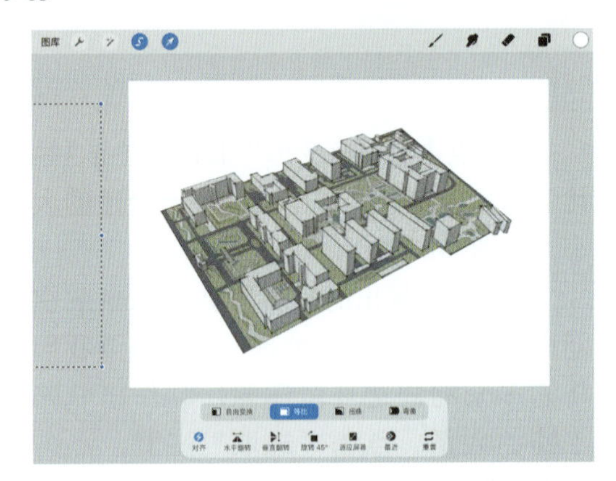

图 9-64

08 添加标注，可以使空间模型中的板块更加清晰可见。依次点击“操作”→“添加 ”→“添加文本”选项，点击“颜色”工具，打开“调色板”界面，选择合适的颜色（这里选择黑色），如图 9-65 所示。

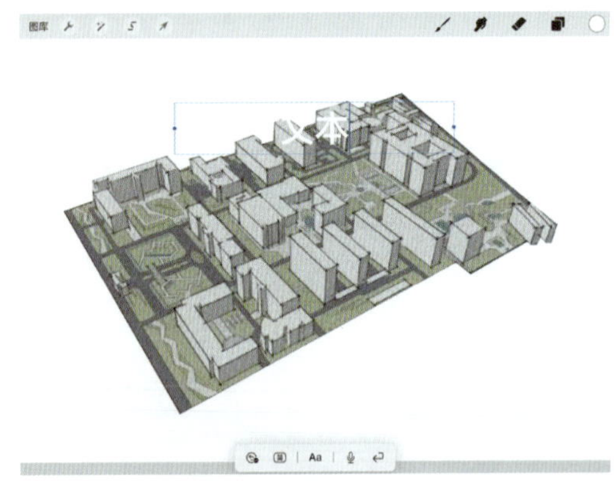

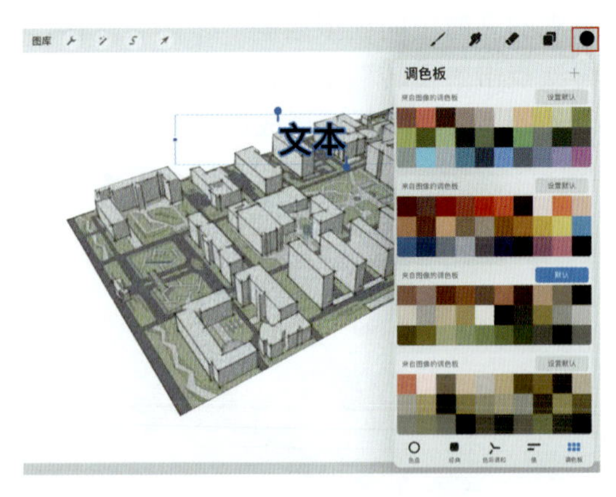


图 9-65

09 然后输入文字注释“正南门”。输入完成后，点击“变换变形”工具，将文字调整至合适的大小，并且移动至合适的位置，如图 9-66 所示。

10 可以在文字注释下方添加底色，以使其更加清楚明了。点击“图层”工具，点击“图层”界面中右上角的“+”工具，新建图层（即图层 2）。在此图层上添加文字的底色，点击“颜色”工具，打开“调色板”界面，选择合适的颜色（这里选择浅蓝色），如图 9-67 所示。

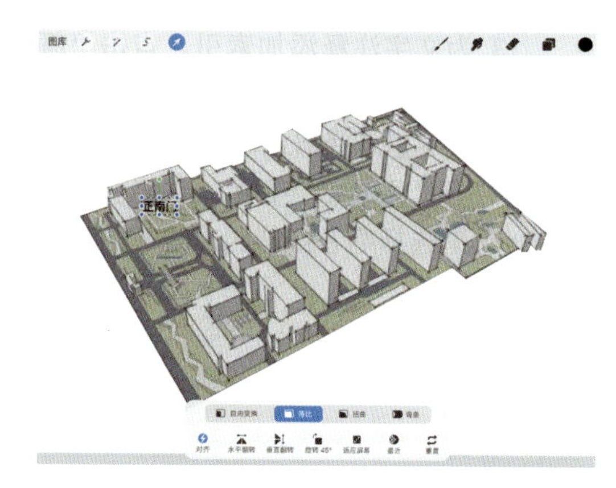

图 9-66

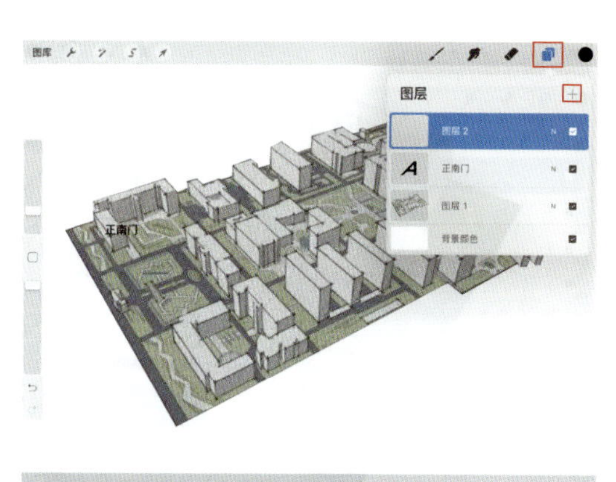


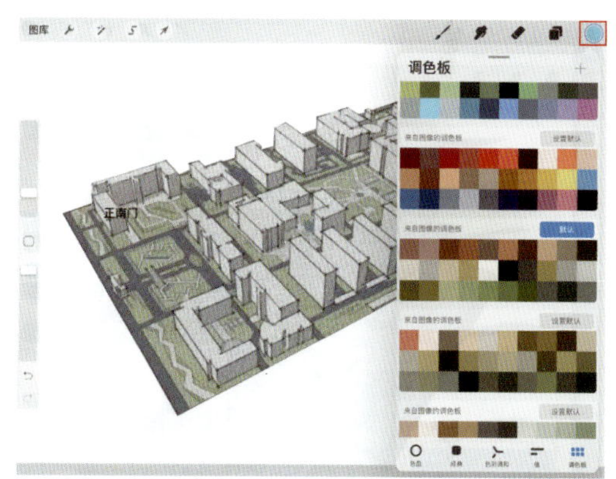


图 9-67

11 依次点击“选取”→“矩形”→“颜色填充”选项，在文字所在处绘制底色矩形框，如图 9-68 所示。

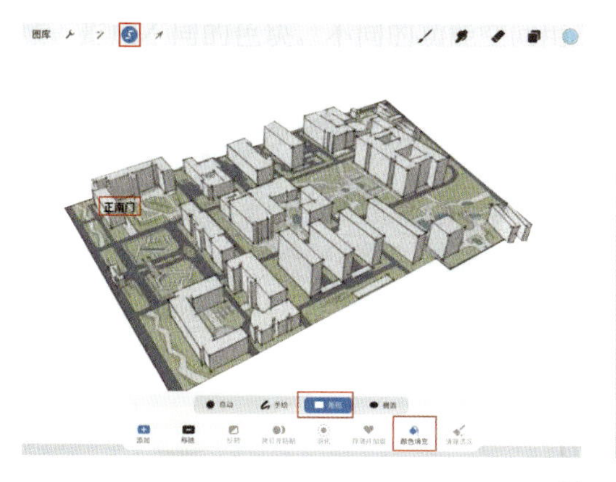

图 9-68

12 点击“图层”工具，打开“图层”界面，将底色填充图层（即图层 2）拖到文字注释图层下方，这样便创建了有底色的文字注释，如图 9-69 所示。

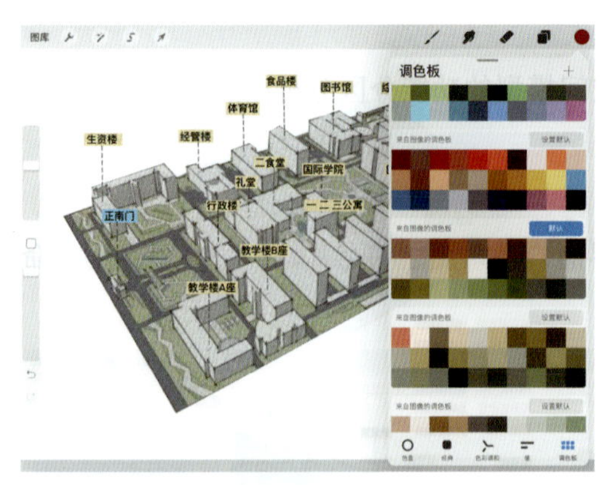


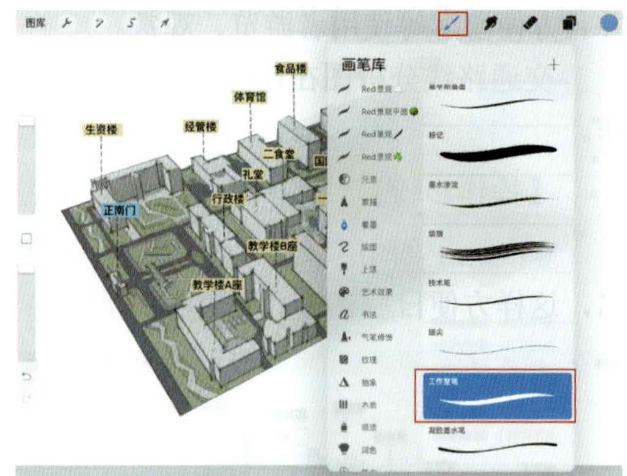


图 9-86

04 使用画笔笔刷在画布中绘制交通路线线条，用不同的颜色代表不同等级的路线。此处红色线条代表一级交通路线，黄色线条代表二级交通路线，蓝色线条代表三级交通路线，如图 9-87 所示。

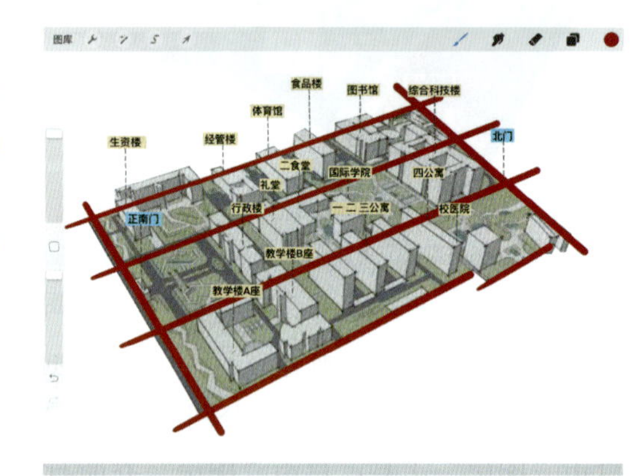


图 9-87

05 在画布的右下方绘制线条注释，先用笔刷绘制线条的图例，然后依次点击“操作”→“添加”→“添加文本”选项，输入不同等级交通路线的注释，如图 9-88 所示。

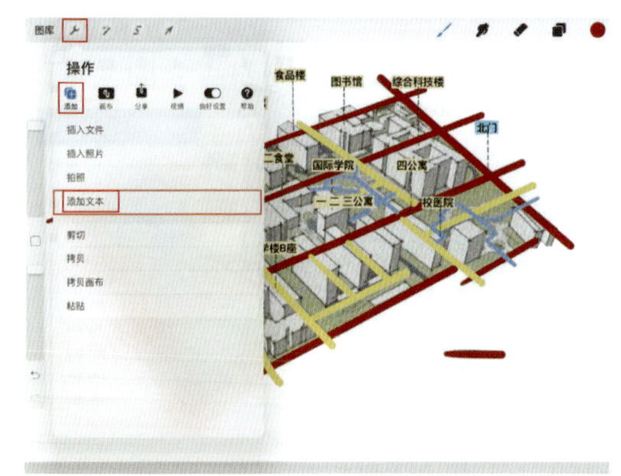


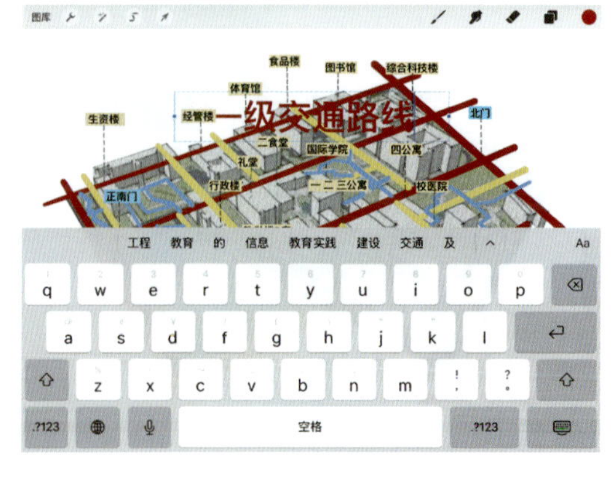


图 9-88

06 点击“变换变形”工具，将文字注释调整至合适的大小，并且移动至对应的线条图例后面，如图 9-89 所示。

07 重复此操作，添加完所有等级交通路线的注释后，将交通路线绘制图层合并为同一图层，以方便管理。然后将该图层的“不透明度”降低至 70%，达到视觉舒适的程度。如图 9-90 所示。

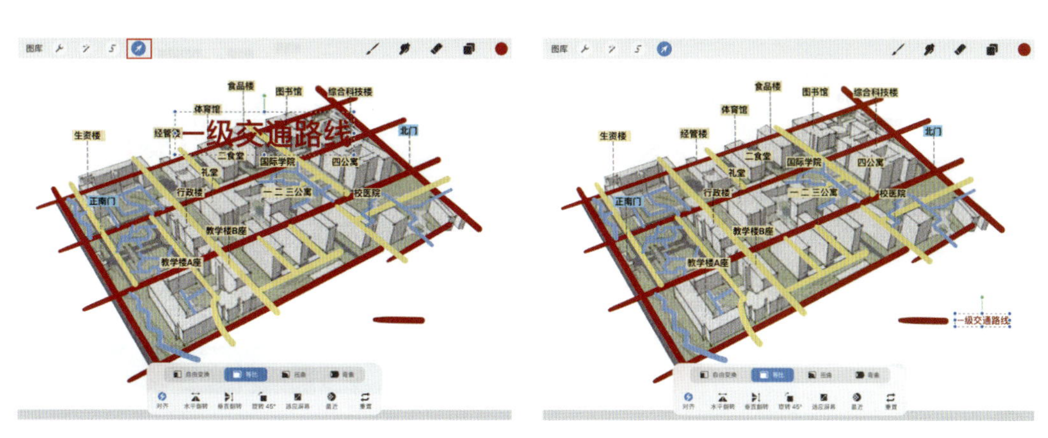


图 9-89

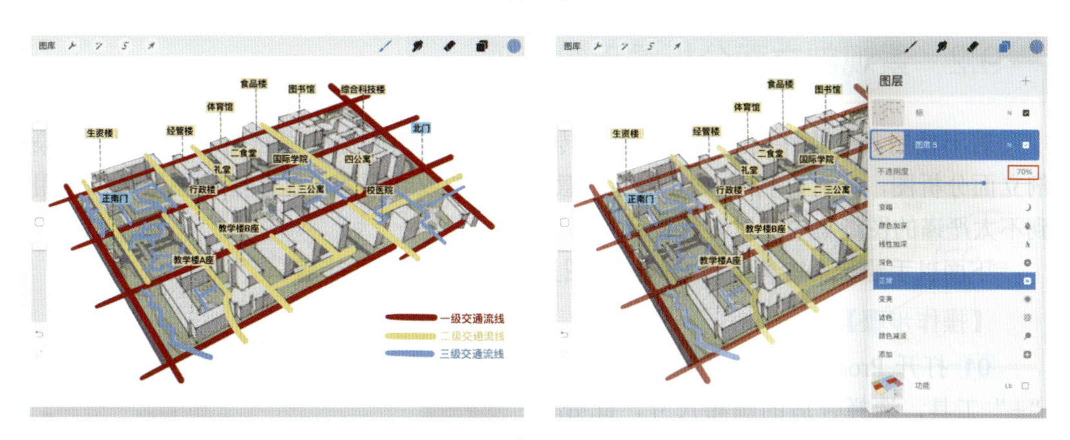


图 9-90

08 最后导出图纸。依次点击“操作” →“分享”工具，选择导出图片的格式，即可导出交通路线分析图，如图 9-91 所示。

利用该校园景观 SketchUp 空间模型底图，可以制作出多种不同的景观分析图。轴线节点分析图如图 9-92（左）所示，基地现状分析图如图 9-92（右）所示。

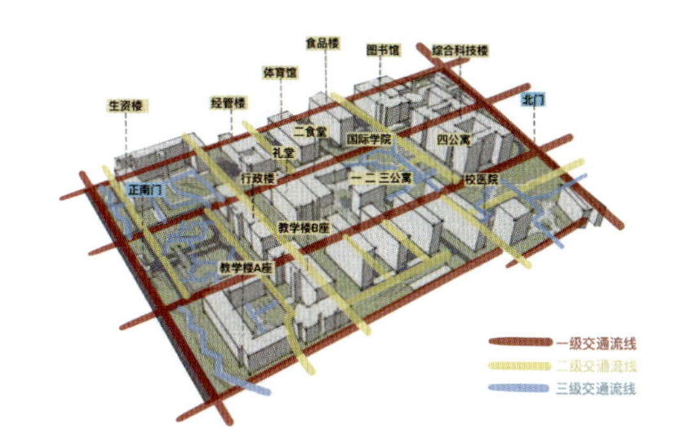


图 9-91

**• 提示 •**

使用空间模型图作为底图来制作分析图，会使画面更加丰富且清晰明了。因此，在制作景观分析图时，要利用多个不同软件的独特功能。通过多种软件协同工作，可以创造出内容更加丰富的图纸。

图 9-98

07 打开“绘图指引”选项，进入“绘图指引”界面。调整“2D 网格”的“不透明度”“粗细度”“网格尺寸”，以及上方工具栏中的“颜色”等参数，使 2D 网格与画布中的草图比例相适应。这里调整“不透明度”为 36%，“粗细度”为 64%，“网格尺寸”为 72 px。点击右上角的“完成”按钮，保存绘图指引的参数，如图 9-99 所示。

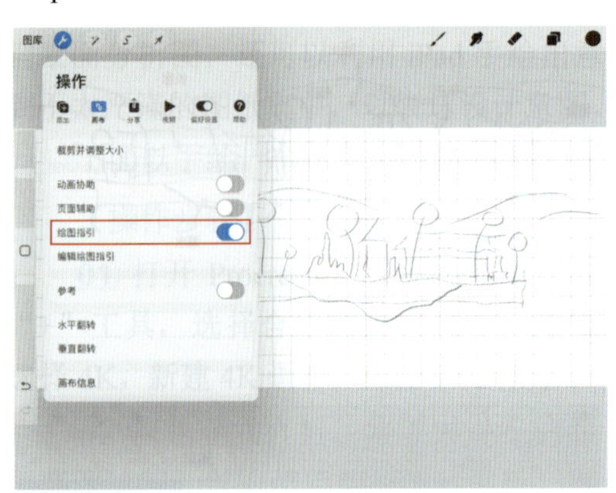


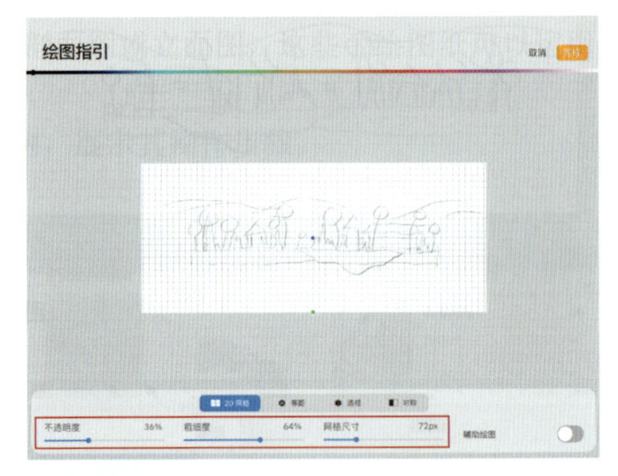


图 9-99

08 进入画布界面，使用笔刷（此处沿用勾勒草图的笔刷以及笔刷颜色）在新建的图层（即图层 2）上绘制剖面图中的地表线以及湖底切面线条。可使用“擦除”工具，将多余的线条擦除，刻画线条细节，如图 9-100 所示。

图 9-100

**09** 点击“图层”工具，点击“图层”界面右上角的“+”工具，新建图层（即图层 3），在此图层上绘制剖面图中的景观元素，本次绘制的是建筑单体。点击“绘图”工具，打开“画笔库”界面，选择合适的笔刷（此处选择的是“著墨”中的“技术笔”），在画布界面绘制建筑单体，如图 9-101 所示。

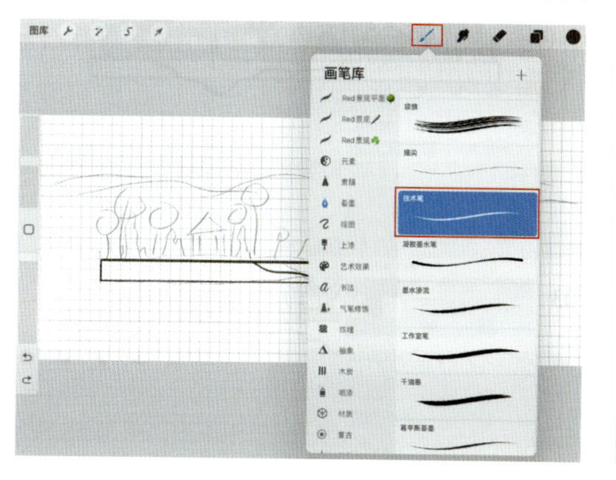

图 9-101

**10** 在新建的图层上完成建筑单体的绘制之后，便可开始绘制其他景观元素。点击“图层”工具，点击“图层”界面右上角“+”工具，新建图层（即图层 4），然后在此图层上绘制假山石元素（此处沿用绘制建筑单体的笔刷及笔刷颜色），如图 9-102 所示。

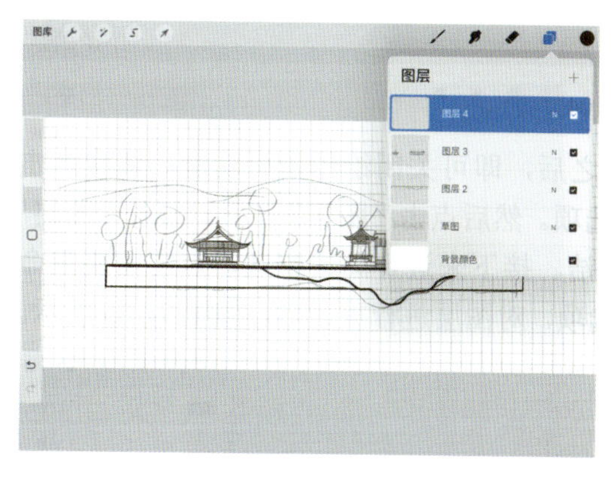

图 9-102

**11** 假山石元素绘制完成后，接下来绘制植物元素。点击“图层”工具，点击“图层”界面右上角的“+”工具，新建图层（即图层 5）。首先在新建图层（图层 5）上绘制植物的树干枝条（此处沿用绘制建筑单体的笔刷及笔刷颜色），后期上色过程中再利用其他的笔刷绘制植物的树叶，如图 9-103 所示。

**12** 为了让剖面图中的景观元素更加丰富且有层次，可绘制一定数量的远处景观元素。点击“图层”工具，点击“图层”界面右上角的“+”工具，新建图层（即图层 6），在此图层上绘制远处的树木（此处沿用绘制建筑单体的笔刷及笔刷颜色）。在左侧下方工具栏中调整笔刷的“不透明度”至 50%，以表现出近实远虚的效果，如图 9-104 所示。

22 湖水层的颜色和肌理绘制完成后，则可对湖水层进行细节刻画。点击“颜色”工具，打开“调色板”界面，选择合适的湖水颜色，然后使用笔刷对湖水进行刻画。重复该操作，每次选择不同的颜色，丰富湖水层的表达，如图 9-114 所示。

图 9-114

23 对剖面图中的景观单体元素依次填充颜色和刻画细节。首先对建筑单体进行上色处理。点击“图层”工具，打开“图层”界面，选择“建筑”图层，确保建筑单体的剖面线条为闭合线条。依次点击“选取”→“自动”→“添加”选项，点击选取建筑单体以外的区域，然后点击“反转”工具，即可快速形成建筑单体选区，如图 9-115 所示。

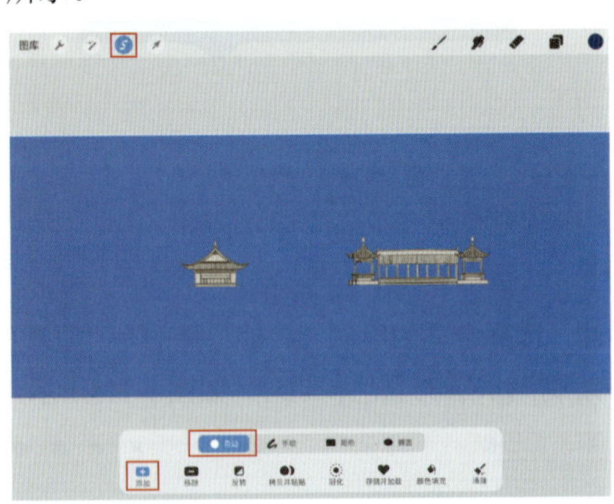

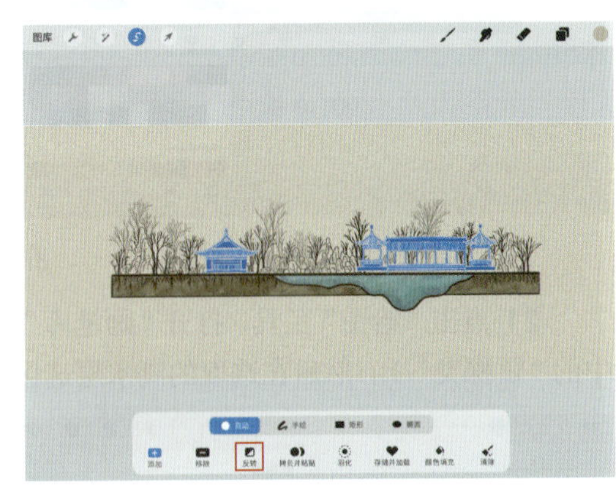


图 9-115

24 点击“绘图”工具，使用笔刷在建筑单体选区中绘制建筑单体的颜色和肌理（此处沿用“雷探戈”笔刷，并选择合适的建筑单体颜色，此处选择的是红褐色）。利用触控笔的压力改变笔刷着色的深浅，或者在左侧下方工具栏中调整笔刷的“不透明度”，改变笔刷的深浅肌理，从而刻画建筑单体的细节，如图 9-116 所示。

25 在完成建筑单体的刻画后，接下来对假山石元素进行细节刻画。具体操作步骤与刻画建筑单体类似，完成后的效果如图 9-117 所示。

26 其他景观单体元素的刻画完成之后，接下来进行植物元素的细节刻画，为植物添加树叶。点击“图层”工具，点击“图层”界面右上角的“+”工具，在“近树”图层下方新建图层（即图层 8），在此图层上绘制植物树叶，如图 9-118 所示。

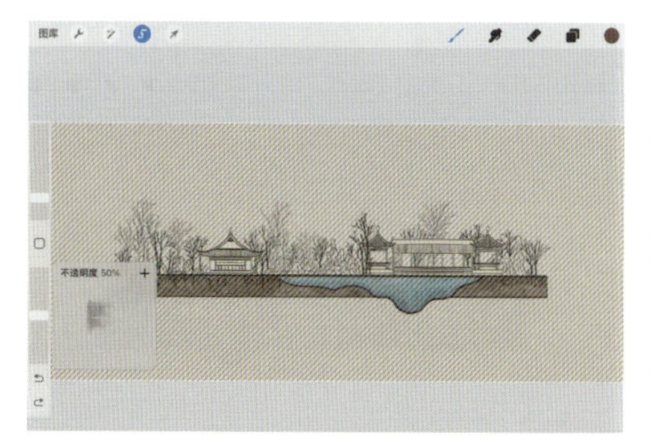

图 9-116

图 9-117

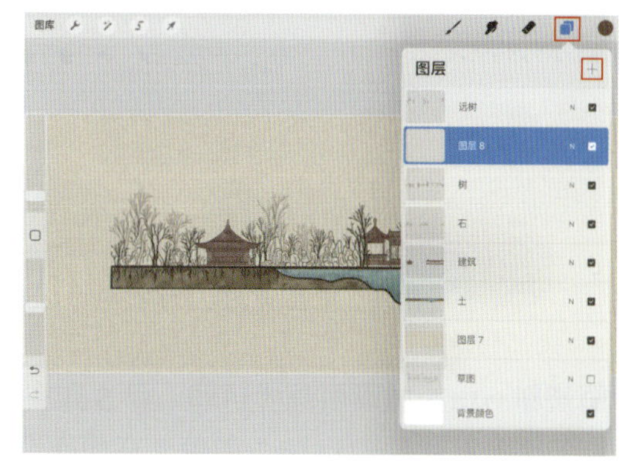


图 9-118

27 点击“颜色”工具，打开“调色板”界面，选择合适的植物树叶颜色（此处选择的是深绿色）。点击“绘图”工具，打开“画笔库”界面，选择合适的树叶笔刷（此处选择的是“复古”中的“楔尾鹰”），在左侧下方工具栏中调整笔刷的“不透明度”（此处降低至 60%），使得笔刷的颜色和肌理在绘制过程中更好把握，如图 9-119 所示。

图 9-119

以丰富山体的颜色和肌理变化，如图 9-124 所示。

图 9-124

33 将山体图层拖曳至古风底色图层的上方，其他图层的下方，确保远处山体的内容不会遮挡其他景观单体元素，如图 9-125 所示。

34 依次点击“变换变形”→“扭曲”选项，改变山体的长宽比例，使画面更加协调，如图 9-126 所示。点击屏幕任意位置即可保存变换，返回至画布界面。

图 9-125

图 9-126

35 点击“图层”工具，打开“图层”界面，选择山体图层，点击 N 混合模式，将该图层的“不透明度”降低（此处降低至 70%），以表现出朦胧虚幻的山体效果，如图 9-127 所示。

**36** 手绘古典小园林的景观剖面图基本已经完成。可使用笔刷添加大雁等配景元素，渲染整体氛围；还可添加文字和剖切标注等注释，丰富剖面图的分析内容等。这些操作需要根据所绘制的剖面图的具体效果以及想强调的内容来进行。图 9-128 所示为添加大雁配景元素后的效果。

图 9-127

图 9-128

**37** 最后导出图纸，效果如图 9-129 所示。

图 9-129

**• 提示 •**

景观剖面图与景观立面图在表现同一场景的相同视角时存在明显的区别。立面图主要表现的是所观察场景的外部形态；而剖面图则需要展示剖切面的内部结构。两者既有区别又有联系，剖面图展示了立面图中不可见的内在结构，而立面图展示了剖面图的外在表现。

在利用 iPad 绘制景观立面图和景观剖面图时，要注意二者各自的侧重点，突出其各自的特点，其他绘制步骤则大体相同。

## 9.3 景观规划分析图参考

在景观设计中，每个场地都有其独特的性质和设计理念，因此要添加必要的文字说明，使分析图更加完整且清晰易懂。下面是笔者自绘的景观分析图，供大家学习参考。

## 9.3.3 历史分析图

历史分析图如图 9-138 和图 9-139 所示。

图 9-138

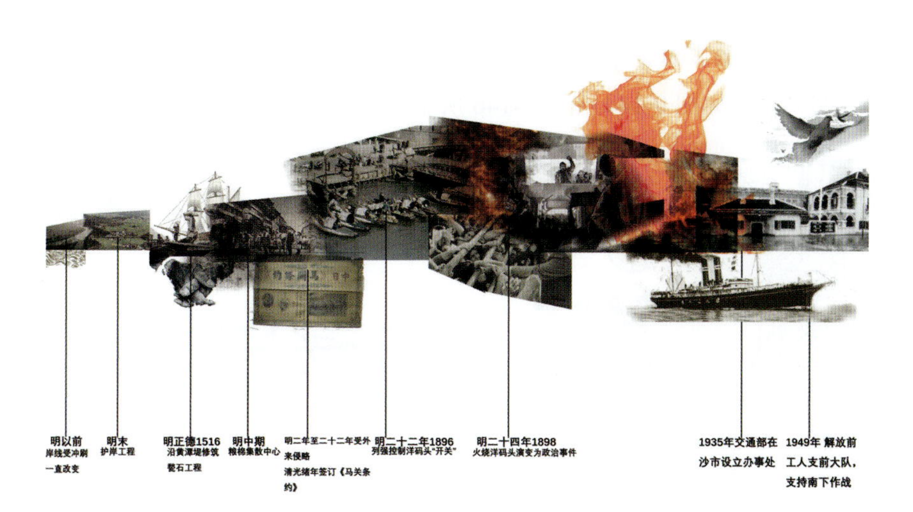


图 9-139

## 9.3.4 功能分区分析图

功能分区分析图如图 9-140 ～图 9-143 所示。

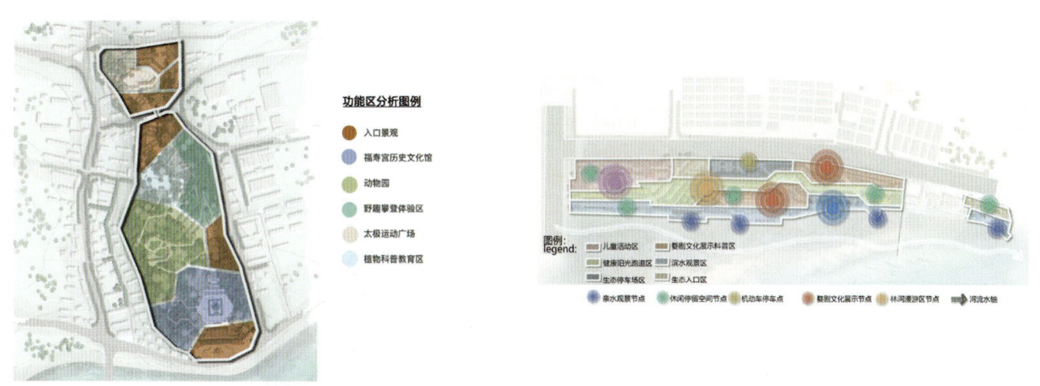


图 9-140

图 9-141

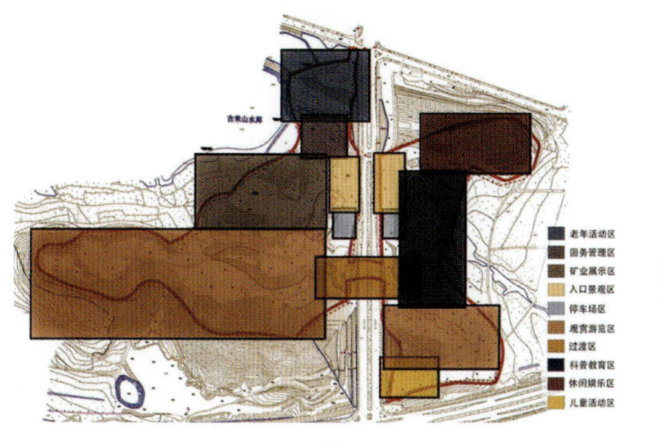

图 9-142

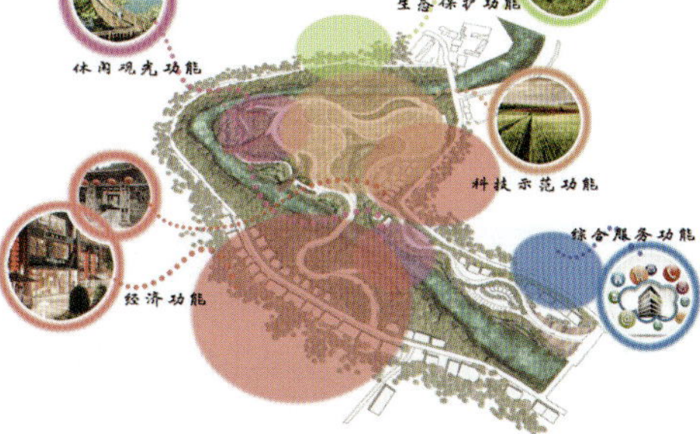


图 9-143

## 9.3.5 交通线路分析图

交通线路分析图如图 9-144 ～图 9-146 所示。

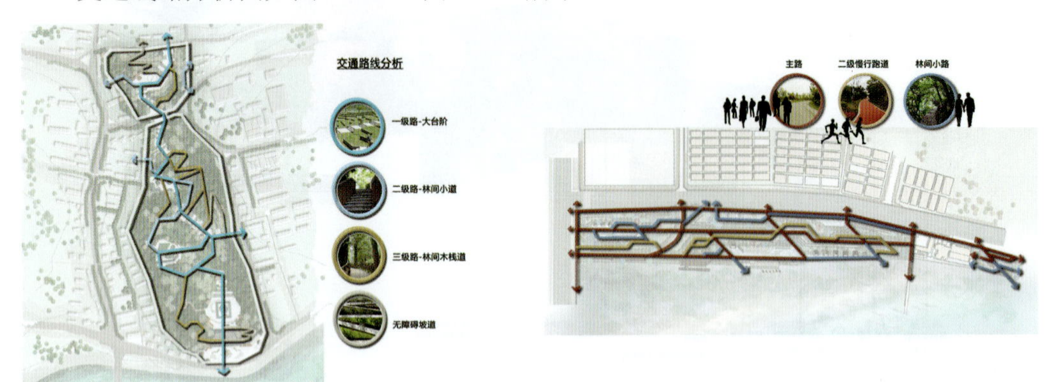


图 9-144　　图 9-145

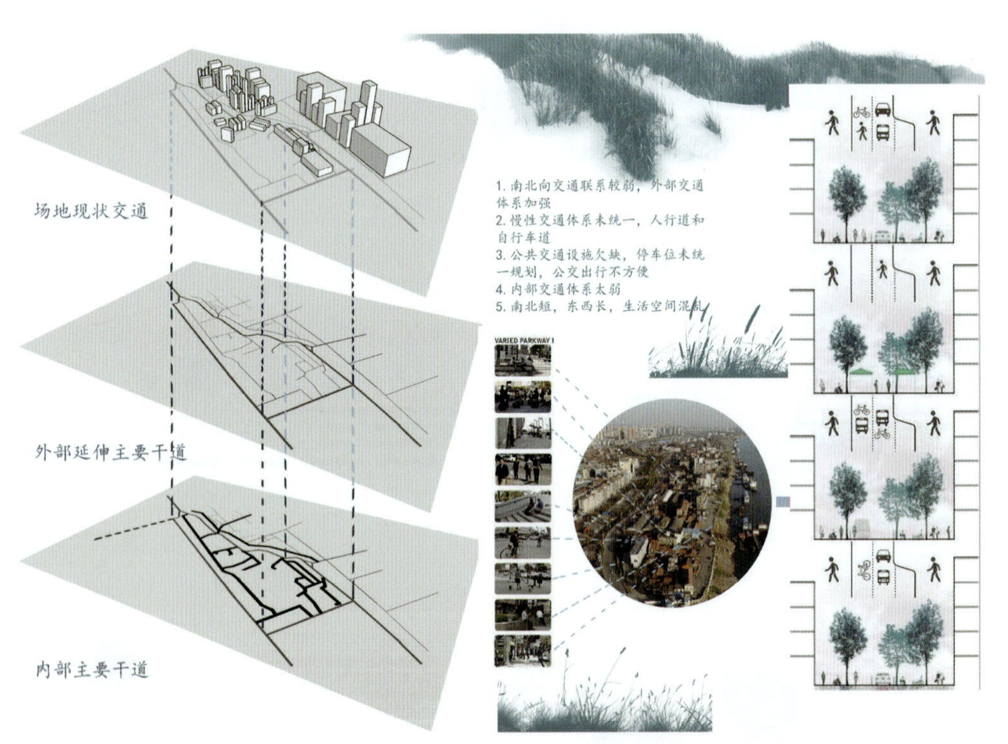


图 9-146

## 9.3.6 景观节点分析图

景观节点分析图如图 9-147 ～图 9-150 所示。

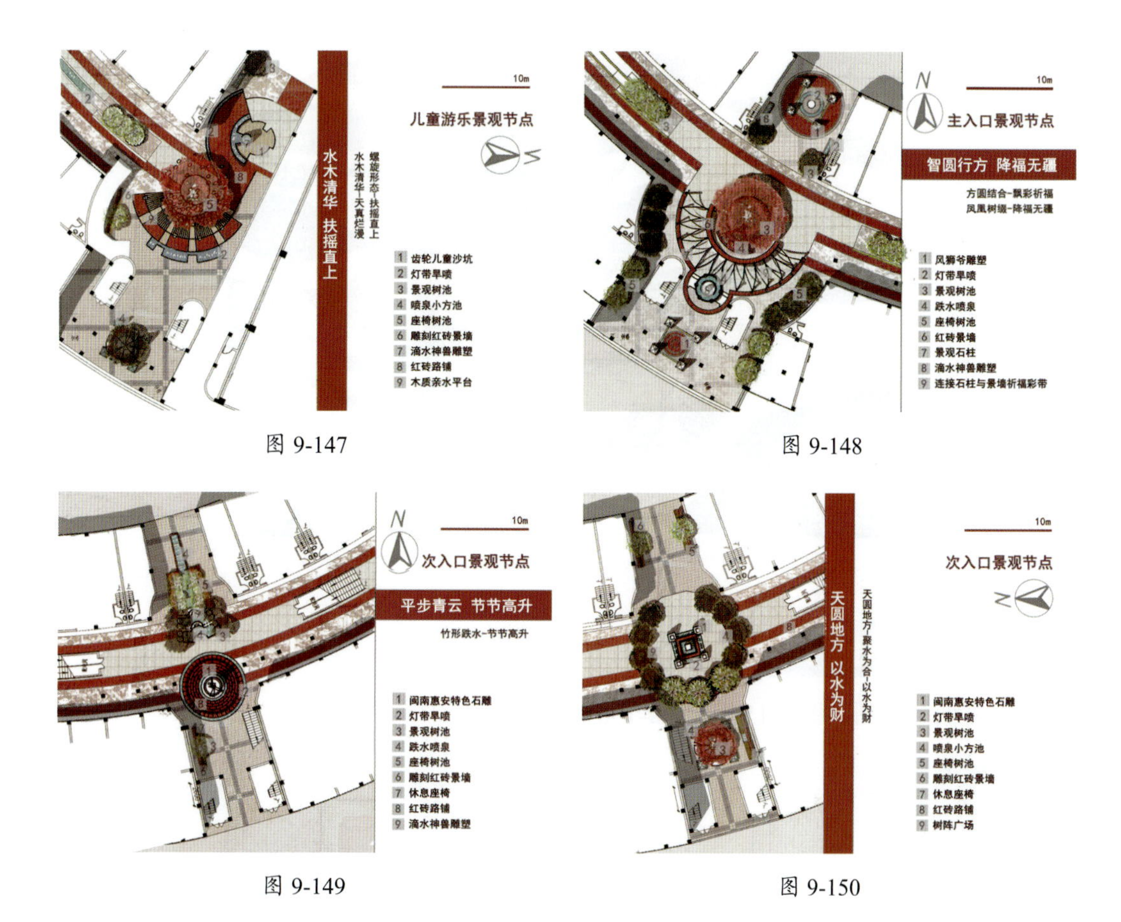


图 9-147　　图 9-148

图 9-149　　图 9-150

## 9.3.7 植物分析图

植物分析图如图 9-151 ～图 9-153 所示。

图 9-151　　图 9-152

图 9-153

## 9.3.8 剖立面分析图

剖立面分析图如图 9-154 ～图 9-156 所示。

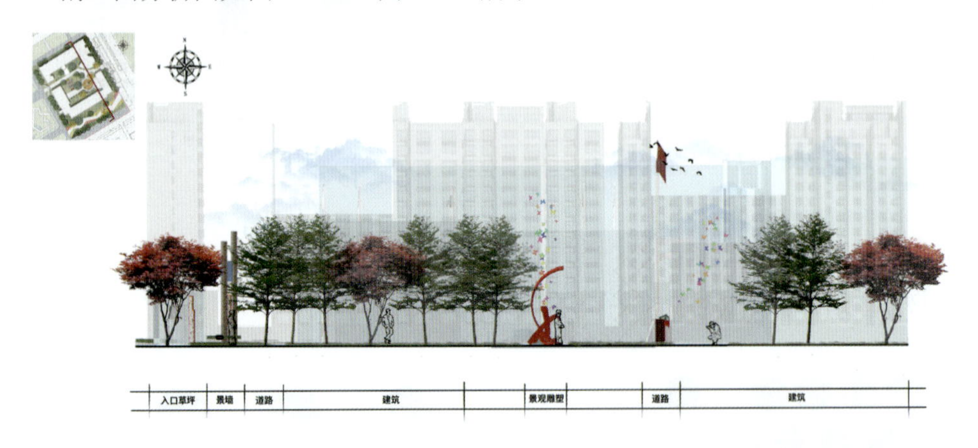


图 9-154

图 9-155

图 9-156

## 9.3.9 其他分析图

其他分析图如图 9-157 ～图 9-162 所示。

图 9-157

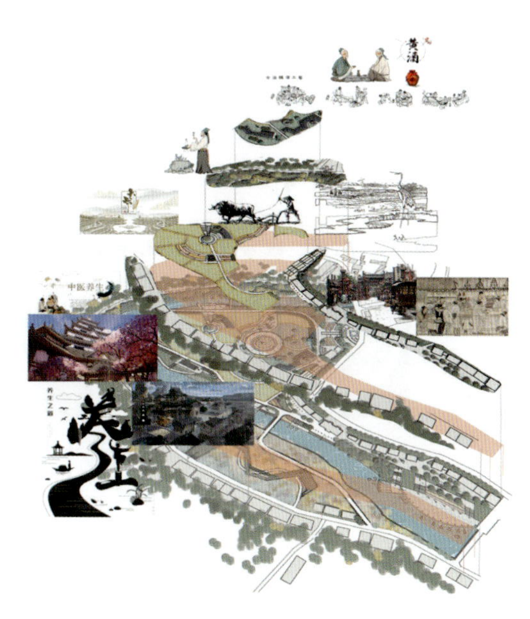

图 9-158

图 9-159

图 9-160

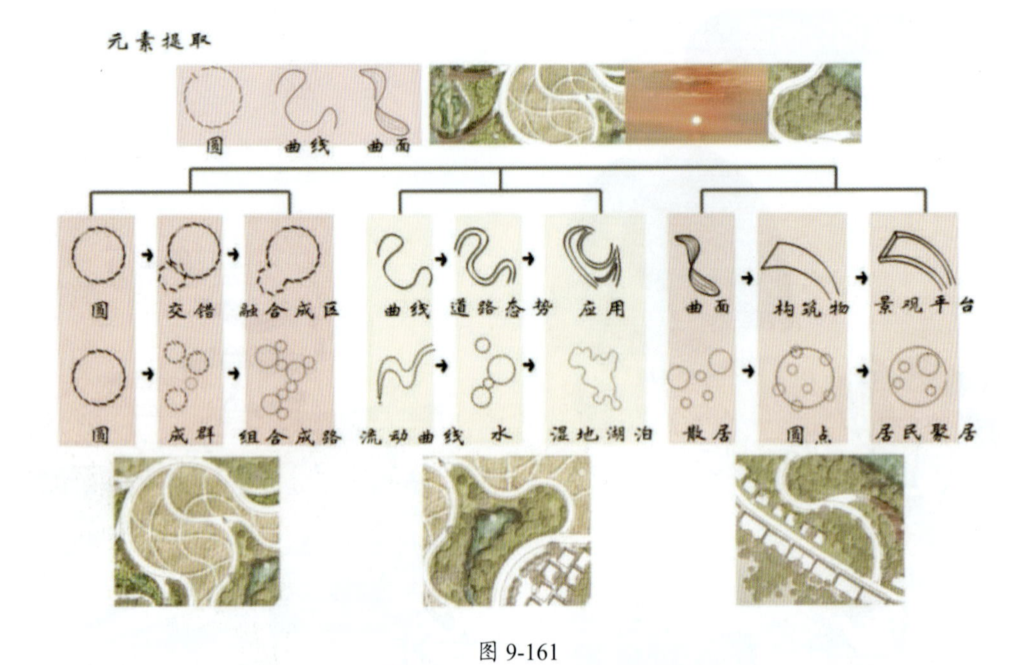


图 9-161

可持续性发展理念
经济稳定
生态平衡
社会幸福
政治支持
社会发展
生态效益
科技
文化
场地发展重视
人群
数字景观
智慧园林
皇家文化
山地环境
智慧科技园林发展、景观特色融合
低影响开发
低成本风景园林
尊重场地现状开发的自然式和景观式的雨水处理方式
雨水花园
透水铺装
植草沟
低干预
低维护
低消耗
低排放
发展前提
生态平衡发展
文化融入
人群活动空间
人群活动时间
人群分类
社会人群需要
基础需要
精神需要
功能空间
感知
体育
生产
教育
娱乐
幸福感
幸福感
舒适感
与自然的亲近感
激发人类亲近自然的本性

图 9-162